세상 모든 비밀을 푸는 수학

세상 모든 비밀을 푸는 수학

재난 예측에서 온라인 광고까지 미래 수학의 신세계

카이스트 명강 03

KAIST PRESS

사이언스북스
SCIENCE BOOKS

서문

KAIST 캠퍼스에서 전하는 '통찰력 담은 미래 비전'

 KAIST 출판부(KAIST PRESS)와 (주)사이언스북스가 함께 기획한 첫 번째 프로젝트, 「KAIST 명강」 시리즈의 세 번째 책을 여러분께 이렇게 선보이게 되어 매우 기쁩니다. 지난 5년간 저희가 준비한 「KAIST 명강」은 KAIST 교수들의 탁월한 강연을 일반 대중들과 함께 나누고 이를 책으로 엮어 출간하는 야심찬 계획입니다. KAIST PRESS는 KAIST 교수와 학생의 과학 지식과 아이디어, 그리고 세상과 미래에 대한 통찰이라는 양질의 콘텐츠를 다양한 형태로 만들어 세상과 소통하는 역할을 하는 곳입니다. 저희는 KAIST 교수들의 탁월한 연구 성과를 논문의 형태로 세계에 알리는 것도 중요하지만, 그들의 목소리를 직접 일반 대중에게 생생하게 전하는 것이 무엇보다 중요하다고 판단했습니다.

 KAIST에서 학부부터 대학원까지 9년간 공부한 제가 자랑스럽게 고백하건대, KAIST에는 명강의로 이름 높은 교수님들이 아주 많습니다. 저는 그분들의 강연을 들으며 우주를 구성하는 개념들을 명확히 이해하고, 학문의 지형도를 그릴 수 있었으며, 무엇보다 앞으로 도래할 미래를 상상할 수 있었습니다. 'KAIST 캠퍼스에서 날마다 벌어지는 이 명강의들을 세상에 내놓아 많은 사람이 즐길 수 있으면 얼마나 좋을까?' 하는 소박한 마음이 「KAIST 명강」 시리즈 출간의 원동력이 되었습니다. 저는 독자들이 이 책을 펼치는 순간만큼은 대학 시절로 돌아가 좁은 강의실에서 열정으로 가득한 강의를 듣는 학생이 되기를, 그래서 일상의 삶으로 녹초가 되어 버린 우리 사회와 24시간 앞만 보며 달려가는 이 한반도가 학구열에 불타오르는 'KAIST 캠퍼스'가 되기를, 질문과 토론이 뜨겁게 오가는 'KAIST 강의실'이 되기를 진심으로 기원합니다.

먼저 「KAIST 명강」의 첫 번째 주제로 우리 시대의 화두인 '정보'를 선정하였습니다. 다양한 관점에서 정보를 연구하는 KAIST 교수진 중에서 '한 분야의 최전선에 선 사람만이 가능한' 통찰력 있는 강의를 이해웅 교수님, 정하웅 교수님, 김동섭 교수님께 부탁드려 10번의 대중 강연을 진행했습니다. 그 강의 내용의 정수가 고스란히 담긴 책이 바로 『구글 신은 모든 것을 알고 있다』입니다. 이 책은 처음 출간된 직후부터 많은 독자들의 사랑을 받고 있으며, '구글 신'은 그 후 우리 사회의 일상어가 되기도 했습니다.

그리고 2번째 기획으로 KAIST에서 뇌 과학을 연구하는 전문가들의 강연을 담은 『1.4킬로그램의 우주, 뇌』가 나왔습니다. 저를 포함해, 정용 교수님과 김대수 교수님이 뇌의 구조에서부터 기능, 질병에 이르기까지 뇌에 대한 새로운 패러다임을 전해 드린 이 책 또한 독자들의 열렬한 사랑을 받았습니다.

이제 그 3번째 책을 여러분들께 선보이려 합니다. 이번 「KAIST 명강」의 주제는 수학입니다. 수학은 가장 아름다운 학문이면서, 동시에 다른 학문들을 떠받치는 근간인 기초 학문이기도 합니다. 그중에서도 이번 「KAIST 명강」은 수학이 우리의 일상생활에 대단히 깊이 파고들어와 있을 뿐만 아니라, IT 혁명 등 최첨단 기술의 발전과, 기존에 생각할 수 없었던 형태의 새로운 비즈니스까지도 가능케 한 놀라운 응용 학문이라는 사실을 새롭게 조명한 기획입니다.

KAIST에서도 명강의로 유명하신 이창옥 교수님, 한상근 교수님, 엄상일 교수님이 10번의 근사한 강연을 해 주셨습니다. 학교 교실에서의 자리 배치부터 컴퓨터와 사이버스페이스에서 활약하는 암호와 첨단 금융 수학을 활용한 주식 시장 예측에 이르기까지, 수학이 얼마나 다양한 분야에서 중요한 역할을 하는지 생생하게 확인하실 수 있습니다. 이 강의를 듣는 여러분께서 숫자라는 렌즈를 통해 바라보는 놀라운 세계에 대한 통찰을 만끽하실 수 있으리라 기대합니다.

저희 KAIST PRESS에 깊은 애정으로 함께해 주신, 그리고 이 책이 출간될 수 있도록 오랫동안 노력해 주신 (주)사이언스북스 박상준 대표와 직원 여러분께 진심으로 감사의 말씀을 드립니다. 또 오랫동안 저희 KAIST PRESS에서 영롱한 아이디어로 기획에 참여해 주신 모든 KAIST 편집 위원들(신현정, 엄상일, 조광현, 김대수, 최인성, 김상욱 교수님)과 기록관리팀 노시경 님과 도윤지 님께 이 자리를 빌려 늘 품고 있던 감사의 마음을 전합니다.

이번 시리즈가 '명강'이라는 무거운 이름에 걸맞은 역할을 다하고 더 나아가 독자들에게 '빛나는 인생 수업'으로 다가갈 수 있도록 최선을 다하겠습니다. '학교는 떠났지만 수업은 계속되어야 한다.'고 믿으신다면, 저희 KAIST 교수들은 '학생은 떠났지만 수업은 계속되어야 한다.'는 마음으로 좋은 강연 준비하겠습니다.

고개 숙여 늘 감사합니다.

2016년 7월

정재승 (KAIST PRESS 편집 위원장, 바이오및뇌공학과 교수)

이창옥

KAIST 수리과학과 교수

세상을 바꾸는 계산

계산 수학의 현재와 미래

이창옥 KAIST 수리과학과 교수

서울 대학교 수학과를 졸업하고 KAIST 응용수학과에서 석사 학위를, 위스콘신 대학교 수학과에서 박사 학위를 받았다. 인하 대학교 수학과 교수를 거쳐 현재 KAIST 수리과학과 교수로 재직 중이다. KAIST 학술상을 수상했으며, 한국 산업 응용 수학회 부회장과 2014년 서울 세계 수학자 대회(ICM2014)의 준비 위원을 역임했다. 수학을 적용해 산업 현장의 문제를 해결하는 데 관심을 가지고 있으며 미디어 네이쳐, LG전자 등의 산업체와 협력 과제를 수행하였다. 현재 KAIST 산업 수학 점화 프로그램의 사업 단장을 맡고 있다.

근사한 알고리즘의 세계

안녕하십니까. KAIST 수리과학과의 이창옥입니다. '세상 모든 비밀을 푸는 수학'이라는 주제로 진행될 3번째 KAIST 명강에 오신 여러분을 진심으로 환영합니다. 그동안 교과서 안의 복잡한 수식으로만 기억하셨을 수학이 현대 사회, 그리고 정보 통신 기술(IT)과 만나서 우리의 삶을 바꿔 나가는 놀라운 현장을 지금부터 독자 여러분과 찾아가 보도록 하겠습니다.

저는 계산 수학을 전공했습니다. 계산 수학이란 컴퓨터로 방정식을 풀때 사용하는 수학을 개발하고, 이를 이용해서 방정식의 답을 구하는 분야입니다. 저는 고등학교 때부터 굉장히 수학을 좋아하고 즐겼습니다. 대학에서 수학과를 다니면서 컴퓨터 프로그래밍을 배웠는데 너무나 재미있었어요. 결국 컴퓨터에 관한 수학인 계산 수학을 전공하게 되었습니다. 컴퓨터와 접목된 현대 수학은 제가 고등학교 때 상상하던 모습이 전혀 아니에요. 그래서 앞으로 3회에 걸쳐 오늘날의 수학은 여러분이 아시는 모습과 과연 어떻게, 얼마나 다른지에 대해 함께 얘기해 보려 합니다.

현대 사회에서 컴퓨터의 발달과 함께 정보 통신 기술이 비약적으로 성장하면서 학문은 물론이고 세상을 살아가는 패러다임이 전부 바뀌었죠. 수학도 예외가 아닙니다. 세상의 많은 현상들이 일종의 방정식으로 표현되지만 과거에는 이 방정식의 해법이 별로 없었습니다. 이제는 컴퓨터가 발달하면서 이 방정식들의 답을 구할 수 있는 여러 가지 방법들이 개발되었습니다. 이것은 과거의 수학에서는 상상할 수 없었던 엄청난 변화입니다. 수학의 혁신은 컴퓨터, IT의 발달과 떼어 놓고서는 설명할 수 없습니다.

컴퓨터와 수학의 만남을 엿보다

앞에서 언급했듯이 우리는 컴퓨터를 사용해 방정식을 풉니다. 그러면 먼저 컴퓨터가 어떤 기능을 가졌고, 무슨 목적으로 만들어졌는지 이야기해 보도록 하지요. 여러분은 컴퓨터로 주로 무엇을 하십니까? 인터넷이라고 답하시는 분도 많으실 것이고, 또는 게임이라도 말하는 학생들도 있을 것 같습니다. 그러면 과연 컴퓨터는 무엇 때문에 만들었을까요? 먼저 컴퓨터의 간략한 역사를 보시면 그 본래 목적을 알 수 있습니다. 오른쪽의 컴퓨터가 IBM 360입니다. 제가 1981년 대학교에서 전산 개론이라는 과목을 들을 때 학교 본부에 있던 모델인데 세계은행(IBRD)에서 차관을 받아 들여온 컴퓨터였죠.

생각해 보면 다른 친구들은 전산 개론 같은 강의를 잘 안 들을 때 혼자서 참 재밌게 들었습니다. 게다가 성적까지 A+를 받았는데, 그때까지 제가 받았던 제일 높은 학점이었습니다. 그래서 "아, 나는 컴퓨터와 관련된 공부를 해야겠구나." 이런 생각까지 했던 기억도 납니다.

IBM system 360-50

IBM 360을 보시면 지금 우리가 아는 컴퓨터와 상당히 다릅니다. 우선 왼쪽에 프린터만 하나 달려 있고, 키보드는 물론 모니터도 없습니다. 컴퓨터라면 기본적으로 입력과 출력이 되어야 하는데 말입니다. 그러면 이 컴퓨터로 어떻게 입력을 했을까요? 바로 다음 쪽 사진에 나온 OMR 카드에 하나하나 어떤 명령을 표시합니다. 그리고 그 아래 사진은 IBM 360의 저장 장치로, 마그네틱테이프들이 감겨 있습니다.

여러분이 혹시 C언어로 프로그래밍을 해 보셨다면 이 컴퓨터의 원리를 이해하기가 좀 더 쉬우실 겁니다. C언어를 보면 프린트, 라이트, 리드라거나 A는 A+1 이런 말을 합니다. 그런 명령 하나하나가 바로 이 카드를 한 장씩 차지합니다. 카드에 열심히 구멍을 뚫어서 구멍으로 빛이 통과하면 1, 구멍이 없어서 빛이 통과하지 않으면 0, 이런 방식으로 위치를 파악해 명령을 받아들입니다. 그러면 내가 만약 700줄짜리 프로그램을 짜면

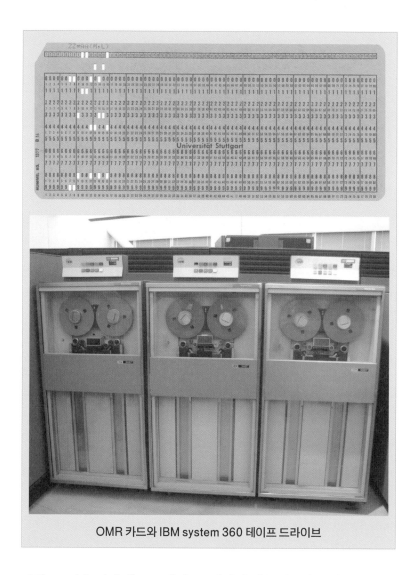

OMR 카드와 IBM system 360 테이프 드라이브

이걸 700장을 쳐야 돼요. 그래서 700장이나 되는 카드에 구멍을 내서 전산실에 가져다주면 이걸 컴퓨터에 걸어요. 그러면 이 카드를 1장씩 빛으로 읽어서 명령을 수행하는데, 결과는 하루가 지나야 나옵니다. 그러면 그 중간에 무슨 일이 있을까요? 그렇죠, 에러입니다. 당연히 에러가 납니

플로피 디스크와 IBM XT

다. 그걸 열심히 수정해서 다시 또 하루 동안 명령을 수행합니다. 이렇게 넣으면 또 에러가 있죠. 그래서 보통 과제 기한이 2주라면, 다른 것은 마감 전날에 해도 되는데, 이 컴퓨터를 쓰는 과제는 그렇게 하면 반드시 망합니다. 그래서 마감 2주 전에는 시작을 할 수밖에 없습니다.

그러다가 제가 KAIST 대학원에 진학을 했어요. KAIST는 모든 시설이 완벽하게 갖춰진, 대한민국 최고의 대학원이었습니다. 그중에서도 소위 터미널이라는 기계가 있었습니다. IBM 360과 같은 메인 기계에 이 터미널을 연결해서, 제가 키보드를 누르면 이 모니터에 입력한 내용이 1줄, 1줄씩 나타나는 거예요. 세상이 바뀐 것만 같고 대단히 기분이 좋았던 기억이 지금도 생생합니다. 하루가 꼬박 걸려서 나올 결과들이 그 자리에서 툭툭 입력만 하면 바로 나왔으니 말입니다.

제가 졸업할 때쯤이 되어서야 개인용, 흔히 부르는 퍼스널 컴퓨터가 등장합니다. 그중 비교적 초기형이 IBM XT, 그 당시에 8086이라고 불리던 모델이고, 여기서 더 발전된 것이 286이라고 불리는 IBM AT인데 5.25인치 플로피 디스크가 들어갔습니다. 저장 용량이 640킬로바이트밖에 되지 않으니, 지금 생각하면 대단히 작았죠. 그러다가 제가 대학원을 졸업

매킨토시 클래식

하고 어느 대학교에서 조교를 하던 때, 교수님이 미국에서 귀국하시면서 스티브 잡스(Steve Jobs)가 처음 만든 컴퓨터인 애플의 매킨토시 클래식을 사오셨습니다. 보시다시피 일체형이고 3.5인치 플로피디스크를 사용했습니다. 그때도 이 디자인이 얼마나 멋진지 "이건 장식 소품으로도 아주 훌륭하다."라고 얘기들을 나누었던 기억이 납니다.

이야기를 좀 서두르면, 그 후로도 컴퓨터가 계속 발달해 지금 흔히 보는 노트북부터 아이패드, 갤럭시 노트 같은 태블릿 PC들까지 나왔습니다. 그리고 이러한 개인용 컴퓨터와 다른 방향에서 접근해 보면, 오른쪽 사진의 기계가 Cray-1이라는 모델인데 소위 슈퍼컴퓨터의 시초입니다. 여러분들이 KAIST에 오시면 서쪽에 쪽문이 있습니다. 그 앞에 국가 슈퍼컴퓨팅 연구소(KISTI)가 있습니다. 그 건물 모양이 정확하게 이 Cray-1과 같습니다. 우리나라에 처음 도입한 Cray-1 슈퍼컴퓨터를 기념하는 의미에서 그렇게 지었습니다. 요즘에는 잘 아시다시피 기상청 같은 곳에서

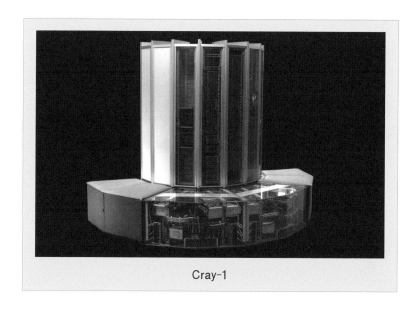

Cray-1

슈퍼컴퓨터를 아주 중요하게 활용하고 있기도 합니다.

계산 도구로 시작한 컴퓨터

컴퓨터가 저렇게 발달하기까지, 여러 사람들이 종전에 없었던 새로운 기계를 구상해 왔습니다. 1642년에 철학자로도 유명한 블레즈 파스칼(Blaise Pascal)이 수동 계산기를 만들어 내는데 이것으로 덧셈과 뺄셈이 가능했습니다. 지금으로부터 거의 400년 전의 일입니다. 1671년에는 미분, 적분을 고안한 사람으로 알려진 고트프리트 빌헬름 폰 라이프니츠(Gottfried Wilhelm von Leibniz)가 이 계산기를 계량해 곱셈과 나눗셈까지 가능한 기계를 만들고요. 17세기 후반에 가서는 2진법을 적용한 계산기를 만들어 냅니다. 이 말은 빛의 통과 여부와 같은 어떤 조건의 유무를 이용한 계산이 가능하다는 뜻인데, 사실 이런 기계들은 아직 컴퓨터라고 말할 수는 없고 그냥 단순한 계산만 가능한 계산기죠.

현재 우리가 생각하는 수준의 컴퓨터를 맨 처음 만든 사람은 요한 루트비히 폰 노이만(Johann Ludwig von Neumann)이라고 알려져 있습니다. 그래서 그를 컴퓨터의 아버지라고 부르기도 하지요. 그런데 사실 컴퓨터의 개념을 처음 도입한 사람은 수학자인 앨런 매시선 튜링(Alan Mathison Turing)입니다. 그래서 전산학계에는 그의 업적을 기념하는 튜링상이 있어요. 튜링상은 미국 계산기 학회에서 전산학 분야에 큰 업적을 남긴 사람에게 매년 시상하는데 전산학의 노벨상이라고도 불립니다. 현재는 구글에서 후원하며 총 100만 달러의 상금이 부상으로 주어집니다.

1936년에 튜링은 긴 테이프에 여러 가지 기호들을 일정한 규칙에 맞춰 적으면, 그에 따라 어떤 일을 해 나간다는 개념을 구상합니다. 우리가 흔히 말하는 알고리즘입니다. 알고리즘을 우리말로 하면 순서도죠. 제가 고등학교 다니던 때만 해도 수학 시간에 순서도를 배웠는데, 요즘도 배우는지 모르겠습니다. 이 순서도에서 IF라는 조건을 만족하면 이쪽으로 가고 만족하지 못하면 저쪽으로 가는 것이죠. 이것을 분기점(branch)이라고 해요. 처음 배울 당시에는 '이런 것을 왜 하나?'라고 생각했던 기억도 납니다. 하지만 사실 알고리즘은 굉장히 중요한 개념입니다. 제2차 세계대전 중에 독일과 영국, 미국에서 알고리즘을 적용한 연산 장치로 구성된 초기 형태의 컴퓨터가 고안되었습니다.

이제 컴퓨터를 왜 만들기 시작했는지 이유가 조금씩 드러나죠. 제2차 세계 대전 당시에 포탄이 날아가는 궤도를 표로 만들기 위해 미국 국방부가 존 윌리엄 모클리(John William Mauchly)와 존 아담 프레스퍼 애커트 주니어(John Adam Presper Eckert Jr.)에게 "포탄이 이동하는 궤도를 신속

에니악

하고 정확하게 계산할 수 있는 기계를 만들어 달라."라고 의뢰했습니다. 이런 군사 목적의 계산을 위해 우리가 아는 초기 형태의 컴퓨터가 만들어진 것입니다.

1945년에 전쟁이 끝나고, 그 1년 후에 흔히 최초의 컴퓨터로 불리는 에니악(ENIAC)이 제작됩니다. 에니악은 무려 1만 8000개의 진공관으로 이뤄져서 엄청나게 넓은 방을 가득 채울 정도였습니다. 무게는 30톤에 달했고요. 이 에니악은 큰 문제가 있었는데, 계산할 프로그램이 바뀔 때마다 6,000개의 스위치를 하나하나 바꿔 끼워야만 계산이 가능했다는 점입니다. 이런 문제가 있다는 사실은 에니악의 계산 방식이, 아직 튜링이 구상했던 알고리즘을 이용하지 않았다는 뜻입니다. 그래서 1952년에 폰 노이만이 주도해 에드박(EDVAC)이라는 컴퓨터를 제작합니다. 이 컴퓨터는 소위 프로그램 내장 방식이라는 점이 특징입니다. 튜링이 제시했던 개념과 같은 계산 방식을 폰 노이만이 처음으로 컴퓨터에 적용한 셈이죠. 그래서 오늘날 전문가들이 현대적인 의미에서 "컴퓨터는 폰 노이만이 만들었고 그 개념을 제시한 사람은 튜링이다."라고 말하는 것입니다.

1964년에는 세계 최초의 개인용 컴퓨터인 프로그래머 101(Programma 101)이 등장합니다. 1969년에 미국 항공 우주국(NASA)에서 이 컴퓨터를 아폴로 11호의 달 착륙 방법을 계산하는 데 사용했습니다. 독자 여러분들 중에는 그때의 달 착륙을 보신 분이 많지는 않으실 텐데요. 저는 옛날에 TV가 있는 동네 만화방에서 이 장면을 봤던 기억이 나네요. 아직은 참 엉성한 컴퓨터였는데, 이걸로 달 착륙에 이용할 계산을 해냈다니 지금 생각하면 신기한 노릇입니다. 게다가 같은 해에 있었던 미국 대통령 선거에서도 ABC 방송국에서 선거 결과 예측에 이 컴퓨터를 사용했습니다.

알고리즘이 시키는 대로 일하는 컴퓨터

컴퓨터는 사람이 반복해야 하는 계산들을 손쉽게 할 수 있도록 만들어졌습니다. 요즘의 컴퓨터는 중앙 처리 장치(CPU)가 굉장히 많아지고 코어도 많이 넣는 방식으로 발달 중입니다. 그럼 이렇게 나날이 발달하는 컴퓨터라는 기계를 우리는 어떻게 정의할 수 있을까요? 일반적으로는 "어떤 입력된 자료를 주어진 명령에 따라 빠른 속도로 처리해 결과를 출력하는 전자적 자료 처리 장치"라고 말합니다.

이 정의를 보면, 컴퓨터라는 기계는 계산만 합니다. 문제는 시키면 한다는 거예요. 스스로는 못해요. 그러면 계산을 시키는 사람이 중요해지겠죠. 누가 시키느냐, 어떻게 시키느냐가 중요할 거예요. 그 계산을 시키는 방식이 바로 알고리즘입니다. 엘리베이터를 예로 들어 보죠. 한 20년 전에는 3대의 엘리베이터가 있을 때, 내가 버튼을 누르면 3대가 한꺼번에 다 내려왔습니다. 지금은 누르면 1대만 와요. 나와 가장 가까운 층에 있는 1대만 오거나, 중간에 사람을 태우고 오는 엘리베이터가 이미 있으면 그것이 계속 오지 다른 건 안 와요. 이럴 때 수학자들은 "아, 알고리즘 제대로 짰네."라고 말하고는 합니다. 알고리즘이 제대로 구성되어서 효율적으로 움직인다는 것입니다.

컴퓨터에게 일을 시키는 법

이제 좀 더 본격적인 이야기로 들어가 볼까요. 컴퓨터에는 4가지 구성 요소가 있어요. 몸통이 되는 하드웨어, 그것을 구동시키는 소프트웨어, 그 안에 들어가는 자료, 마지막으로 사용자입니다. 그런데 여기서는 사용자가 어떤 자료로 어떻게 소프트웨어에 일을 시킬지가 빠졌습니다. 이것이 오늘 하게 될 얘기의 핵심입니다.

저희 연구실에서는 주로 컴퓨터를 이용한 실험을 합니다. 컴퓨터가 거대하고 복잡한 문제, 우리가 하기 힘든 계산을 하도록 시키자는 것입니다. 그러려면 먼저 우리가 갖고 있는 도구인 컴퓨터의 개념과 구조를 잘 알아야 하겠죠. 먼저 우리가 가진 자원인 컴퓨터의 구조를 파악해서 그에 최적화된 알고리즘을 작성하고, 그것으로 얻은 결과를 사람들에게 보여 주기 위해 소위 시각화라는 작업까지 합니다.

잠시 슈퍼컴퓨터를 예로 들어 말씀드리겠습니다. 슈퍼컴퓨터 중에서 아까 보신 CRAY-1 같은 경우는 컴퓨터의 클락 스피드(clock speed)를 향상시켰습니다. 이 말은 계산에 걸리는 시간을 더 줄였다는 뜻입니다. 이제는 재료 공학적인 측면에서 이 연산 속도를 더 단축할 수 없어요. 20년 전이나 지금이나 CPU의 클락 스피드 자체는 똑같습니다. 그러면 어떻게 계산 성능을 향상시킬 수 있을까요? 이제는 여러 개의 CPU를 하나로 결합시킵니다. 여러 개를 연결해 동시에 일을 시키자는 겁니다.

불을 끄는 용도의 소방 로봇을 만든다고 생각해 봅시다. 이 로봇의 엔진과 다리를 아무리 개량해도 불난 곳까지 물을 나르는 데 1초에 1번 왕복하던 것을, 100번, 1,000번 왕복할 수 있게 만들기는 불가능합니다. 그러면 어떡하면 좋을까요? 1초에 1번씩 왕복하는 로봇을 수백 대 만들면 되지요. 그렇게 수백 대를 만든 후에는 명령을 내려야 하는데, 또 문제가 생깁니다. 우리가 수백 대의 로봇을 물이 나오는 곳에서 불을 꺼야 할 곳까지 쭉 줄을 세워 놓고 양동이를 전달하게 할 것인지, 수백 대의 로봇에게 각각 양동이를 주고 알아서 나르라고 할 것인지, 한 방식을 선택해야 합니다.

만약 로봇 1대가 1초에 수백 번을 왕복할 수 있다면 아주 쉽게 해결할 수 있겠지만 그럴 수는 없으므로, 동시에 수백 대의 로봇을 제어하며 임무를 부여해야 합니다. 만약 골목이 좁다면 로봇이 수백 대 있어도 소용이 없겠죠. 이럴 때는 로봇을 1줄로 세워서 차례차례 물이 든 양동이를 옮기게 해야겠죠. 결국 주어진 일의 종류에 따라서, 어떤 식으로 접근할지 고민해야 합니다. 여기서 알고리즘의 역할이 대단히 중요해집니다.

컴퓨터의 계산기, 알고리즘

결국 알고리즘은 문제를 해결하기 위한 여러 동작이나 일 사이에 순서를 부여하는 것입니다. 여기서 먼저 다양한 구조의 컴퓨터를 생각해 봅시다. 하나의 메모리에 여러 개의 CPU가 있는 경우도 가능하고, 여러 개의 메모리에 CPU까지 각자 있는 경우도 가능하겠죠. 그런 구조들에 따라서 우리가 데이터를 공유할 것이냐, 분산시킬 것이냐를 선택한다고 생각해 봅시다. 먼저 데이터를 공유하는 경우에는 CPU가 각자 일을 하면서 같은 데이터를 씁니다. 그렇다면 어떤 문제가 발생할 수 있을까요? 앞에서 말한 소방 로봇의 사례를 생각해 보세요. 그렇습니다. 이것은 우물은 하나뿐인데 로봇이 여러 개가 있는 경우와 같습니다. 서로 물을 퍼 올리다가 로봇끼리 충돌할 위험이 있어요. 그러므로 사전에 로봇들이 움직이는 순서를 잘 정해야 합니다. 반대로 만약에 CPU가 각자 자기 메모리가 있어서 데이터를 분산시킨 경우에는 어떤 문제가 발생할 수 있을까요? 데이터를 잘 분산시켜야 합니다. 한쪽에서 계산하던 중간에 다른 쪽의 데이터가 필요하다면 달라고 할 수도 있고요. 이런 기준들을 우리가 처음부터 고민하면서 문제를 해결해 나가는 순서, 바로 알고리즘을 만들어 나가야 합니다.

컴퓨터는 여러분들이 잘 아시다시피 2진법을 사용합니다. 2진법을 쓰니까 0과 1만 사용해서 일을 시킵니다. 그런데 그것은 컴퓨터가 일하는 방식이지, 이 일을 시키는 사람들의 방식은 아닙니다. 중간에서 사람의 말을 컴퓨터가 이해할 수 있는 말로 바꿔 넣을 언어가 필요한 이유이고, 그래서 여러분들이 아는 C, C++, 자바(JAVA)와 같은 프로그래밍 언어가 생겼습니다. 제가 대학 다닐 때는 포트란(FORTRAN)이라는 프로그래밍 언어를 배웠어요. 포트란은 formula translator의 약자입니다. 이 단어에서 포트란이 수학의 수식(formula)을 컴퓨터에 옮겨 주는 용도로 만들어졌다는 사실을 알 수 있습니다.

요즘에는 C언어를 하드웨어까지 컨트롤하는 용도로 쓰며, 컴퓨터 그래픽에서는 자바도 폭넓게 사용합니다. 그 다음에 공학에서는 교육용으로 매틀랩(MATLAB) 같은 프로그래밍 언어가 있습니다. 2013년, 2014년에 어떤 프로그래밍 언어들이 많이 쓰이는지 조사한 미국의 어느 통계를 보니, 제일 많이 사용되는 프로그래밍 언어는 단연 C언어입니다. 2등이 자바, 그 다음에는 변형된 C언어들이 차지했습니다. OBJECT-C, C, C++, C# 이런 것들입니다. 한 30년 전의 프로그래밍 언어인데 아직도 쓰이는 베이직도 있습니다.

제가 미국에서 공부할 때의 이야기를 잠깐 말씀드리죠. 그때 영어 말고 제2외국어를 하나 수강해야 하는 학사 규정이 있었습니다. 그런데 사람이 쓰는 언어는 아니지만 프로그래밍 언어를 하나 할 줄 알면 이 규정을 면제해 줬습니다. 사실 프로그래밍 언어는 일반적인 인간의 언어보다 훨씬 쉬운데, 이런 융통성을 발휘해 줘서 좋았던 기억이 나네요. 이렇게 프로그래밍 언어로 순서에 입각해서 수많은 연산과 제어를 컴퓨터가 수행하도록 명령을 내립니다. 그 다음에 자주 사용하는 기능들은 저장을 해 두었다가, 필요하면 불러서 쓸 수 있도록 준비해 둡니다. 이런 것들을 라이브러리라고 부릅니다.

그러면 이제 바로 계산만 시작하면 될 것 같지만 그렇지 않습니다. 먼저 컴퓨터에서 숫자를 표현하는 방법을 조금 생각해야 합니다. 예를 들어서 파이(π)를 한번 봅시다. 숫자 π는 흔히 초월수라고 부르지요. 3.1415부터 쭉 이어집니다. 이렇게 이 숫자는 끝이 없지만, 원주율 π라는 것은 존재합니다. 그런데 우리가 컴퓨터에 이 원주율을 저장시키면 어떤 일이 벌어질까요? 사람의 머리는 무한한 자원이 있지만, 컴퓨터의 자원은 유한합니다. 그러므로 컴퓨터에 π를 저장시키면 처음부터 끝까지 모든 자리를 무한히 기억할 수 없습니다. 그러면 어느 숫자까지 잘라서 저장해야겠죠. 예를 들어 3.1415까지만 저장을 했어요. 그러면 3.1415는 π일까요? 엄밀하게 말하면 아닙니다. 하지만 우리는 그것을 π라고 인식합니다. 더 좋은 방법이 없으니까, 이것을 π라고 부르자는 것입니다.

여기서 더 나아가 숫자를 저장하는 방법 자체를 고민해 봅시다. 어떤 사람에게 100억 원의 재산이 있습니다. 그러면 그 100억 원을 가진 사람에게 돈 1,000원은 별로 중요하지 않겠죠. 100억 원 더하기 1,000원이나, 100억 원 더하기 1만 원이나, 100억 원 빼기 1만 원은 크게 중요하지 않습니다. 그런데 전 재산이 10만 원밖에 없는 사람에게는 1,000원도 굉장히 중요하죠. 우리가 굉장히 작은 스케일의 나노 세계, 즉 10^{-9} 정도의 크기를 가지는 세상에 간다면 10^{-10} 크기의 어떤 수도 굉장히 중요해집니다. 전 은하계의 범위에서 본다면, 지구와 달 사이의 거리는 너무나도 사소하지 않을까요? 그러니까 여기서 숫자라는 것이 상대적이라는 사실을 생각하셔야 합니다.

우리가 컴퓨터에 숫자를 저장하려고 할 때, 컴퓨터가 작동하는 방식

```
#include <stdio.h>
int main()
{
    float  a = 0.123456789123456789;
    double b = 0.123456789123456789;
    printf(" a = %.18e \n ",a);
    printf(" b = %.18e \n ",b);
    return 0;
}


a = 1.234567 910432815552e-01
b = 1.23456789123456 7 838e-01
```

부동 소수점 표현 예제: 플로트와 더블

은 이렇습니다. 0이 아닌 맨 앞에 있는 숫자부터 생각해서, 가진 자릿수 만큼만 잘라 저장합니다.

예를 들어 a가 0.123456789123456789, 이렇게 18자리 숫자라고 할 때 이것을 C언어에서 실수(real number)를 뜻하는 플로트(float)로 지정하면, 자릿수를 약 7개만 저장하게 됩니다. 여기에 더블(double)이라고 입력하면 훨씬 더 많은 약 17자리를 저장합니다. 그러고서 그 나머지는 잘라버려요. 그런데 위의 컴퓨터 화면을 보시면 a라는 숫자를 플로트로 입력했기 때문에, 컴퓨터는 실제로 7자리 숫자로 알고 있어요. 그런데 출력할 때는 18자리 숫자로 출력하라고 입력했어요. 그랬더니 8번째 자리부터는 아무렇게나 막 채워 넣어요. 즉 플로트로 저장한 자릿수 이상의 숫자가 필요하면 컴퓨터가 임의로 숫자를 채워 넣는다는 것입니다.

보신 바와 같이, 컴퓨터는 필요한 만큼의 자릿수만 저장하고 나머지는 갖고 있지 않습니다. 그런데 이것이 계산을 할 때 심각한 문제를 일으키기 시작합니다. 숫자를 저장하는 방법으로는 굉장히 좋은데, 실제로 저장을 하다 보면 문제가 발생합니다. 구체적으로 어디에서 문제가 생길까요? 우리가 방금 본 경우를 부동 소수점(floating point number) 표현이라고 부릅니다. 아까 C언어에서는 실수를 플로트라고 지정한다고 말씀드렸는데, 값의 규모가 다른 두 수를 계산하거나 비슷한 두 수의 차이를 계산할 때 문제가 발생해요.

이것이 무슨 말인지 실제 사례를 살펴보죠. 먼저 0.12345678912345 6789를 a에 더블로 정의하고 여기에 1,000을 더합니다. 스케일의 차이가 굉장히 크죠. 이 두 숫자는 1만 배 차이가 납니다. 이 둘을 더하면 더블은 17자리까지 유효 숫자이니 a+1,000은 새로 추가된 자릿수만큼 뒤가 삭제되어 1000.1234657891234가 됩니다. 그 후에 다시 1,000을 뺍니다. 그러면 자릿수가 4자리가 남는데 뒤에 있던 자릿수는 이미 사라졌죠. 그러므로 컴퓨터는 임의로 숫자를 집어넣습니다. 원래 a로 정의된 숫자는 따로 있는데 1,000을 더했다가 빼고 나서는 멋대로 숫자를 지어냅니다. 이런 경우를 수식으로 표현하면 다음과 같습니다.

$$a=0.12345678912345678$$
$$a+1000=1000.1234567891234$$
$$a+1000-1000=0.1234567891234????$$

```
#include <stdio.h>
int main()
{
    double  a = 0.123456789123456789;
    printf(" a = %.16e \n ",a);
    a = a + 10000.0;
    a = a - 10000.0;
    printf(" a = %.16e \n ",a);
    return 0;
}


a = 1.2345678912345678e-01
a = 1.2345678912424773e-01
```

부동 소수점 표현 예제: 크기가 다른 두 수의 계산

컴퓨터는 2진법을 사용하므로 컴퓨터 계산 결과를 10진법으로 변환해서 보면 위의 그림과 같이 약간의 차이가 날 수 있습니다. 사람이라면 저런 일이 없을 텐데, 컴퓨터에서는 벌어질 수 있는 문제입니다.

또 하나는 크기가 비슷한 두 수의 차이 계산입니다. *a*를 123456789. 123456으로 주고, *b*를 123456789. 123345로 주면 끝에서 소수점 3자리만 달라요. *a*와 *b*의 차를 구하면 0.000111이 되는데 저장할 때는 0이 아닌 숫자부터 저장하니까 0.000111하고 그 다음에는 컴퓨터가 아무렇게나 집어넣어 버려요. 그래서 도저히 있을 수 없는 숫자들이 마구 나타납

```c
#include <stdio.h>
int main()
{
    double  a = 123456789.123456;
    double  b = 123456789.123345;
    double  c = a-b;
    printf(" a = %.18e \n ",a);
    printf(" b = %.18e \n ",b);
    printf(" a-b = %e \n ",c);
    return 0;
}


a = 1.234567891234560013e+08
b = 1.234567891233450025e+08
a-b = 1.109987e-04
```

부동 소수점 표현 예제: 크기가 비슷한 두 수의 차이 계산

니다. 이것을 수식으로 표현하면 다음과 같습니다.

$$a=123456789.123456$$

$$b=123456789.123345$$

$$a-b=0.000111??????????????$$

여기서도 컴퓨터의 계산 결과는 앞의 그림과 같은 10진법 계산과 약간의 차이가 날 수 있습니다. 그래서 실제 계산을 할 때는 이런 일들이 벌어지지 않도록 계산을 잘해야 합니다. 비슷한 크기의 숫자 둘을 빼거나, 자릿수의 차이가 큰 수들을 더할 때, 이런 오류를 일으키지 않아야 한다는 점이 중요해요. 뒤에서 하나의 예를 더 보시면 왜 이것이 진짜 심각한 문제인지 아실 수 있습니다. 우리가 해결하려는 문제에 따라서, 어느 정도의 오차를 허용할지도 꾸준히 고민해야 합니다.

우리는 이런 오류를 최소화하는 프로그램을 좋은 프로그램이라고 부릅니다. 좋은 프로그램을 만들려면 먼저 컴퓨터의 계산 원리와 과정을 이해해야 합니다. 우리가 지금까지 배웠던 내용들이 바로 초석에 해당합니다. 그 다음으로 좋은 프로그램을 작성하기 위해서는 코드를 잘 짜서 설명을 잘 달아야 합니다. 그래야 내가 나중에 보거나 남이 처음 보고도 쉽게 이해할 수 있을 테니까요. 그리고 굉장히 많은 경험이 필요합니다. 계산량을 줄이고, 메모리를 적게 사용하고, 특히나 많은 CPU를 가지는 데이터 분산형 컴퓨터에서 병렬 계산을 할 때 계산량을 균등하게 배분할 수 있도록 작성하려면 많은 프로그램을 만들어 봐야 합니다. 여기까지가 컴퓨터를 가지고 일을 할 때 고민해야 하는 이유의 서론에 해당하는 내용입니다.

수학적 알고리즘의 안정성, 수렴성, 복잡성

이제 두 번째 주제인 수학적 알고리즘과 컴퓨터를 이용한 문제 해결로 들어가 보죠. 먼저 수학적 알고리즘의 조건인 안정성, 수렴성, 복잡성부터 살펴보겠습니다.

안정성은 영어로 stability라고 하는데요. 안정성이 어떤 개념인지는 이런 사례를 생각해 보시면 좋을 듯합니다. 요즘에 제주도를 많이들 가시는데요. 여러분들이 제주도에 가서서 성산 일출봉에 올라갔다고 생각해 봅시다. 요즘에는 성산 일출봉을 가도 안까지 내려갈 수가 없지요. 오래전 제가 대학에 다닐 때만 해도 내려갈 수 있었어요. 그런데 그 바닥에서 여러분들이 축구를 하는 겁니다. 웬만큼 축구공을 세게 걷어차도 밖으로 넘어가지 않겠죠. 굉장히 안정적인 상태입니다. 반대로 여러분들이 설악산 대청봉을 갔습니다. 대청봉에 올라가 정상에서 커피를 마시다가 1방울을 톡 떨어뜨리는데, 약간 오른쪽으로 떨어뜨리면 방울은 구르고 굴러서 동해로 흘러갈 것이고, 약간 왼쪽으로 떨어뜨리면 서해로 들어갈 겁니다. 자, 어떻습니까? 대청봉과 성산 일출봉의 차이가 뭘까요? 시작할 때의 작은 변화가 결과에 큰 영향을 미치는지의 여부입니다. 그게 바로 우리가 말하는 안정성이죠. 조건의 변화를 알 때 결과의 변화를 예측할 수가 있느냐는 것입니다. 사회 과학에서도 즐겨 쓰는 나비 효과(butterfly effect)라는 용어가 있습니다. 베이징에서 나비 1마리가 날개 짓을 하면 워싱턴에서는 폭풍이 된다는 얘기는 전형적인 불안정성을 보여 주는 사례입니다. 물론 그것은 정치·사회 영역의 일이라고 해야겠죠.

이제 수렴성을 설명해 보죠. 우리가 어떤 알고리즘을 만들 때는 종종 원하는 것을 바로 찾기보다는 그쪽과 비슷한 방향으로 계속 접근시켜서 결국 원하는 것을 찾아내는 알고리즘을 만듭니다. 즉 우리가 원하는 쪽으로 수렴하도록 만드는 것입니다. 그렇다면 이런 알고리즘을 만들었을 때, 그것이 우리가 원하는 쪽으로 수렴한다는 사실을 보여야 해요. 그렇지 않고 그저 "해 보니까 잘 되더라."라고 말하면 약간 다른 경우에 적용했을 때도 이 알고리즘이 제대로 작동할지 누구도 알 수 없습니다. 그래서 이 수렴성이 어떤 조건하에서 적용되는지가 중요합니다.

복잡성은 데이터 크기에 비례해서, 계산량이 얼마나 증가하느냐를 말합니다. 자세한 내용은 뒤에서 더 말씀드리겠습니다.

계산의 순서가 결과를 좌우한다

이 3가지 조건이 검증된 알고리즘을 수학적 알고리즘이라고 부릅니다. 어떤 알고리즘으로 계산을 할 때 안정성, 수렴성, 복잡성을 알고 있어야만, 우리가 그 알고리즘을 좋다/나쁘다, 믿는다/안 믿는다, 이렇게 평가할 수 있다는 거예요. 요즘은 광고에서 예전만큼 컴퓨터의 역할을 강조하지는 않는데요. 옛날에는 세탁기를 광고할 때도 컴퓨터로 설계, 디자인했다는 식의 말을 쓰는 경우가 많았습니다. 그때 저 같은 사람은 컴퓨터 자체가 아니라, 누가 컴퓨터의 알고리즘을 만들어서 세탁기를 설계했는지가 중요하다고 얘기했던 기억도 납니다.

그러면 조금 더 설명을 해 보죠. 수학적 알고리즘의 안정성은 왜 중요할까요? 앞의 부동 소수점 표현을 떠올려 보십시오. 숫자를 컴퓨터에 입력하면 완벽하게 저장될 수 없다는 것입니다. 그러므로 컴퓨터의 그 숫자는 근사치일 뿐입니다. π라는 숫자는 우리 머릿속에 존재하는 것이고, 컴퓨터가 가진 3.14159는 엄밀히 말하면 π가 아니지요. 뒤에 이어지는 숫자가 없어요. 아예 없거나 전혀 다른 숫자로 채워져 있어서, 계산을 하면 항상 오차가 발생합니다. 그런데 이렇게 수천, 수만 번 계산을 하면 오차가 차곡차곡 누적되어 너무 커지거나, 반대로 오차들이 상쇄되어 제어 가능한 어떤 범위 내에 존재할 것입니다. 만약 우리가 쓰는 알고리즘에 안정성이 없다면 미세한 변화 탓에 결과가 완전히 달라질 수 있습니다. 컴퓨터가 표현하는 숫자에는 항상 오차가 있기 때문에 안정성이 없는 알고리즘을 사용하면 결국 컴퓨터에서 계산이 불가능한 거죠.

부동 소수점 표현을 조금 더 엄밀하게 살펴보겠습니다. 우리가 π를 5자리 부동 소수점으로 표현할 때는, 일단 0이 아닌 숫자부터 시작해서 0.31416으로 표기하고, 0이 아닌 숫자가 시작하는 자리를 10의 몇 승으로 그 수에 곱해서 최종적으로 0.31416×10^1으로 적습니다. 만약 0.008876119를 5자리의 부동 소수점으로 표현하면 0.88761×10^{-2}이 됩니다. 유효 자리 숫자를 넘는 것은 반올림을 하거나 버리는데, 앞에서 보았듯이 비슷한 크기의 수를 빼거나 하는 경우에, 오류가 생길 수 있습니다. 아무리 정확히 계산을 해도 반드시 오차는 발생하며, 계산을 거듭하면서 증폭될 수 있죠. 그래서 안정성이란 계산 과정에서 발생한 오차가 계산이 진행되는 동안에 증폭되지 않는다는 의미입니다. 우리가 실제로 어떤 알고리즘을 적용하려면 그 전에 먼저 안정성을 확인해야 합니다.

다소 극단적인 예를 들어 볼까요. 유효 숫자를 2자리까지만 표현할 수 있는 컴퓨터를 만들었습니다. 유효 숫자가 2자리뿐이에요. 달리 말하면 0이 아닌 숫자를 앞에서부터 2개만, 자릿수로 기억을 하는 거예요. 그런데 이 컴퓨터로 다음과 같은 유한 수열의 합을 구하는 작업을 하려고 합니다. 1.0과 99개의 0.01을 더하고 싶어요. 수학적으로 결과값은 1.99입니다. 이 계산을 이 컴퓨터로 하려면 2가지 방법이 있습니다.

첫 번째 방법은 100개의 수를 순서대로 더하는 것입니다. 그러면 어떤 일이 벌어질까요? 1더하기 0.01은 1.01이지요. 그런데 지금 가정한 컴퓨터는 두 자릿수만 유효 숫자로 가집니다. 그러면 1.0 뒤의 1은 없어지므로 다시 1.0이 됐어요. 그 다음에 또 0.01 하나를 더해도 2자리밖에 기록을 못하니까, 또 1.0이 됐어요. 결국 1.0에 0.01를 99번 더해도 결과는 1.0이에요. 이것이 무슨 말일까요? 두 숫자의 자릿수 차이가 너무 크다는 뜻입니다. 말하자면 100배 차이가 나는 숫자를 더하려고 하는데, 이 컴퓨터는 100배 차이가 나는 숫자들의 더하기를 감당하지 못합니다. 그래서 계산 결과가 1.0이 되었지요. 그러면 다른 방법이 없을까요?

컴퓨터의 유효 숫자가 2자리뿐이더라도 이 계산을 못하는 것은 아닙니다. 잘 생각해 보시면 가능한 계산 방법이 있어요. 100개의 수를 크기가 작은 순서대로 더해 봅시다. 일단 0.01에 0.01을 더하면 0.02예요. 그러면 우리가 0이 아닌 숫자부터 시작해서 2자리를 저장하는 거니까 이걸 저장하는 데는 아무 문제가 없지요. 그 다음에 이런 과정을 계속 반복해서 99개를 더하면 0.99가 나오고, 그 다음에 1을 더하면 1.99인데 여기서는 2자리만 저장할 수 있으니까 맨 끝 자리의 숫자 9를 반올림하면 2.0이 되겠지요. 그래서 똑같은 계산을 하는데도 어떤 순서로 하느냐에 따라서 이 방식의 계산은 제대로 된 답을 주지만, 저 방식의 계산은 제대로 된 답을 못 주더라는 거예요. 여기서 알고리즘의 막대한 중요성과 컴퓨터의 특성을 파악해 알고리즘을 실행해야 한다는 사실을 알 수 있습니다. 지금 우리가 가진 유효 자릿수가 몇 자리인가, 우리가 계산하려는 세상의 문제가 어느 정도의 규모를 다루는가? 이런 정보를 갖고서 문제에 접근해야 합니다. 문제는 그냥 풀겠다고 달려들어서는 풀리지 않습니다.

해답에 다가가는 알고리즘

그 다음 조건인 수렴성은, 말씀드렸다시피 어떤 방정식의 해를 직접 구하지 않고, 수열을 만들어서 그 해에 접근하도록 하는 것입니다. 이 알고리즘이 제시한 어떤 숫자들이, 해에 수렴한다는 것을 보여야 합니다. 혹시 독자 여러분이 대학교에서 수치 해석이나 미적분학 같은 강의를 들으신다면 뉴턴 방법이라는 것을 배우게 됩니다. 뉴턴 방법은 $f(x)=0$이라는 식의 해를 구하는 것입니다. "수학적으로 5차 이상의 대수 방정식은 해가 없다."라는 말을 들어 보신 적이 있으신가요? 물론 여기도 해는 있습니다. 그러니까 해는 있는데 대수 방정식을 사람의 손으로 풀어낼 수가 없다는 의미입니다. 말하자면 정해진 공식이 없어요. 이 사실을 닐스 헨리크 아벨(Niels Henrik Abel)이 증명했고, 그의 이름을 따 '아벨의 정리'라고 부릅니다.

우리가 100차 방정식을 풀어야 된다고 생각해 봅시다. 100차 방정식을 풀 수 있는 방법이 없습니다. 공식이 없으니까요. 그렇다면 어떻게 푸느냐? 이 해법을 아이작 뉴턴(Issac Newton)이 만들어 냈다고들 하는데, 대학교에서는 뉴턴-랩슨 방법이라고 불립니다. 사실은 조지프 랩슨(Joseph Raphson)이 만든 방법인데, 뉴턴의 후학들이 "그 방법은 뉴턴도 생각한 거다."라고 주장을 해서 뉴턴-랩슨 방법이 됐다가 세월이 지나면서 랩슨이라는 이름은 빠지고 뉴턴 방법이 됐다는 얘기죠. 여기서 우리는 뉴턴 같은 사람하고 붙으면 안 된다는 교훈도 얻을 수 있겠죠.

그러면 뉴턴 방법으로 어떻게 방정식의 해를 구하는지 다음 쪽의 그래프에서 살펴보도록 하죠. 방정식 $f(x)=0$의 해를 구한다는 것은 함수 $y=f(x)$의 x절편을 구하는 것과 같습니다. 먼저 x_0점에서의 접선을 찾아

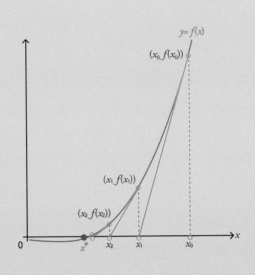

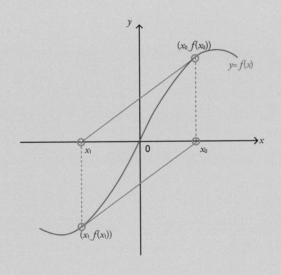

뉴턴 방법: 수렴하는 경우와 진동하는 경우

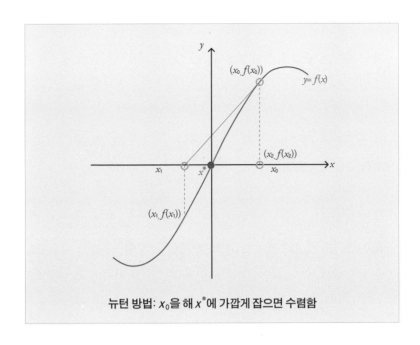

뉴턴 방법: x_0을 해 x^*에 가깝게 잡으면 수렴함

서 이 접선의 x절편 x_1을 확인한 다음에, 다시 x_1에서의 접선을 찾습니다. 이렇게 접선을 찾고 이 접선의 x절편을 확인하는 과정을 계속 반복합니다. 그러면 그래프 상으로는 x절편들이 점점 수렴해 간다는 걸 확인할 수 있습니다. 이렇게 해를 찾는 것이 바로 뉴턴 방법이고 이 수열이 바로 정확히 함수의 x절편을 구해 줍니다.

그런데 그 아래 그래프는 좀 다르게 생겼습니다. 이 함수를 보시면 점 x_0에서 접선을 긋고서 절편을 찾아서 여기에서 다시 접선을 그었더니 이 접선이 계속 위아래로 반복됩니다. 물론 x_0를 해 쪽으로 조금 당기면 이 절편들이 수렴하기 시작합니다. 그리고 x_0가 해 x^*로부터 멀어지면 아예 발산을 합니다. 따라서 우리가 뉴턴 방법을 써서 해를 구할 때는 절편들이 수렴 조건에 어느 정도 부합하는지 확인한 후에 풀어야 한다는 사실을 알 수 있습니다. 5차 이상의 대수 방정식을 풀기 전에, 먼저 그 조건에 부합하는지 여부를 따져야 합니다. 지금 보여 드린 예는 아주 간단한 경우에 속하지만, 좀 더 복잡한 방정식들을 가지고서 알고리즘이 제시한 수열이 해에 수렴한다는 사실을 보여야 한다는 것이 수렴성의 정의입니다.

더 빨리 답을 찾는 알고리즘

이제 마지막으로 수학적 알고리즘의 복잡성을 보겠습니다. 복잡성 (complexity)은 데이터 크기가 n이라고 가정할 때 알고리즘의 계산량을 뜻합니다. 예를 들어 우리가 기상 예보를 하기 위해 날씨에 대한 문제를 푸는데, 예보 범위를 10킬로미터 단위로 잘라서 계산한다고 생각해 봅시다. 2차원 계산 영역을 격자로 만들었을 때 격자점들의 개수를 n이라 하고, 이 점들을 모아서 마지막 계산 결과를 주는 계산량을 n^3, 이 계산을 마치는 데 소요되는 시간이 10분이라고 가정해 봅시다. 그런데 예보가 잘 안 맞으니까, 기상청장님께서 기상청 사람들을 데려다 놓고 "예보 범위를 5킬로미터씩 잘라서 계산해 보자. 10킬로미터나 5킬로미터나 계산량에 무슨 큰 차이가 있겠어?"라고 말씀하십니다.

자, 어떤 일이 벌어질까요? 격자점으로 된 2차원을 반으로 자르면, 데이터가 4배 증가하죠. 10킬로미터 단위의 데이터를 5킬로미터 단위로 분할하면 데이터는 4배가 증가하는 것입니다. 데이터가 4배 늘어나면 n^3 알고리즘에서 계산량은 64배가 되지요. 그러면 계산하는 데 걸리는 시간은 어떻겠습니까? 10분 만에 하던 계산이 640분이 걸려요. 무려 11시간에 가깝습니다. 그러니까 지금 쓰는 알고리즘의 복잡성을 이해 못하는 경우에는, 10킬로미터 계산하던 것을 5킬로미터로 쪼개어 봤자 계산량은 별로 늘어나지 않는다고 짐작할 수 있습니다. 하지만 전에는 10분이 걸렸던 계산이 11시간이나 걸리게 됩니다. 보통 일기 예보는 3시간 전에 하기 때문에, 이렇게 늘어난 계산을 그 시간 내에 수행하기는 불가능합니다. 계산할 데이터를 늘이는 데 한계가 있다는 말이죠. 그래서 더 빨리 계산하는 컴퓨터를 가져옵니다. 더 좋은 컴퓨터를 사 오더라도 계속 계산 속도가 빨라지기는 어려우므로 컴퓨터 여러 대를 연결해서 사용하게 됩니다. 이제는 여러 대의 컴퓨터에 계산을 잘 분배하는 것이 중요해지죠.

그러면 이제 알고리즘의 복잡성을 측정하는 방법을 알아보겠습니다. 알고리즘의 방식에 따라서 똑같은 작업을 해도 복잡성이 달라져요. 그래서 업 앤 다운 게임이라는 것을 한번 해 봅니다. 1에서 100까지 임의로 고른 수를 맞추는 게임입니다. 내가 마음속에 어떤 한 숫자를 생각하고 있어요. 그래서 여러분들에게 물어봅니다. 내가 생각하는 수가 뭘까요? 그러면 막 여러 숫자를 던지시겠죠. 55, 30, 70, 86. 물론 재수가 좋으면 맞을 수도 있습니다. 재수가 무척 좋다면 1번에 맞추겠지요. 어떤 사람은 2번에 맞출지도 모릅니다. 극단적으로는 100번까지 가야 맞추는 경우도 있겠죠.

자, 이 사례가 무엇을 의미할까요? 사실은 우리가 서로 숫자를 1부터 차례로 묻고 답하는 것과 똑같죠. 55, 36, 47과 같은 식으로 부르나 1, 2, 3, 4 이렇게 부르나 마찬가지죠. 이것은 수학적으로는 단지 기호의 문제예요. 1이라고 부르던, 47이라고 부르던 상관이 없습니다. 그러므로 사실은 1부터 차례로 답을 제시하는 경우와 동일하다고 말할 수 있습니다. 그렇다면 정답이 m일 경우에는 m번의 시도를 해야 하는데 아직 정답인 숫자를 모르니까, 우리가 기대할 수 있는 수는 50이죠. 평균적으로 50번은 숫자를 불러야 하기 때문입니다. 그래서 그게 $n/2$죠. 여기서 n은 전체 데이

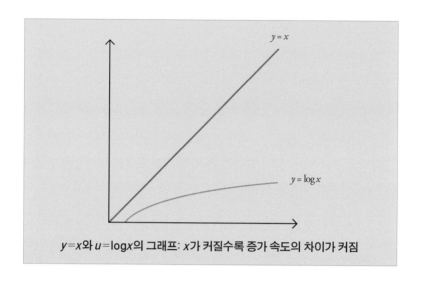

$y=x$와 $u=\log x$의 그래프: x가 커질수록 증가 속도의 차이가 커짐

터, 즉 숫자의 개수를 뜻합니다. 총 n개의 데이터나 숫자가 있을 때, 차례대로 숫자를 불러서, 내가 의도하고 있는 숫자를 맞춰야 하는 경우에 평균적으로 $n/2$번의 시도가 필요합니다. 여기서 분모 2는 떼고 이 데이터에 직접 의존하는 것만 고려해 이 알고리즘의 복잡성은 n이라고 말해요. 그러므로 어떤 사람이 마음속에 담은 숫자를 맞추는 알고리즘의 복잡성은 n입니다.

그런데 알아내는 방식을 조금만 바꾸면 이 복잡성을 훨씬 줄일 수 있습니다. 전체 데이터가 100일 때, 먼저 50을 제시합니다. 50이 맞냐 틀리냐고 묻지 말고, 정답이 50보다 작은지 큰지 묻는 거죠. 50보다 작다고 답하면 그 안쪽만 따지고 반대쪽은 버리면 돼요. 절반의 숫자를 버리는 거예요. 50보다 작다고 했으니 그 다음에는 25보다 큰지 작은지를 따지고서 다시 작다고 답하면 나머지 쪽은 버리고 그 절반인 12를 불러요. 결국 어떻습니까? 우리가 극단적으로는 100번까지, 평균적으로는 50번까지 부를 필요가 없죠. 1번 부를 때마다 데이터의 양이 반씩 없어지는 거예요. 최대 k번의 시도가 필요하다면 2^k이 100이 될 때까지 하면 됩니다. 왜 냐하면 1번 부를 때마다 찾아야 할 숫자가 반씩 줄어드니까, $100/2^k$가 1 이 될 때까지 하면 되는 거예요.

여러분은 영한 사전에서 영어 단어를 찾을 때 어떻게 하시나요? 바로 이렇게 사전의 검색 범위를 반씩 줄여 나가면 가장 빨리 찾을 수 있습니다. 그래서 이 방법을 사전식 검색이라고 부릅니다.

즉 $100/2^k$=1이 되는 k를 구하면, $k=\log_2100$이 되고 전체 데이터 개수를 n이라고 하면 $\log_2n$이 돼서 정해 놓은 숫자를 사전식으로 찾아나가는 알고리즘은 $\log n$ 알고리즘이 됩니다. n과 $\log n$은 대단히 다르죠. 왼쪽의 그래프를 보면 n은 직선으로 증가하는데 $\log n$은 n이 증가할수록 증가 속도가 느려집니다. 그래프에서 n이 커질수록 증가 속도의 차이가 점점 커집니다. 그러므로 똑같은 목적의 계산을 할 때도 내가 어떤 알고리즘을 취하느냐에 따라 복잡성이 달라집니다.

복잡성이 낮아지는 정도에 따라 n^3 알고리즘보다는 n^2이 더 좋고, n^2보다는 n이 좋고, n보다 $\log n$이 더 효과적이라고 말할 수 있습니다. 이렇게 어떤 일을 해결해 나갈 때, 사용하는 알고리즘의 복잡성이 매우 중요하다는 사실이 드러나죠. 문제의 난이도와 푸는 데 소요되는 시간을 모두 크게 줄일 수 있기 때문입니다.

여기까지 알고리즘의 3가지 조건에 대해서 말씀드린 내용을 잠시 정리해 보겠습니다. 먼저 알고리즘을 만들 때는 안정성을 추구해야 합니다. 아무리 정확히 계산하더라도 반드시 오차가 있을 수밖에 없고, 그것이 계산이 반복되면서 증폭될 수 있으며 안정성은 그것을 방지합니다. 다음에는 수렴성이 필요합니다. 수렴성은 알고리즘에서 제시된 수열이 해를 향해 접근해 간다는 점을 보여 줘야 한다는 뜻입니다. 많은 문제들에서 해를 직접 구하기 힘들기 때문에 해로 가까이 가는 수열을 만들어, 근사한 해를 찾아가는 반복 알고리즘을 고안하죠. 따라서 이 알고리즘이 만든 수열의 수렴성을 보여야만 알고리즘을 믿고 사용할 수 있습니다. 마지막으로 우리는 알고리즘에서 복잡성이 중요하다는 사실을 알아야 합니다. 수학적인 도구를 이용해 알고리즘의 세 조건을 하나하나 갖춰 나가는 거예요. 왜냐하면 알고리즘 수준이 계산에서 상상하지 못한 큰 차이를 만들어 낼 수 있기 때문입니다.

컴퓨터의 문제 풀이 4단계

이쯤에서 우리가 지금까지 배운 내용을 살펴볼까요. 컴퓨터가 숫자를 저장하는 방식과 그 문제점을 알았고, 컴퓨터가 계산을 수행하는 도구인 수학적 알고리즘에 필요한 세 조건까지 말씀드렸습니다. 이 정보만 알면 컴퓨터로 문제를 해결할 수 있을까요? 그렇지는 않습니다. 이제 컴퓨터를 이용해서 어떤 수학적인 문제를 해결할 때 거쳐야 할 4단계를 설명해 드리려고 합니다. 수리적 모델링, 수학적 분석, 수치적 분석, 그리고 수치 실험이 그 과정들입니다. 그러면 그 과정들을 하나씩 살펴보겠습니다.

먼저 수리적 모델링이란 우리가 해결하려는 각 분야의 문제를 그에 관한 기본 가설이나 법칙에 기반을 두고 수학적인 문제로 변형하는 단계입니다. 여러분들 중에서 당구를 쳐 보신 분들은 포켓볼을 하기가 좀 힘듭니다. 왜냐하면 당구는 내가 친 공이 어디로 가느냐가 1차 관심사이고, 포켓볼은 내가 친 공에 맞은 공이 어디로 가느냐가 1차 관심사이기 때문입니다. 그래서 당구를 치는 사람이 포켓볼을 잘 치기 위해 수리 모델링

당구와 포켓볼에 적용되는 물리 법칙은
뉴턴의 운동 법칙과 운동량 보존의 법칙이다.

을 해 보려고 합니다. 그러면 여기에 뭘 적용할까요? 그렇습니다. 바로 뉴턴의 운동 법칙 입니다. 그 다음에 운동량 보존의 법칙을 적용하겠죠. 충돌하면 이 공의 속도가 달라지면서 운동량은 보존될 테니까요. 그 다음에 이 공이 회전하니까 각 운동량 보존의 법칙, 기본적으로 에너지 보존의 법칙까지 있습니다. 이런 법칙들을 이용해서 수학적 문제를 만들어 냅니다. 우리가 종종 들어 봤을 미분 방정식이 바로 이것입니다.

뉴턴의 운동 법칙 $F=ma$도 간단한 미분 방정식입니다만 당구나 포켓볼은 여러 물리 법칙이 한꺼번에 들어갔기 때문에 훨씬 복잡한 미분 방정식을 만들어 냅니다. 이렇게 수학적 문제를 만들어 내더라도, 이것이 정말로 실제 당구나 포켓볼의 현상들을 나타내는지는 별개의 문제입니다. 이 문제에는 가설이나 법칙이 추가되었기 때문입니다.

여기까지 마치면 다음은 수학적 분석입니다. 수학적 모델링으로 작성된 이 문제가 제대로 만들어졌는지 수학 이론을 바탕으로 분석하는 단계입니다. 이것을 문제의 타당성(well posedness)을 따진다고 말합니다. 이 분석에서는 수학과 대학원 이상의 과정에서 배우는 실변수 함수론, 함수 해석학, 편미분 방정식, 미분 기하, 위상 수학 이런 것들을 전부 사용합니다. 지금 우리가 만든 문제에 대해 해가 존재하는지부터 따집니다. 어떤 경우에는 문제를 만들었는데 실제로 해가 없기도 하거든요. 물리학을 공부하시는 분들은 "아니, 이 현상 자체가 해인데, 해가 없다는 게 무슨 소리냐?"라는 말씀도 하시는데, 수학을 공부한 쪽에서는 "아니다. 그렇게 만든 모델이 해가 있는지, 없는지 따로 살펴봐야 한다."라고 얘기합니다. 해가 있다면 하나만 있는지, 여러 개 있는지, 만약에 여러 개의 해가 있다면 어느 해가 우리가 원하는 것인지, 우리에게 물리적으로 의미가 있는 해는 무엇인지, 이런 측면을 모두 얘기해야 된다는 의미입니다.

그 다음의 과정은 우리가 찾은 해의 안정성입니다. 예를 들어 $\frac{\partial u}{\partial t}$ $-\Delta u = f$ 라는 문제를 풀면서 f의 크기를 약간 바꿨어요. 그러면 해도 약간만 바뀌어서 도출되는지에 대한 얘기입니다. 만약 해의 변화가 더 크다면 굉장히 심각한 문제예요. f를 조금만 바꿨는데 해는 크게 달라지더라. 그러면 이런 방정식을 어떻게 믿고 쓸 수 있겠습니까? 이런 조건들을 살펴보는 것이 수학적 분석입니다. 수리 모델링을 한 후에, 그 모델을 수학적으로 분석하고, 그 모델을 계산 가능한 모형으로 만들어야 됩니다. 이런 과정을 거쳐 수학 이론을 바탕에 두고 실제 계산하게 될 계산 모형을 만들어서, 알고리즘까지 개발하게 되는 것입니다.

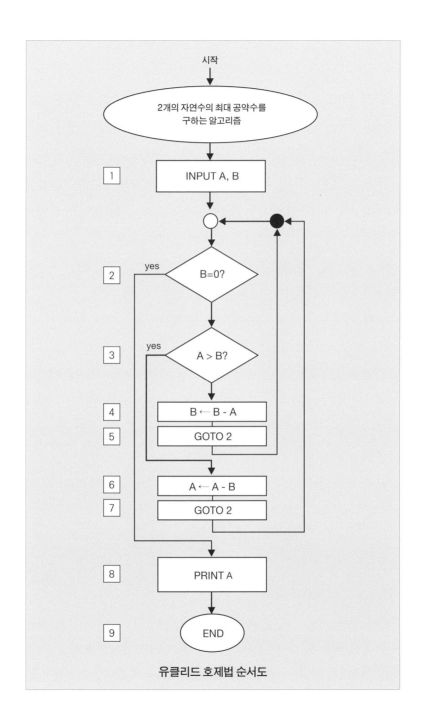

시작

2개의 자연수의 최대 공약수를
구하는 알고리즘

1 INPUT A, B

2 B=0? yes

3 A > B? yes

4 B ← B - A

5 GOTO 2

6 A ← A - B

7 GOTO 2

8 PRINT A

9 END

유클리드 호제법 순서도

당구를 즐기는 수학자

 이 단계까지 마치면, 우리가 만든 문제에 대해 여러 수치적인 기법들을 적용합니다. 공학을 공부하신 분들은 들어 보신 적이 있을 유한 요소법(finite element method) 같은 방법을 써서, 앞의 순서도와 유사한 알고리즘이 나오는 것입니다. 이 알고리즘을 시작해서 어떤 조건을 만족하면 멈추고, 그렇지 않으면 다른 계산을 수행하는 과정을 하나하나 거쳐 알고리즘이 완성되면, 그것을 따라서 프로그래밍 언어를 사용해 실제로 한번 계산을 해 보는 것이죠. 이런 과정을 따라 프로그래밍하면 깔끔하게 문제를 해결할 수 있습니다.

 독자 여러분 중에 당구나 포켓볼을 잘 치시는 분들이 계시다면, 이미 이렇게 알고리즘으로 짠 과정을 머릿속에서 무한 차원의 컴퓨터로 해결하는 아주 훌륭한 수학자들이라고 말씀드릴 수 있습니다. 우리가 이렇게 컴퓨터에 알고리즘을 적용시켜 문제를 해결하는 방식은 영어로 시뮬레이션, 우리말로는 모의실험 혹은 전산 모사(電算模寫)라고 부릅니다. 컴퓨터를 이용하면 여러 장점이 있습니다. 우선 비용이 들지 않습니다.

 물론 컴퓨터를 사야하지만, 모의실험을 하는 데는 비용이 따로 필요하지 않습니다. 또한 실험자의 생명이 위험하지 않습니다.

컴퓨터 안에서 하늘을 날다

 어떤 문제를 수식으로 만들어 모의적으로 계속 계산해 보는 것을 모의실험이라고 합니다. 이렇게 하면 실제 실험보다 시간과 비용 면에서 효

풍동 실험

율적입니다. 더군다나 현실에서는 실험 자체가 불가능한 경우에도 모의 실험이 가능합니다. 예를 들어 우주에서 은하계가 변화하는 과정을 실험할 때, 우리가 직접 은하계를 변화시킬 수는 없겠죠. 그런데 물리 법칙만 이해하면 만들어 볼 수 있습니다. 사람에 이식할 인공 심장을 만들었다면 잘 작동하는지 실험해 봐야겠죠. 하지만 실제로 인체에 장착했다가 생명이 위험해지면 어쩌죠? 그렇지만 이 심장과 인체를 얼마든지 컴퓨터 안에서 가상으로 제작하여 안전한지 실험해 볼 수 있어요.

과거에는 항공 공학자들만 비행기를 제작할 수 있었습니다. 그런데 지금은 저도 비행기를 만들어 볼 수 있어요. 어떻게 만들까요? 컴퓨터 안에서 만듭니다. 비행기를 제작하려면 풍동(風洞) 실험이라는 것을 거쳐야 합니다. 풍동이라는 굉장히 큰 장치를 만들어서 날개 끝에 센서들을 장착시킨 비행기를 그 안에 집어넣습니다. 비행기가 들어간 풍동 안에 굉장히 센 바람을 불어넣습니다. 그러면 날개에 있는 센서들로 비행기를 조작하고 바람에 따라 변화되는 수치들을 취합해요. 그렇게 모은 데이터를 반영해 비행기의 설계를 수정합니다. 그런데 지금은 이런 풍동 실험을 할 필요가 없습니다. 비행기를 만들어서 하늘에 띄우면 됩니다. 그 하늘은 어디에 있을까요? 바로 컴퓨터 모니터 속에 있죠.

실제로 보잉 777 모델 비행기가 풍동 실험을 거치지 않고 제작한 최초의 비행기입니다. 컴퓨터 시뮬레이션으로만 만든 비행기라는 뜻이죠. 이사실을 아는 많은 사람들은 "아, 그래서 보잉 777이 사고가 많이 나는구나."라고들 말합니다. 무슨 뜻이겠습니까? 사실 컴퓨터로 실험을 하면, 가능한 한 끝까지 계산을 할 수 있기 때문에 가장 최적의 경우를 찾을 수 있어요. 그래서 계산 결과를 근거로 이전의 비행기보다 엔진 개수를 줄여요. 실험을 해 보니 그렇게 많은 엔진은 불필요했던 거죠. 무게를 줄이기위해서 날개도 더 가볍게 만듭니다. 그래서 이 보잉 777을 타시면 항로가육지를 따라갑니다. 그냥 바다를 횡단하면 큰일 납니다. 비행 중 만약에문제가 생기면 어떻게 해 볼 방법이 없기 때문에 언제라도 착륙할 수 있게끔 육지를 따라서 비행하는 거죠.

우리도 컴퓨터 시뮬레이션과 관련해 유사한 경험이 있습니다. 바로1994년에 붕괴한 성수 대교인데요. 토목 공학 하시는 분들은 이 다리가어쩌다 무너졌는지 이해하기 어렵다는 말씀을 하실 때가 있습니다. 왜냐하면 토목 공학자들은 일단 건축물의 강도나 하중을 계산해서 결과가 나오면 사람의 계산에는 한계가 있으니까, 그 수치에 1.5배를 곱한다는 거예요. 그러면 현장에서 그 건물을 짓는 사람들은 설계도를 받아서 시멘트를 부을 때, 사람이 하는 일이니까 만약을 모른다면서 또 1.5배를 추가로 투입하죠. 이런 식으로 한다면 무너질 수가 없다는 것입니다. 그런데 대한민국 사회는 그런 대비책을 빼먹지요. 도대체 얼마나 많이 자재를 빼돌렸기에 처음에 계산한 결과의 2.25배가 들어가 있어야 하는 다리가 무너졌던 것일까요? 만약 성수 대교를 컴퓨터로만 설계하면 어떠했겠습니까? 가장 완벽하게 만들어서 딱 그만큼만 재료들을 투입할 거예요. 조금만 부족해도 무너지도록 말입니다. 컴퓨터 디자인이 오히려 좋지 않다는 역설적인 지적도 가능한데, 바로 그렇게 부족한 부분을 사람들의 노력으로 보완해야 하는 것입니다.

연속체의 역학과 편미분 방정식

지금까지 우리가 현실에서 접하는 문제를 수학적으로 어떻게 해결할 수 있는지 간단히 보셨습니다. 그 4가지 과정을 다시 한번 생각해 보죠. 맨 처음부터 수리적 모델링, 수학적 분석, 수치적 분석, 실제 계산입니다.

이 중에서 첫 번째인 수리적 모델링을 구체적으로 살펴보겠습니다. 지금 이 장의 소제목이 다소 딱딱하지만 '연속체의 역학과 편미분 방정식'입니다. 먼저 연속체에 대해 좀 이야기하죠. 어떤 물체의 성질이 그 형태를 변형시켜도 그대로 유지된다면 연속체입니다. 만약 물체의 형태와 함께 성질까지 변하면 연속체가 아닙니다. 물론 상황에 따라서는 연속체가 비연속체로 변할 수도 있겠죠. 예를 들면 종이를 불에 태웠더니 재가 되었다. 그렇다면 종이는 더 이상 연속체가 아니죠.

좀 더 정확한 연속체의 정의는 형태가 변형되었을 때, 아주 작은 규모에서 보더라도 이 물질을 지배하는 물리 법칙이 동일하다는 것입니다. 우리가 보는 세상은 모두 뉴턴 역학의 영향 아래 있습니다. 지금 눈앞의 물체를 주먹으로 때리면 그것이 우그러들거나 제 손이 아픈 것이 뉴턴 역학의 결과입니다. 그런데 이것을 더 세밀히 관찰하면 양자 역학의 단계까지 내려갑니다. 양자 세계까지 가면 뉴턴 역학은 더 이상 성립하지 않습니다. 그러므로 이 단계까지 가면 사실상 연속체는 없습니다. 연속체는 현재의 물리적 법칙이 그대로 적용되는 경우에만 해당하니까요. 그래서 우리가 아는 유체 역학이나 고체 역학도 전부 연속체 역학에 속합니다. 이연속체 역학은 유체와 고체에 힘이 작용할 때 나타나는 평형 상태와 운동을 다룹니다. 힘을 주면 어떻게 모양이 변하거나, 움직이는지에 대한 문제들을 기술하죠. 이 연속체 역학을 기술할 때 기본적으로 질량 보존의법칙과 에너지 보존의 법칙이 필요합니다.

질량 보존의 법칙이란 시간이 지나더라도 어떤 물체의 질량이 일정하게 보존된다는 것이며, 에너지 보존의 법칙이란 충돌이 일어나더라도 운동량이 보존된다는 것입니다. 이러한 물리 법칙을 이용하면 특정한 유체나 고체의 밀도, 속도에 관한 물리적인 방정식을 만들 수 있습니다. 이 방정식을 총칭하는 용어가 편미분 방정식입니다. 일반적인 미분 방정식은 미분되는 것이 하나인데 편미분 방정식은 미분되는 변수가 여러 개입니다. 편미분 방정식을 만들어 내는 방법은 이것만 있지 않습니다. 어떤 물리적인 현상은 특정한 에너지가 최소화되는 상태를 나타냅니다. 그래서 그 에너지를 수식으로 표현하고, 에너지식을 미분해서 0이 되는 경우로 최소화 상태를 생각하면 편미분 방정식을 만들어 낼 수 있어요. 이 방법을 변분법이라고 합니다.

연속체 역학의 여러 물리 법칙이나 변분법을 사용해 열역학, 음향학,

전자기학, 양자 역학처럼 다양한 분야의 역학에 관한 방정식이 나오며, 이런 방정식들의 해는 굉장히 광범위합니다. 예를 들어서 말씀드리죠. 양쪽 끝을 고정해 놓은 상태에서 진동하는 현이 하나 있다고 생각해 봅시다. 이 줄을 튕기면 아래의 그림과 같이 진동합니다. 그러면 양쪽 끝을 붙잡고 있는데도, 여러 가지의 해가 나오는 거예요. 이 상태를 파동 방정식으로 만들면 여러 개의 해가 나온다는 사실을 이해할 수 있어요. 그중에 어떤 것이 우리가 원하는 해일까요? 이것을 알려면 경계 조건이 필요합니다.

좀 더 쉬운 경우를 볼까요. 막대기에서 왼쪽 끝은 일정한 온도를 유지하고 오른쪽 끝에서 빠져나가는 열의 양은 0으로 설정합니다. 그러면 열은 높은 쪽에서 낮은 쪽으로 흐르니까 막대기의 온도는 전체적으로 왼쪽 끝과 같은 온도로 유지됩니다. 이렇게 경계 조건을 부여하는 경우에는 해

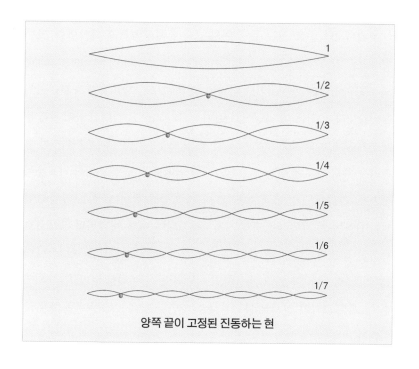

양쪽 끝이 고정된 진동하는 현

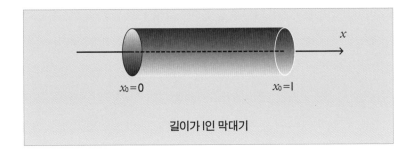

길이가 l인 막대기

를 쉽게 찾을 수 있습니다만, 일반적으로는 어떠한 경계 조건을 부여하느냐에 따라서 해가 달라질 수 있습니다.

흘러가는 방정식

이제 우리가 흔히 보는 물, 공기와 같은 유체의 흐름을 나타낼 수 있는 방정식을 살펴보겠습니다. 바로 나비에-스토크스 방정식(Navier-Stokes equations)입니다. 자동차가 지나가면 차 주위로 공기인 유체가 갈라져서 흘러갑니다. 그런데 이 방정식으로 자동차가 가르고 지나간 공기 흐름을 계산해 보면 이 공기층 뒷부분에 빈 공간(cavity)이 발생합니다. 이것이 움직이는 차를 뒤로 잡아당깁니다. 그러면 연비도 떨어지고, 여러 비효율이 생기죠. 기회가 있을 때 해치백 스타일의 차들을 한번 보세요. 비나 눈이 오는 날에는 차 뒤쪽이 상당히 지저분해집니다. 바로 차의 바닥 부분으로 유입된 공기가 상승할 때, 흙탕물이 함께 올라와 더럽히는 거예요. 나비에-스토크스 방정식으로 계산하면 이런 상황을 이해할 수 있습니다. 또한 이 계산 결과는 실제로 자동차를 디자인하는 데도 아주 유용하게 쓰입니다.

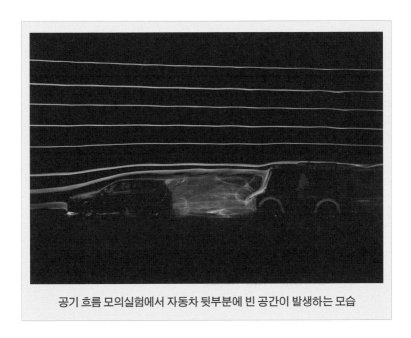

공기 흐름 모의실험에서 자동차 뒷부분에 빈 공간이 발생하는 모습

　지상을 봤으니 이제는 하늘을 살펴볼까요. 바로 헬리콥터입니다. 요즘은 헬리콥터를 대단히 세세하게 디자인합니다. 프로펠러를 몇 도 각도로 돌리나, 어떻게 돌리나 등등의 부분까지 다루는 거예요. 다음 사진이 굉장히 재미있는데요. 비행기가 음속 이하로 비행하다가 음속을 돌파하는 순간, 기체 주위에 하얀 구름이 생깁니다. 음속은 소리의 속도입니다. 소리니까 보거나 만질 수가 없지요. 그런데 공기는 보거나 만질 수 있습니다. 비행기가 음속을 돌파하는 순간에 구름이 생겨난다는 사실은, 소리의 방정식과 공기 흐름의 방정식에 연관이 있음을 보여 줍니다. 우리가 보기에는 별개의 문제 같지만 모두 연결되죠.

　전자기학에 적용하는 방정식으로는 맥스웰 방정식(Maxwell equations)이 있습니다. 전자기를 나타내는 4개의 방정식을 통틀어서 맥스웰 방정식이라고 부릅니다. 전자기학은 말 그대로 전기와 자기를 함께 다루고, 전

비행기가 음속을 돌파하는 순간에 기체 주위로 하얀 구름이 형성된다.

기를 흘리면 자기장이 생기므로 이런 이름이 붙었죠. 이 방정식은 전자기학을 통일적으로 기술합니다. 그래서 맥스웰 방정식을 보시면 핸드폰을 지나치게 오래 쓰거나, 거주지 주변에 송전탑이 생기면 위험하다고 주장하는 나름의 이유를 이해할 수 있습니다. 그 주위에 자기장들이 많이 발생하기 때문입니다. 이런 것들이 인체에 어떻게 해를 미치는지는 아직은 확실하지 않지만 말입니다.

고양이의 생존 확률은?

지금까지의 내용은 연속체 역학에 대한 것이었습니다. 이제부터는 새로운 세계, 바로 양자 역학의 세계로 잠시 들어가 보겠습니다. 아래의 수식은 슈뢰딩거 방정식(Schrödinger equations)입니다. 원자 내에서 움직이는 전자의 운동을 기술하는 파동 방정식으로, 이 전자의 운동이 어떤 에너지를 가졌는지 나타냅니다. 이 수식의 의미까지 아실 필요는 없지만 워낙 중요한 식이어서 한번 보여 드렸습니다.

일반적으로 뉴턴 역학은 일종의 결정 역학이라고들 말합니다. 시작할 때 주어진 조건을 보면 결과를 예상할 수 있다는 뜻이죠. 더 쉽게 설명해 볼까요. 가을이 오면 낙엽이 떨어지겠죠. 그러면 낙엽을 보면서 내년 3월에 눈이 올지, 안 올지까지 알 수 있다는 것이 결정론자들의 입장입니다. 이것은 우리 같은 보통 사람들의 생각이기도 합니다. 그래야 미래를 예측하며 살 수 있을 테니까요.

$$i\hbar \frac{\partial}{\partial t}\psi = -\frac{\hbar^2}{2m}\nabla^2\psi + V\psi$$

그런데 에어빈 슈뢰딩거(Erwin Schrödinger)가 위의 방정식을 만들어 냈습니다. 이 슈뢰딩거 방정식은 일종의 파동 방정식이면서, 해가 여러 개입니다. 즉 같은 초기 조건을 가지더라도 여러 개의 해가 존재합니다. 이 방정식을 두고서 슈뢰딩거가 고민한 이유는 이것입니다. "뉴턴 역학에서는 그런 일이 안 벌어지는데 해가 여러 개라는 것이 도대체 무슨 말이냐?" 그랬더니 막스 보른(Max Born)이 이 여러 개의 해를 에너지 상태(state)들로 간주해서 원자 내의 전자가 어떤 식으로 있을지 확률적으로 나타낸다고 정리했습니다. 그래서 해가 여러 개라는 사실은 여러 종류의 상태들이 모두 각각 확률적으로 존재한다는 의미라고 보른은 설명했습니다.

너무나도 유명한 슈뢰딩거의 고양이라는 비유가 여기서 등장합니다. 이것은 보른이 주장한 확률론적 해석을 반박하기 위해 제시되었습니다.

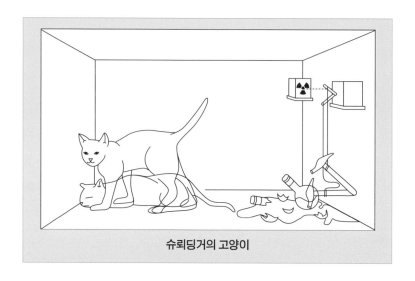

슈뢰딩거의 고양이

위의 그림을 보시면 오른쪽 상단에 위험 표시가 있는데, 방사성 원소가 들어 있습니다. 이 방사성 원소가 1시간 후에 방사능을 방출하면서 쪼개질 확률은 50퍼센트예요. 1시간 후에 그 방사성 원소는 그대로 있거나 쪼개졌겠죠. 그리고 방사성 원소 아래 검출기가 있습니다. 만약 방사능이 검출되면 아래의 비커가 깨지면서 비커 안의 독성 물질이 나오게 됩니다. 이런 밀폐 공간 안에 고양이를 가둔 것입니다. 1시간 후에 고양이는 살아 있을까요? 죽었을까요? 50퍼센트의 확률로 죽었거나 50퍼센트의 확률로 살았다는 것인데 어떤가요, 그럴듯한가요? 슈뢰딩거와 알베르트 아인슈타인(Albert Einstein)은 말이 안 된다고 지적했어요. 고양이가 갇힌 상자를 1시간 후에 열어 봐라. 죽었거나 살았지. 50퍼센트는 살고, 50퍼센트는 죽은 고양이는 말이 안 된다고 주장했습니다.

그런데 요즘에는 "절반은 살았고, 절반은 죽었다."라는 표현을 받아들입니다. 내일 비 올 확률이 50퍼센트라면 여러분들 중 대부분은 우산을 갖고 나가실 겁니다. 내일 강수 확률이 30퍼센트라면 어떨까요? 갖고 나가시겠습니까, 그냥 나가시겠습니까? 지금 우리는 일상적인 삶 속에서 이미 확률론적인 해석을 하고 있는 거예요. 그렇다면 이 슈뢰딩거의 고양이는 아직 살았을까요? 죽었을까요?

현실의 크고도 작은 계산들

이제 오늘 강의의 마지막 부분에 이르렀습니다. 우리는 방정식에 대한 계산 알고리즘을 만들고 모의실험으로 방정식의 해를 구했습니다. 이 방정식만 있으면 실제 현상을 이해할 수 있을까요?

불행히도 실제 현상에서는 거시적이고 큰 규모의 계산과 그 안에 있는 미시적이며 작은 규모의 계산을 동시에 수행해야 하는 경우가 매우 빈번합니다. 어떤 현상이 일어나는 원인 속에, 아주 작은 규모의 현상이 있기 때문입니다. 이런 경우, 2가지 규모의 계산들을 함께해야 하는데 이를 다중 스케일 시뮬레이션(multiscale simulations)이라고 합니다. 앞에서 부동소수점을 말씀드렸을 때 보셨듯이 계산하는 숫자들 사이에 규모, 즉 스케일의 차이가 있으면 계산 결과에 오류가 발생합니다. 그러므로 거시적인 규모의 데이터에서, 나노 규모의 미시적인 데이터를 추출할 수 있는 알고리즘을 만들어야 하는 것이죠. 이런 알고리즘을 작성하기 위해, 다양한 연속체 역학이나 양자 역학에서 쓰이는 미분 방정식을 도입해 계산할 수 있습니다.

오늘 강의에서는 여러분들이 흔히 생각하시는 수학에 대한 내용은 많지 않았죠. 계산 목적으로 컴퓨터를 사용하는 방식과 물리 법칙에서 도출되는 편미분 방정식을 말씀드렸습니다. 그러다 보니 컴퓨터와 물리학과 관련된 이야기가 더 많았습니다. 하지만 이것이야말로 요즘의 수학입니다. 수학 속에는 과거에 저와 여러분들이 배웠던 내용들이 여전히 남아 있지만, 거기서 훨씬 많이 발전하고 확장되어서 수학을 배운 사람들이 항공기의 제작 공정에 참여하는 수준까지 이른 것이죠.

다음 강에서는 실제로 미분 방정식을 풀어내는 구체적인 수치 기법과, 현대 수학이 세상에 구현한 실용적이고 기발한 결과물을 이야기해 보도록 하겠습니다. 오랜만에 긴 시간 동안 수학과 함께하시느라 수고하셨습니다. 감사합니다.

2강

수학이 예측하는
우리 사회의 미래

이번에는 지난 강의에서 배운 편미분 방정식을 계산하기 위해 필요한 수치 기법들을 이야기해 보려고 합니다. 이어서 이러한 계산으로 자연 현상을 모사하는 방법을 말씀드릴 텐데, 보다 구체적으로는 기상, 자연 재해, 자동차 충돌, 비행기와 요트 디자인에 현대 수학이 적용되는 과정을 살펴보죠. 본격적으로 강의에 들어가기에 앞서 먼저 지난 시간에 했던 내용을 좀 복습해 볼까요. 지난 1강에서는 수학적 알고리즘의 3가지 조건을 얘기했습니다. 먼저 안정성은 어느 정도는 변화가 있더라도 전체 시스템이 유지된다는 뜻입니다. 그 다음이 수렴성이었죠. 우리는 어떤 해, 즉 솔루션을 구하기 위해 알고리즘을 만듭니다. 해를 바로 구할 수도 있지만 일단 근사적인 해를 구하고 그것을 이용해서 좀 더 근사적인 값을 구하며 접근해 가는 경우가 더 많습니다. 이 경우에 근사적인 해가 실제로 우리가 원하는 해로 수렴함을 보여 줘야 합니다. 이것이 수렴성이죠.

　마지막이 복잡성인데 데이터의 양이 증가할 때 계산량은 얼마나 증가

하는지를 뜻합니다. 그리고 같은 양의 데이터를 다루더라도 알고리즘에 따라 계산량은 줄어들 수 있으며, 따라서 복잡성은 알고리즘에 따라 달라질 수 있다는 점도 말씀드렸습니다. 이렇게 안정성, 수렴성, 복잡성이 검증된 알고리즘을 수학적 알고리즘이라 하며, 우리 주위에서 쓰는 알고리즘들은 모두 이런 조건을 충족하고 있습니다.

그리고 컴퓨터를 이용한 문제 해결 과정을 배웠어요. 물리 법칙들을 이용한 수리적 모델링으로 수학 문제들을 만들어 내는 것입니다. 주어진 조건들의 관계를 다루는 방정식이죠. 이 방정식에 수학 이론을 적용해서 해의 존재성, 유일성, 그리고 정칙성, 즉 방정식의 외부 데이터가 조금 변하면 여전히 해도 약간 변하는지를 파악합니다. 방정식을 풀어서 알고리즘을 개발하는 것이 유한 요소법이나, 유한 차분법(finite difference method)과 같은 수치 방법론입니다. 작성한 알고리즘으로 해결한 문제를 컴퓨터에서 가시화시키면, 문제를 해결했다고 말할 수 있습니다. 다음으로 대표적인 편미분 방정식을 몇 가지 말했습니다. 진동하는 현을 나타내는 파동 방정식, 유체의 흐름을 해석하는 나비에-스토크스 방정식, 전자기학과 관련된 맥스웰 방정식, 양자역학을 대표하는 슈뢰딩거 방정식이었죠.

방정식의 해는 근사하다

파동 방정식, 나비에-스토크스 방정식, 맥스웰 방정식 등이 대표적인 방정식이에요. 이 방정식들은 모델링에서 도출되었으며, 수학 이론이 그 해의 존재성, 유일성을 증명합니다. 내용을 이해하려면 수학 이론에 너무 깊이 들어가야 하기 때문에 여기까지만 이야기하겠습니다. 다음으로는 이 방정식을 풀기 위해 해를 찾아야 합니다. 편미분 방정식의 수학적 해석도 중요하지만 이것을 실제로 구현하고 응용하기 위해서는 해가 필요하기 때문이죠. 계산을 해서 보여 주겠다는 것입니다. 그런데 일반적으로 정확한 해를 구하기는 불가능합니다. 세상의 그 많은 방정식 가운데서 손으로 해를 구할 수 있는 것은 0.1퍼센트도 안 될 것입니다.

보통은 수치 기법을 이용해 근사적인 해를 구하고요. 최근에는 컴퓨터의 성능이 굉장히 발달해서, 대단히 복잡한 현상이라도 컴퓨터 모델링으로 해를 찾아낼 수 있습니다.

무한한 영역에서 유한한 답을 찾는다

지금부터 말씀드리는 내용과 방정식들을 전혀 모르셔도 상관없지만, 잠깐 예를 들어 보죠. 아래의 2차원 열 방정식인 포아송 방정식(Poisson's equation)을 보면 미분이 들어 있어요. u를 x에 관한 2번 미분, u를 y에 관해서 2번 미분 같은 것들이에요.

$$-\frac{\partial^2 u}{\partial x^2} - \frac{\partial^2 u}{\partial y^2} = f$$

뒤의 나비에-스토크스 방정식을 보면 u를 t에 관해 1번 미분하고 있어요. 미분을 포함하고 있기 때문에, 이 식을 다른 모습으로 바꿔서 손쉽게 조작하고 싶어요. 고등학교 시절에 배우셨던 수학을 조금만 떠올려 보시죠.

$$\frac{\partial u}{\partial t} - \Delta u + u \cdot \nabla u + \nabla p = f$$

미분의 정의는 무엇이죠? 어떤 u에 대하여 시간이 t에서 h만큼 변했을 때 u의 변화량에 대한 변화율이 있죠. 그 변화율을 가지고 극한 h를 0으로 보내는 것이 순간 변화율이며 이것이 미분입니다. 즉 시간이 h만큼 변화할 때 함수 u가 변하는 비율이 미분인데, 미분의 공식은 h를 0으로 보낼 때의 극한인 것입니다. 그게 바로 뉴턴이 생각해 낸 미분의 개념이죠.

그러면 h를 0으로 보내는 대신 10^{-9}, 10^{-10}처럼 0에 굉장히 가깝다고 가정하면 그 변화율이 우리가 원하는 미분값에 대단히 가깝겠지요. 즉 미분 $\frac{du}{dt}$ 대신에 근사식인 $\frac{u(t+h)-u(t)}{h}$ 를 쓸 수가 있겠죠. 함수 u의 x에 관한 미분은 근사식 $\frac{u(x+h)-u(x-h)}{2h}$ 를 사용합니다. t에 관한 미분과 조금 모양이 다른데 분모가 $2h$이고 분자는 $u(x+h)-u(x-h)$이예요. 역시 함숫값의 차이를 그 간격으로 나눠 준 거예요.

다음으로 미분을 2번하는 경우를 생각해 보시죠. 근사식 $\frac{u(x+h)-2u(x)+u(x-h)}{h^2}$ 에서 h를 0으로 보내면 2번 미분한 $\frac{d^2u}{dx^2}$ 이 됩니다. 이러한 근사식들을 유한 차분식(finite difference formula)이라고 부릅니다.

다른 형태의 미분도 유한 차분식으로 바꿔 보죠. 이제 우리가 풀려는 영역을 오른쪽 그림과 같이 가로 세로로 촘촘하게 잘라서 격자점들로 표현해요. 그 후에 미분 방정식에서 이 격자점들의 미분을 유한 차분식으로 변환하면, 미분 방정식이 격자점에서의 함숫값들의 관계식으로 바뀝니다. 미분 방정식은 무한히 많은 점 위에서의 연속 함수인데 이렇게 해서 유한한 개수의 격자점상에 있는 함숫값들의 문제가 됩니다.

즉 미분 방정식이 행렬 방정식으로 바뀌는 거예요. 이러한 방법을 유한

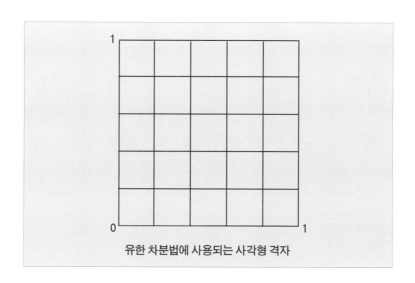

유한 차분법에 사용되는 사각형 격자

차분법이라고 부릅니다. 매우 간단한 원리죠. 이 방식은 1950년대 말에 나오기 시작했어요. 그때 폰 노이만이 세상의 모든 문제는 이것으로 전부 풀 수 있다고 허풍을 치기도 했습니다. 그런데 이 세상이 그렇게 단순하지는 않죠. 폰 노이만 같은 분도 우리 사회를 단순하게 보았다고 말할 수 있겠습니다.

영역의 형태가 복잡하면, 즉 직사각형처럼 단순 도형이 아닐 때는 유한 차분법을 적용할 수 없어요. 뒤의 그림처럼 문제의 영역이 둥글다면 격자점을 유한 차분법과 같이 사각형으로 삽입해서는 영역에 경계를 맞출 수 없어요.

1960년대에 들어오면서 좀 더 수학적인 방식이 등장합니다. 이것이 바로 유한 요소법입니다. 뒤에서 보는 것처럼 주어진 영역을 작은 삼각형으로 잘라요. 이제 앞에서 사용했던 것과 같은 방식을 적용해 봅시다. 이 삼각형들의 마디 역시 격자점이라 불리지만 사각형 격자점들이 아니기 때문에 유한 차분식으로 미분을 근사할 수가 없어요. 그래서 이런 영역 위

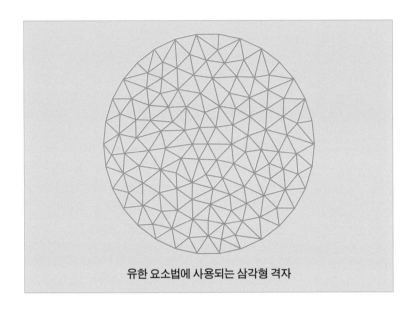

유한 요소법에 사용되는 삼각형 격자

에 존재하는, 각 삼각형상에서 1차 함수이며 전체적으로는 연속인 함수를 생각해요. 유한 차분법처럼 격자점에서의 함숫값이 아니라 영역 전체에 존재하는 함수를 생각하는 것입니다. 오른쪽 그림처럼 이 영역상의 2변수 조각 1차 함수들로 다시 해를 표현해요. 우리가 원하는 해 u는 연속 함수로서 무한 차원인데, 조각 1차 함수들이 격자점에서 갖는 값만 알면 이 함수들의 형태를 알 수 있습니다. 즉 삼각형들의 마디 위에서 갖는 함숫값만 찾으면 해결되는 거죠.

비행기를 만드는 방정식

다소 복잡해 보이지만 연속 함수의 세계를 어떤 유한개의 함수들로 바꿀 수 있다는 사실을 확인했습니다. 이렇게 하면 선형 연립 방정식, 즉 행

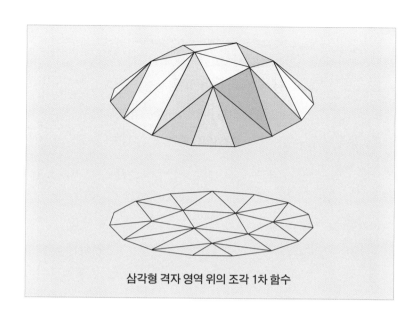

삼각형 격자 영역 위의 조각 1차 함수

렬 방정식이 도출되는데 이것이 유한 요소법입니다.

유한 차분법이든 유한 요소법이든 도출되는 행렬 방정식의 미지수는 각 격자점에서의 함숫값들입니다. 고등학교에서는 보통 2행 2열, 3행 3열 정도의 행렬을 배웁니다만 이 방식은 100만 행 100만 열과 같은 굉장히 큰 행렬을 금방 만듭니다. 보통 고등학교에서 2행 2열의 행렬 방정식을 풀 때, 역행렬을 찾아서 곱하죠. 하지만 100만 행 100만 열쯤 되면 역행렬을 찾기는 매우 힘듭니다. 대신에 이것을 해결할 수 있는 여러 수치 방법들이 발달했고 이 주제를 연구하는 수치 선형 대수학이란 분야가 있습니다. 사실 수치 방법들은 수학적으로 굉장히 어렵습니다. 행렬의 크기가 매우 크면 계산 시간도 많이 걸립니다. 이를 줄이기 위해 병렬 컴퓨터로 병렬 계산을 하는 경우에, 기존과는 다른 수치 방법이 필요합니다. 이런 연구 또한 수치 선형 대수학의 중요한 연구 주제죠.

이제 비행기 동체를 디자인하는 경우를 생각해 볼까요. 여기서는 영역

비행기 동체의 영역 분할

분할법(domain decomposition)이 유용합니다. 위의 그림에서 보시는 것처럼 비행기 동체를 분할해서 따로따로 계산합니다. 병렬화가 쉽고, 복잡한 영역의 문제를 단순 영역으로 바꿀 수 있죠. 또한 사각형 영역, 원형 영역처럼 영역별로 분할해 서로 다른 수치 방법으로 푸는 것도 가능합니다. 이렇게 비행기를 디자인할 때 위치에 따라 지배하는 방정식이 다른 경우를, 요즘은 다중 물리 문제(multi physics problem)라고 부릅니다.

수학적 예측의 기술

문제를 풀기 위한 여러 단계 중에서 모델링 부분의 편미분 방정식을 말씀드렸고 그 다음에 어떠한 수치 기법을 쓰는지 보여 드렸어요. 우리가 수치 기법을 쓰면 앞에서 본 유한 요소법, 유한 차분법이나 그 외에 여러 가지 방법들을 적용해서 알고리즘을 만들 수 있습니다. 알고리즘을 만들어 그것으로 컴퓨터에 일을 시키면 계산 결과가 나옵니다. 우리는 이것을 다양한 분야에서 변화의 예측, 분석에 활용할 수 있습니다. 또한 이미 일어난 사건을 재구성하거나 이해하는 데 사용할 수도 있습니다.

자연 재해, 충돌, 폭발 사고, 예를 들어 천안함 사태 같은 주제에서 활용하는 것도 생각해 볼 수 있습니다. 어째서 천안함이 침몰했는지 구체적인 경위는 아직 단정하기 어렵습니다. 아무도 모르는데 여러 추측들이 있어요. 함정 밑에 기뢰가 있었다, 미사일을 맞았다, 잠수함이랑 충돌했다, 많은 얘기들이 있습니다. 그렇게 말하는 사람들은 아무도 책임을 지지 않죠.

이럴 때 우리가 모의실험을 해 보면 무엇을 알 수 있을까요? 저런 여러 종류의 추측들을 모두 실험해 봅니다. 만약에 함정 밑에 폭탄이 있었다면, 설치 위치에 따라 함정이 파괴되는 형태가 어떻게 다를지 계산해 봅니다. 믿을 수 있는 결과를 얻으려면 모델링과 계산을 잘해야 합니다. 이렇게 천안함을 컴퓨터 안에서 침몰시켜서 관찰하는 거예요. 그 관찰 결과가 우리가 실제로 본 현상과 유사하다면 그 추측은 옳은 것입니다. 그런데 컴퓨터 안에서 아무리 폭탄을 터트려도 결코 그런 식으로 파괴되지 않는다면 그 추측은 틀렸다고 말할 수 있겠죠.

실제로 천안함 사태 때 대덕 연구 단지의 한국 기계 연구원에서 모의실험을 했어요. 초반 3초 정도의 폭발 과정을 모의실험한 영상을 인터넷에서 보실 수 있습니다. 국방부 조사 본부의 『천안함 피격 사건 보고서』에 따르면 이 모의실험에서 TNT 폭약 360킬로그램이 수심 7미터에서 폭발했을 때 천안함의 실제 손상 상태와 정성적으로 매우 유사한 손상 결과를 얻을 수 있었다고 합니다.

이와 같은 방식의 모의실험은 관찰되지 않은 사건이나 미래를 예측하는 데도 사용할 수 있습니다. 무엇보다 실제 실험보다 시간과 비용이 절감됩니다. 천안함의 침몰 원인을 알기 위해서 매번 천안함과 같은 재질의 배를 만들어서 가라앉힐 수는 없잖아요. 물론 아주 오래된 배를 거의 고철 수준에 싸게 사서 배 밑에 폭탄을 장치해 폭파시켜 보는 사람들도 있어요. 그래도 역시 모의실험에 비하면 돈과 시간이 너무 많이 들겠죠.

폭발 모의실험

자연 현상을 설명하는 수학적 모델에서는 모델에 포함된 계수들을 변화시키면서 실제로 어떤 현상이 벌어지는지 예측할 수 있습니다. 그래서 실제로 실험 자체가 불가능한 경우에도 컴퓨터로 모의실험을 시행해 결과를 예측, 분석하는 것이 가능합니다. 예를 들어 해저나 우주에서 벌어지는 현상은 직접 실험할 수가 없습니다. 그러므로 컴퓨터 시뮬레이션이 어떤 자연 현상의 이해, 우주 탐험, 국방, 미사일 개발, 암호 개발, 뇌에 대한 이해, 유전자 분석과 같은 다양한 분야에서 활발히 사용되는 것입니다.

요즘은 게임과 동영상 제작, 영상 처리에서도 폭넓게 쓰이죠. 흔히 CG(Computer Graphic)라는 단어를 들어 보셨을 텐데요. 최근에는 의료 장비, 인공 장기의 개발에서도 이용하기 시작했습니다. 인간용 인공 심장을 만들어서 사람에게 달았더니 문제가 생긴다면 어떻게 하겠습니까? 그렇다고 쥐에게 맞는 인공 심장을 만들어서, 계속 실험해 본 다음에 사람에게 장착할까요? 그것도 뭔가 어색합니다. 제대로 모델링만 하면 컴퓨터 안에서 인간용 인공 심장을 만들어 안전성을 실험해 볼 수 있기 때문입니다.

여기서 잠시 흥미로운 얘기를 하나 해 보겠습니다. 요즘 게임과 영화에서 모의실험 기술을 사용한다고 앞에서도 잠깐 말씀드렸습니다. 옛날에는 9.11 테러 같은 사건이 있지 않고서는 세계 무역 센터 정도의 큰 빌딩에 항공기가 충돌했을 때, 실제로 어떤 소리가 나고 어떻게 화염이 치솟는지 정확히 알 수가 없었습니다. 그 충돌 당시의 동영상을 보고서야 비행기가 빌딩과 충돌할 때의 상황을 알았습니다.

다시 말하면 그 전에는 우리가 영화에서 폭발 장면을 보더라도 그것이 실제 상황과 같은지 몰랐어요. 실제로 비행기를 빌딩에 충돌시킬 수도 없으니까요. 그런데 이제는 우리가 모델링을 잘하고 컴퓨터 계산 기술이 발달하면서 그런 상황까지도 시뮬레이션할 수 있어요. 지금 우리가 보는 CG들은 과거에 비해서 실제 상황과 훨씬 가까워졌고, 그런 생동감은 계산 수학과 컴퓨터의 발달에 힘입었다고 말씀드릴 수 있습니다. 여기까지 편미분 방정식과 수치 기법을 활용해서 실제로 무엇을 만들어서 보여 줄 수 있는지 얘기했어요.

날씨를 계산하는 방법

지금부터는 우리가 어떻게 계산 수학으로 아직 닥치지 않은 미래를 예측할 수 있는지, 그 구체적인 활용 사례를 살펴보도록 하겠습니다. 먼저 기상 예측입니다. 기상 예측에서는 나비에-스토크스 방정식, 열 방정식, 부시네스크 방정식(Boussinesq equation) 등을 사용합니다. 그 밖에 패턴

분석과 같은 기상 예측 방법도 있습니다. 현재의 기상 관측 데이터를 갖고서, 과거의 유사했던 상황과 컴퓨터로 비교해서 어떻게 전개될지 예측하는 것입니다.

　그런데 요즘에는 이런 방식이 잘 통하지 않습니다. 지구 온난화처럼 과거에는 없었던 현상들이 점점 늘고 있기 때문입니다. 그래서 기상학에서 새롭게 등장한 것이 학습 이론, 소위 머신 러닝(machine learning)입니다. 현재 및 과거의 데이터의 유사점과 차이점을 분석하고, 원인의 차이에서 결과의 차이까지 도출되는 학습 이론을 구성해, 예보 시스템에 적용합니다. 과거와 현재 데이터의 차이로부터 미래의 기후를 예측하는 것입니다.

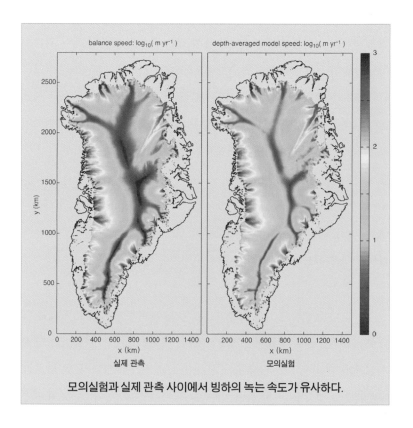

모의실험과 실제 관측 사이에서 빙하의 녹는 속도가 유사하다.

그런데 이런 학습 이론의 모델에도 한계가 있어요. 그러므로 궁극적인 최선의 방법은 자연 법칙이 그대로 반영된 여러 개의 복잡한 미분 방정식이 결합한 모델링입니다. 앞에서 제가 보여 드린 것은 단순하지만, 우리가 자연의 변화를 예측하려고 한다면 훨씬 복잡한 방정식을 풀어야 합니다.

왼쪽의 그림을 한번 보시죠. 먼저 우측은 2000년에 미국 로스앨러모스 국립 연구소(LANL)의 시뮬레이션입니다. 2000년에 그린란드에서 빙하가 녹아 내렸는데, 그 녹는 속도를 컴퓨터로 실험해 보았습니다. 주위 상황과 일기 조건을 제시하고서 모의실험을 해 봤더니 붉은색인 부분이 속도가 빠른 지역이고 푸른색인 부분이 속도가 느린 지역이라는 것을 확인할 수 있었습니다. 해변에 가까운 지역일수록 빨간색이 많다는 것은 빙하가 더 빨리 녹아내린다는 의미입니다. 그래서 이 모의실험을 계속 진행하면 언제쯤 이 빙하가 다 녹아 없어질지 예측할 수 있겠죠. 좌측은 실제 관측 결과입니다. 실험으로 예측했던 것과 거의 유사하지요. 예측의 신뢰성이 검증되는 것입니다.

구름 위의 컴퓨터

구름의 광학적 두께를 측정하는 데도 계산 과학(computational science)은 중요한 도구로 활용되고 있습니다. 본래 구름은 두께를 측정하기 어려운 대상입니다. 구름은 멀리서 보기에는 어떤 실체가 있는 것 같지만, 막상 그 속에 들어가면 매우 뿌옇고 흩어져서 두께를 재기 어렵습니다. 그래서 구름의 광학적 두께를 측정할 때 빛의 투과율을 기준으로 삼습니다. 빛이 많이 투과되면 얇은 구름이고, 적게 투과되면 두꺼운 구름이라

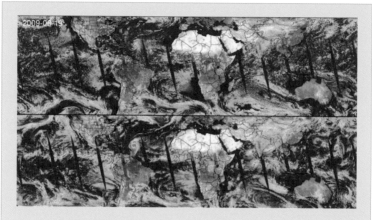

모의실험과 실제 관측에서 확인한 구름의 광학적 두께

고 말할 수 있겠죠. 위의 사진은 2009년 8월에 미국의 NASA가 전 세계 구름의 광학적 두께를 측정한 것으로, 상단이 컴퓨터로 실시한 모의실험이고, 하단은 실제 관측 결과입니다. NASA에서는 지구 공기의 대류를 나타내는 방정식들의 시스템을 만들고, 유한 체적법(finite volume method)이라는 수치 기법을 사용해 구름에 대한 복사 전달 방정식을 작성해 모의실험을 했습니다. 그림에서 붉은색은 낮은 투과율과 구름의 두꺼움을 뜻하며, 푸른색은 그 반대인데 두 자료가 상당히 근접했다는 사실을 확인하실 수 있을 것입니다.

구름의 두께를 알게 되면 특정한 지역의 강우 여부, 강우량, 일조량 등을 종합적으로 예측할 수 있습니다. 이것이 바로 기상 예측인데 미국의 에너지 과학 계산 연구소(NERSC)에서는 더욱 심층적인 연구를 했습니다. 오른쪽의 지도 중 첫 번째는 2001년에 미국 전역의 일일 최대 강수량을 표시한 것입니다. 나머지는 순서대로 미국 전역을 가로 세로 300킬로미터 단위, 100킬로미터 단위, 50킬로미터 단위로 분할해 일일 최대 강수

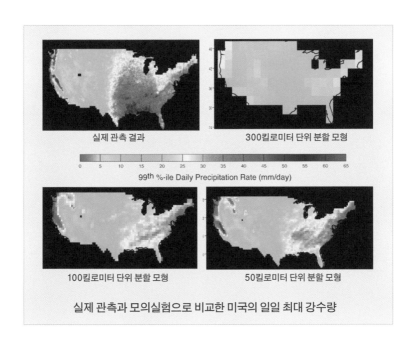

99th %-ile Daily Precipitation Rate (mm/day)

실제 관측 결과

300킬로미터 단위 분할 모형

100킬로미터 단위 분할 모형

50킬로미터 단위 분할 모형

실제 관측과 모의실험으로 비교한 미국의 일일 최대 강수량

량을 모의실험한 결과입니다. 분할 단위를 줄여서 실험 모형이 세밀해질수록 정확도도 높아져서, 실제 관측 결과와 유사해져 가는 것을 확인하실 수 있습니다. 이렇게 계산 수학과 컴퓨터 공학이 발달해 나간다면, 머지않은 미래에는 우리가 원하는 지역의 일일 강수량을 정확히 예측해 낼 수 있을 것입니다.

2009년도 8월에는 NASA에서 구름의 발생 및 이동에 대해 모의실험을 실시했습니다. 기압, 기온, 습도, 이슬점, 풍향, 풍속, 강수량, 적설량, 일사량 등 여러 기후 요소를 모두 포함시키고 관측 지역들을 7킬로미터 단위로 분할해서 구름의 발생과 이동을 예측해 낸 것입니다. 전 지구를 대상으로 구름이 만들어져 움직이는 과정을 볼 수 있는데, 관측 범위를 7킬로미터 단위로 분할한 것은 굉장히 세밀하다는 의미입니다.

기상청장 앞에서 제가 그 동영상으로 발표를 한 적이 있었어요. 그랬더니 "저것은 보여 주기 위해 만든 겁니다. 7킬로미터 단위로 분할해서 계산하려면 컴퓨터를 며칠 동안 돌려야 하는데, 기상 예보는 3시간 안에 결과가 나와야 하거든요."라고 말씀하시더군요. 그래도 기상의 변화를 정확하게 예측하고 보여 준다는 점에서는 모의실험이 굉장히 좋은 도구입니다.

아시겠지만 지금까지 보신 것은 전부 미국 자료예요. 한국에서 제작한 자료는 없습니다. 아까 말씀드렸다시피 우리는 계산 수학을 적극적으로 활용하지 못하고 있는 실정입니다. 옛날 자료를 보고서 패턴을 찾고 학습 이론을 구성하거나, 어디까지나 보조 수단으로만 사용할 뿐, 인터넷과 결합시켜서 적극적으로 활용하지는 않습니다.

자연 재해를 대비하는 수학

다음으로 말씀드릴 주제는 요즘 문제가 되는 자연 재해입니다. 그중에서도 피해가 컸던 재해가 아직 여러분들께서도 기억하시는 쓰나미일 것입니다. 쓰나미는 바다 밑에서 발생한 지진이나 화산 분화 같은 현상이 수면에 큰 충격을 줘서 엄청나게 큰 파도가 지상으로 밀려오는 현상이죠. 굉장히 높은 파도가 몰려 와서 주택과 마을이 완전히 파괴되는 엄청난 규모의 재난입니다. 쓰나미는 2004년 인도네시아, 2011년 일본에서 이러한 대규모의 피해를 입혔습니다. 사람의 힘으로 막을 수 없는 재난 앞에서 수학은 어떤 도움이 될까요? 쓰나미가 일어날 때의 상황을 모의실험해 봄으로써 우리가 어디로 어떻게 대피를 해야할지 최선의 방법을 예측할 수 있을 것입니다.

먼저 오른쪽 그림은 일본에서 쓰나미로 발생한 인적 피해입니다. 도호

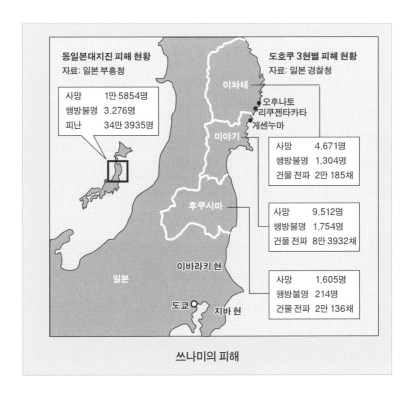

쓰나미의 피해

쿠 지역의 3개 현에서 발생한 피해만 저렇습니다. 그 당시 도호쿠 지방의 CCTV에 포착된, 쓰나미가 밀려오는 영상을 인터넷에서 보시면 얼마나 무서운 재해인지 금방 아실 수 있어요. 바닷물들이 올라오기 시작해 해안가를 넘어 흘러넘치고, 제방이 붕괴되며 물이 걷잡을 수 없이 밀려옵니다. 엄청난 해일을 보고 전속력으로 도망치던 자동차들이 순식간에 장난감처럼 떠내려가는 장면도 보입니다. 그 파괴력을 실감할 수 있죠.

우리가 쓰나미의 확산 속도와 규모를 보다 정확히 시뮬레이션하려면 기존에 발생했던 쓰나미의 크기와 침수 영역의 분포, 인공물의 피해 정도를 먼저 분석해야 합니다. 그 데이터를 이용해 쓰나미의 속도에 따른 침수 범위와 시간의 경과에 따른 피해 규모를 다양하게 예측할 수 있습니다.

파도 속의 방정식

실제로 존재하는 건물을 놓고서 쓰나미로 침수되면 어떻게 손상되는지 컴퓨터로 시뮬레이션해 볼 수도 있습니다. 수시로 바뀌는 파도의 비선형적 형태뿐만 아니라 파도의 진행 방향 뒤로 퍼지는 분산 효과, 밀려오는 동선에 있는 지형지물들의 복잡한 형태까지 고려해야 하기 때문에 굉장히 어려운 계산입니다. 이 과정에서 앞에서 언급한 부시네스크 방정식과 나비에-스토크스 방정식이 활용됩니다.

그러면 쓰나미를 시뮬레이션하기 위해 우리가 고려해야 할 요소는 무엇일까요? 먼저 파도를 보시면 바닷물이 위아래로 출렁거릴 뿐 이동하지는 않아요. 우리가 보기에는 파도가 움직이는 듯 보이지만 실제로 저쪽에 있는 물이 이쪽으로 움직이는 것은 아닙니다. 바닷물은 그 자리에 정지해 있고 높낮이만 계속 변하는데, 그 높낮이의 변화가 마치 이동하는 듯이 보인다는 거예요. 사실 파도는 바닷물이 아니라 에너지가 오는 거죠. 전진하다 해변으로 접근해 바닥이 얕아지면 에너지가 이동하며 물이 상승하는 것입니다.

그런데 바닷물이 솟아 오른 후에는 얕은 바닥의 영향을 받아서 물의 윗부분부터 무너져 내립니다. 여러분들께서 해안에서 보신 파도의 모습을 한번 상상해 보십시오. 파도가 출렁대며 밀려오다가 위에 거품이 하얗게 생기면서 무너지지요. 바로 파도 밑의 바닥이 얕아지기 때문에 벌어지는 현상입니다. 에너지가 파도를 이룬다는 사실을 설명드렸습니다.

또한 파도에는 주기(frequency)가 있습니다. 파도는 여러 주기가 결합해서 형성되는데 각 주기별로 전파 속도가 다릅니다. 그래서 파도 하나가 밀려오는 것 같지만 사실은 여러 개가 함께 오는 것이고 이것들끼리 서로

바다와 접한 도시의 복잡한 구조

속도의 차이도 있기 때문에 여러 개로 나눠졌다가 다시 합쳐지는 과정이 반복됩니다. 그러므로 이런 요소를 정확히 고려해서 쓰나미를 모의실험해야 합니다.

위의 사진을 보시면 바다, 크고 작은 하천, 다양한 형태의 건물들이 있습니다. 그야말로 복잡한데요. 이런 지형지물 사이로 쓰나미가 밀려오는 상황을 어떻게 계산할 수 있을까요?

먼저 쓰나미를 계산하려면 그 높이를 예측해야 합니다. 다음의 그래프를 보시면 H가 전체 파도의 깊이고, 그 다음에 이 파도가 어느 정도의 속도로 밀려오는지 알아야 하므로 u라는 평균 속도가 굉장히 중요해집니다. 그러므로 H와 u의 계산이 쓰나미 모델링에서 가장 중요하죠. 부시네스크 방정식은 파도의 속도가 계수로 나타나며 파도 높이를 다룹니다. 비선형 방정식이어서 수치적인 결과를 얻으려면 매우 복잡한 계산 과정을

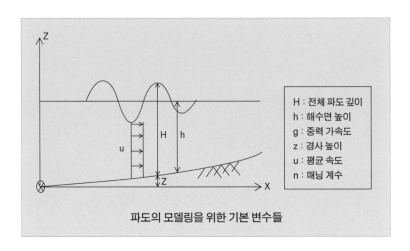

파도의 모델링을 위한 기본 변수들

거치게 됩니다.

옆의 자료는 2011년 동일본 지진의 쓰나미로 일본 미야기 현 오나가와 정에서 피해가 발생한 영역을 분석한 것입니다. 이 지역을 대상으로 시뮬레이션한 결과를 보면, 피해 양상을 예상할 수 있습니다. 이것은 실제로 관측된 피해 영역과 높은 비율로 일치합니다. 일본 같은 경우는 어느 지역에서 지진이 일어나면 그 강도와 진도에 따라서 그것이 쓰나미로 바뀌어서 밀려오는 데 몇 초, 몇 분이 걸리고 어디까지 도달하는지, 도달하면 이 쓰나미에 각 지점의 어느 부분까지 침수되며, 그 소요 시간은 얼마나 되는지 계산하는 기술을 꾸준히 발전시키고 있습니다.

예측 결과를 바탕으로 지진이 발생할 때 위험한 지역에 경보를 발령하거나, 대피 경로를 미리 확보합니다. 이러한 쓰나미 시뮬레이션의 또 다른 효과는 정확하고 사실적인 시각 자료를 구현함으로써 이 자연 재해가 얼마나 위험하고, 어떻게 대비해야 하는지에 대한 경각심을 불러일으킨다는 데 있습니다.

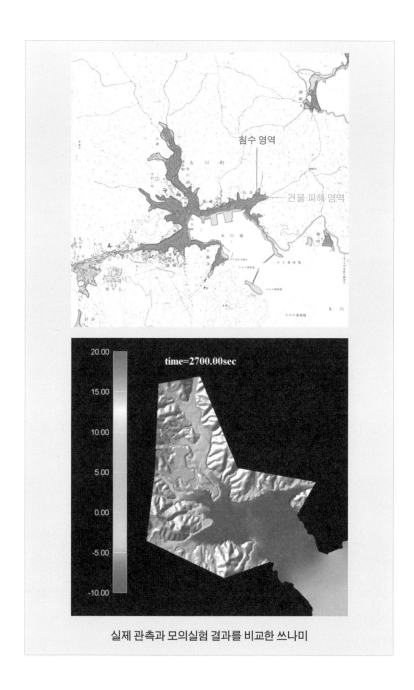

실제 관측과 모의실험 결과를 비교한 쓰나미

자연을 모사해 재해를 대비한다

다시 쓰나미를 계산하는 이야기로 돌아와 보죠. 문제는 이런 쓰나미 계산이 굉장히 힘들다는 것입니다. 바닷물이 지면을 따라오다가 건물들을 만나겠죠. 그러면 건물의 모양이나 위치에 따라서 접촉한 물의 모양이 달라질 것 아니에요? 나무로 만든 집은 무너지고 콘크리트로 만든 집은 버틸 거예요. 그러면서 물이 밀려 온 지역 전체의 모양이 바뀌고, 다른 지역으로 확산되는 방식에 영향을 미칠 것입니다. 이 요소들까지 모두 고려해야 하기 때문에 굉장히 많은 양의 계산이 필요합니다. 주로 유한 요소법을 사용해 계산하는데, 영역을 아주 많은 수의 작은 삼각형들로 나눠서 계산합니다.

나비에-스토크스 방정식을 적용해서 쓰나미의 3차원 흐름을 만들어내고 건물과 같은 지형지물에 작용하는 힘을 분석합니다. 그리고 여기서 물 부분과 물이 아닌 부분을 구분해야죠. 물의 흐름은 유체 방정식으로 만들면 되는데, 여기서는 물의 영역이 확대된다는 점이 중요합니다. 이것이 바로 경계가 이동하는, 이동 경계의 문제로서 굉장히 복잡한 유형의 문제입니다. 우리가 자연 현상을 모사하는 계산 수학을 이용해 자연 현상을 지배하는 수학적 모델을 세우고 수치 기법을 적용해 다양한 모의실험을 수행함으로써, 이처럼 자연 재해를 대비하거나 완화하는 체계를 마련할 수 있습니다.

한국에서는 쓰나미가 일어나지 않아서, 여름철에 자주 일어나는 산사태를 대상으로 재해 모의실험을 구성할 수 있습니다. 몇 년 전에 서울에서 일어난 우면산 산사태가 대표적인 사례입니다. 실제로 국토 교통부에서 우면산 산사태가 난 후에 자연 산사태가 날 수 있는 산들을 대상으로 산사태 모의실험을 하는 프로젝트를 발주했습니다. 그 다음에 산사태가 우려되는 곳에는 전부 센서를 심어서 폭우가 오거나 토사가 흘러내리면 양을 측정했습니다. 이런 변화가 실제로 어디까지 어떠한 영향을 미칠지 모의실험으로 계산해 둔다면, 산에 심어둔 센서로 지금 내리는 비의 양, 토양에 흡수된 수분의 양과 같은 수치를 파악해서 그에 맞춰 신속히 주변 지역에 경보를 발령할 수 있겠죠. 이것이 지금 국토 교통부에서 추진하는 재해 예방 프로젝트의 하나입니다.

슈퍼컴퓨터와 자동차

다음으로는 자연 재해가 아닌 우리의 일상생활과 직접 관련된 계산 수학 모의실험을 살펴보겠습니다. 바로 우리가 늘 이용하는 자동차의 충돌 사고를 가정한 모의실험입니다. 현대 자동차 같은 경우에 신차 모델을 하나 개발하면 보통 3000억 원 이상의 비용이 들어간다고 합니다. 그 비용 중 상당 부분은 자동차의 안전도 테스트를 위해서 자동차를 제작해 실제로 부숴 보는 데 쓰입니다. 문제는 자동차를 개발하는 단계에서는 이것이 전부 수제품이어서 대량 생산을 못한다는 겁니다. 제작비가 1대당 1억원이 넘어요. 그동안은 1억 원이 넘는 수제 자동차를 여기저기 충돌시켜서 파괴한 다음에, 결과를 분석했어요. 과거에는 이런 실험 결과를 계속 다음 설계에 반영하면서 자동차 모델을 개발했죠.

지금은 현대 자동차도 자동차 충돌 모의실험을 이용해서 비용과 시간을 크게 절감하고 있습니다. 또한 이런 식의 충돌 모의실험은 실제 자동차로 실험할 때보다 더 다양한 형태와 강도의 충돌을 큰 부담 없이 실행해 볼 수 있어서 자동차의 안전성을 제고하는 데도 큰 도움이 됩니다. 자동차 충돌 모의실험에서는 공기 역학, 탄성 역학, 동역학 등에서 나타나는 방정식을 동시에 풀어야 하며, 100만 개 이상의 격자점을 가지는 유한 요소법을 사용해, 속도를 높이기 위해서 병렬 계산이 되는 슈퍼컴퓨터로 계산합니다.

미래 항공기의 조건

땅을 달리는 자동차를 얘기했으니, 이제는 하늘을 나는 비행기도 살펴볼까요? 2006년도에 출시된 에어버스 A350를 보시면 뭔가 좀 특이한 부분이 눈에 띕니다. 이 비행기의 날개 끝을 보시죠. 살짝 올라가 있어요. 그러면 이 날개 모양은 그저 디자인 요소일까요? 물론 그렇지는 않습니다.

에어버스의 A-350

가장 최신 기종인 에어버스 A380, 보잉 787은 각각 2013년에 출시되었는데, 역시 날개 끝이 이렇게 휘어 있습니다. 자세한 원리는 뒤에서 살펴보도록 하죠.

미래의 항공기는 끊임없이 발전할 것입니다. 그 필수 요건은 바로 연료 절감이에요. 그 밖에도 소음과 유해 물질 배기량 감축도 중요한 과제입니다. 그래서 미국 정부가 2010년에 내놓은 10년 장기 계획(2010 National Aeronautics Research and Development Plan)에 따르면 연료 소모는 보잉 737의 30퍼센트, 제트기 소음은 현재 기준보다 62데시벨, 질소 산화물 배출량은 현재 국제 기준의 20퍼센트 이하로 감축해야 합니다. 이 기준에 미달하면 비행기를 완성해도 취항할 수 없다는 규정까지 이 장기 계획에 포함되어 있습니다.

이 계획에 맞추기 위해 다양한 비행기들이 디자인되고 있습니다. 아래의 사진들은 아직 실용화되지는 않았지만 여러 기관, 대학교들에서 설계 중인 차세대 비행기의 형태들입니다. 참 희한하게 생겼죠? 가오리도 닮았고 말입니다. 이런 특이해 보이는 형태는 미학적인 관점만을 반영한 것이 아닙니다. 사실은 대부분 컴퓨터 모의실험을 이용해 디자인된 것입니다.

보잉의 X-48과 슈퍼소닉(Supersonic)

이 모의실험은 공기의 흐름에 관한 유체 역학을 다루는 것이어서 굉장히 어려운 경우에 속합니다. 여러분도 아시다시피, 속도가 조금만 빨라지면 공기는 소용돌이가 일어나는 등 형태가 급변해서 예측하기가 힘들죠.

날리지 않고도 제작되는 비행기

유체 역학이 공기를 대상으로 계산한 것은 대략 1960년대부터입니다. 처음에는 공기에 점성과 회전이 없는 선형 모델만을 가정하고 계산했었습니다. 좀 더 쉽게 계산할 수 있었지만 그 대신 현실성은 다소 줄어들었죠. 선형 모델에서 비선형 모델로 진전되며 회전, 점성, 소용돌이까지 하나하나 가정에 추가해 계산하는 식으로 모델이 정교해졌습니다. 모델이 정교해진다는 말은 계산이 정확해진다는 뜻이고, 곧 계산에 소요되는 시간과 비용이 증가한다는 말이기도 합니다.

옆에 실린 기종이 보잉 787인데 표시된 대로 어느 1군데라도 컴퓨터 시뮬레이션을 하지 않은 부분이 없어요. 1강에서 말씀드렸던 풍동 실험을 하지 않은 최초의 기종인 보잉 777이 기억나실 것입니다. 그 후속 모델인 보잉 787은 더욱 적극적으로 기체 전체의 설계에 컴퓨터 시뮬레이션을 적용했습니다.

다시 이 항공기의 날개 끝 부분을 보시면 측면이 휘어져 있습니다. 이 부분을 경사 윙팁(Raked Wingtip)이라고 부릅니다. 쇠갈고리 같이 휘어진 날개 끝이라는 의미인데, 항공기 날개 끝부분을 새의 날개처럼 한번 꺾었더니, 날개에 뱅글뱅글 감겨 오는 와류(渦流)를 잡아 줘서 연료 절감 효과가 엄청나다는 사실을 확인했습니다. 이 사실을 직접 이런 날개를 만

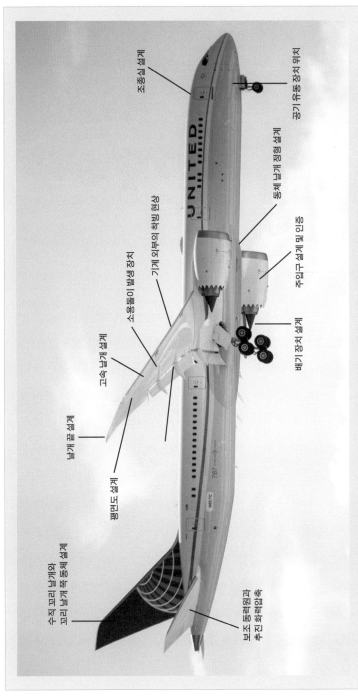

조종실 설계

공기 유통 장치 위치

동체 날개 정렬 설계

주입구 설계 및 인증

배기 장치 설계

소용돌이 발생 장치

기계 외부의 착빙 현상

고속 날개 설계

날개 끝 설계

평면도 설계

수직 꼬리 날개와
꼬리 날개 쪽 동체 설계

보조 동력원과
추진 하력급측

보잉 787의 설계에 반영된 컴퓨터 모의실험의 예

보잉 787의 경사 윙팁

들어 보고서야 알았을까요? 아닙니다. 컴퓨터 시뮬레이션으로 계산해서 알아낸 것입니다.

다음으로 오른쪽의 사진처럼 날개 끝의 위로 솟은 부분은 샤크렛 (Sharklet)이라고 합니다. 샤크는 상어니까, 상어의 지느러미를 본따서 만들었다는 뜻입니다. 에어버스사가 A320에 처음 도입한 윙팁으로 항공기 날개 끝 부분을 위로 휘어서 아주 부드러운 L자 모양으로 만든 구조물인데 오른쪽처럼 이것의 유무에 따라 공기 중 와류의 발생량에 큰 차이가 있습니다. 샤크렛을 장착하면 날개 끝에서 소용돌이치는 와류의 양이 크게 감소하므로 공기의 압력을 덜 받게 된 비행기의 연료 소모도 크게 줄어든다는 것이죠. 에어버스의 최신 기종인 A350 XWB (eXtra Wide Body)에 이 장치가 활용되어 큰 효과를 보고 있습니다. 경사 윙팁은 뒤로 살짝 꺾은 것이고 샤크렛은 위로 꺾은 것이어서 둘을 동시에 적용하기는 어렵겠죠. 경사 윙팁은 주로 보잉 비행기, 샤크렛은 주로 에어버스 비행기

A320의 샤크렛과 와류 감소 효과

에 사용됩니다.

비행기의 소음을 감소시키는 기술을 개발할 때도 직접 엔진을 제작해서 작동시켜 발생하는 소음을 측정하며 개량할 필요가 없습니다. 컴퓨터 시뮬레이션으로 가상의 엔진을 제작해 작동시키고, 음파 방정식으로 그 소리의 크기와 확산 범위까지 계산할 수 있기 때문입니다. 시뮬레이션 기술을 적용해 소음의 발생 원인과 감소 방법을 찾을 수 있습니다. 그 결과로 적용한 새로운 기술이 엔진의 톱니 모양 공기 배출구입니다. 그냥 원형으로 절단하지 않고 톱니 모양으로 절단했더니 소음이 30퍼센트 이상 감소했습니다. 톱니 모양 배출구로 컴퓨터 시뮬레이션을 실시해서, 소음을 30퍼센트 정도 감소시킨다는 사실을 확인한 후에 제작한 것입니다.

유해 물질 배기량의 감소는 어떨까요? 이것은 결국 엔진 내부에서의 연소와 직결된 문제입니다. 이것 역시 연소 현상의 방정식을 컴퓨터로 시뮬레이션해서, 엔진이 유해 물질인 질소 산화물을 얼마나 많이 배출하는지 계산해 감으로써 감소 방법을 찾을 수 있습니다.

바다 없이 요트를 띄우는 법

마지막으로 재미있는 이야기 하나를 들려 드리겠습니다. 현대의 계산 수학이 얼마나 중요한지 보여 주는 사례이기도 합니다. 세계적으로 유명한 요트 대회 중 아메리카 컵(America's Cup)이 있습니다. 1851년에 처음 열려서 벌써 160여 년의 역사를 자랑하는 대회로, 평균적으로 4년마다 열리는 데 3년이나 5년 후에 열리기도 합니다. 이 대회의 참가 조건은 반드시 참가자 국적의 기술로만 제작한 요트들이 경주해야 한다는 것입니다. 참가자들이 자국에서 제작한 요트로 참가하므로 최첨단 항해 요트의 경주인데, 최근 우승 국가를 보시면 특이한 점이 있습니다. 1992년 미국, 1995년과 2000년 뉴질랜드, 2003년과 2007년 스위스, 2010년과 2013년 미국입니다. 뭔가 걸리는 부분이 없으신가요?

3차례 우승한 미국은 넓은 바다를 끼고 있죠. 2번 우승한 뉴질랜드는 섬나라니까 당연하구요. 그런데 역시 2번이나 승리한 스위스는 어떤가요? 스위스는 바다와 접하지 않은 내륙 국가입니다. 그런데 자신들의 기술로 개발한 요트를 타고 우승까지 했어요. 어떻게 이런 일이 가능했을까요? 단순히 선수들의 기량만 뛰어난 결과는 아닐 것 같죠?

요즘 요트를 디자인하는 데는 계산 수학, 유체 역학, 모의실험, 항해학, GPS, 전자 센서 기술, 그 밖에 정보 통신의 각종 첨단 기술이 동원됩니다. 흔히 말하는 콘셉트 카를 만들 때보다 더욱 심혈을 기울여서 각 참가국의 기술력을 과시합니다. 2003년과 2007년에 스위스에서는 알린기(Alinghi)라는 팀이 출전했는데 이 팀은 세계적으로 손꼽히는 이공계 대학인 스위스의 로잔 연방 공과 대학과 함께, 계산 과학을 활용해 최적화시킨 요트를 디자인했습니다.

모의실험을 이용해 제작하는 요트

위의 첫 번째 그림은 요트 바닥에 붙어 있는 부속물 주위의 물의 흐름을 시각화한 것이고, 그 다음 그림은 돛 주위의 공기의 흐름을 시각화한 것입니다. 공기와 물이 있는 영역을 아주 많은 수의 작은 삼각형들로 나누어 유한 요소법을 적용해서 컴퓨터로 계산한 것이죠. 이 밖에 돛의 각 지점에 닿는 바람의 방향이나, 돛에 바람의 압력이 어떻게 작용하는지도 컴퓨터를 이용해 정확히 계산할 수 있습니다.

이렇게 계산 수학은 입체적인 요트 디자인은 물론이고 바람의 방향에 따른 선수들의 최적화된 운항 방식까지 알려 줍니다. 이것이야말로 산으로 둘러싸인 나라인 스위스의 선수들이 요트 대회에서 2번이나 우승할 수 있었던 핵심적인 이유였습니다.

하지만 과학 기술력이 세계 최고라고 자부하는 미국도 가만히 있을 수 없죠. 미국의 BMW 오라클 레이싱(Oracle Racing) 팀이 Applied Fluid Technologies라는 회사의 도움을 받아서, 꼭대기부터 물에 잠기는 바닥까지 요트의 전체 구조를 계산해 냈습니다. 유체 공기 역학을 반영한 최신의 계산 시뮬레이션을 이용한 것입니다. 앞에서 선형 연립 방정식을 이야기하면서 격자점 하나하나가 바로 미지수라고 말씀드렸죠. 여기서는 1척의 요트에서 총 700만 개의 격자점을 잡아서 모두 계산해 냈습니다. 그 말은 700만 행에 700만 열의 행렬을 만들고 풀었다는 뜻입니다. 엄청 나죠. 그런 계산을 해내고 유체 역학 계산 프로그램으로 수천 번의 모의 실험을 거쳐 최적화된 요트를 제작한 덕분에 미국은 2010년과 2013년에 2회 연속 우승을 일궈냈습니다. 다음 대회는 2017년에 열리는데, 어떤 나라에서 어떻게 계산 수학을 더 잘 이용해 우승하게 될지 꽤 궁금합니다.

요트를 단순히 사람의 감으로 이리저리 만드는 게 아니라, 정교한 계산 수학으로 제작한다는 사실을 확인할 수 있습니다. 한국도 이런 요트를 제작해서 부산 수영만에서 레이스를 하면, 요트의 모든 부분을 온전히 수학으로만 만들어 낼 수 있다는 놀라운 사실을 모두에게 직접 보여 줄 수 있을 것이라는 생각도 합니다.

오늘날 요트는 계산 유체 역학의 2가지 핵심 주제를 하나로 결합시켰다는 점에서도 매우 중요합니다. 돛을 포함한 보트의 윗부분에서는 공기의 흐름을, 아랫부분에서는 바닥과 맞닿은 물의 흐름을 계산해야 합니다. 그래서 돛을 보면 공기가 어떻게 움직이는지 알 수 있고, 바닥을 보면 물이 어떻게 흐르는지 볼 수 있죠. 서로 다른 두 유체의 흐름을 모두 계산해 내야만 최적화된 요트가 만들어집니다. 이제는 수학을 모르고서는 바다와 바람을 가르는 요트의 즐거움도 누리기 어렵겠네요.

수학이 보여 줄 우리의 미래

2강에서 말씀드린 내용은 편미분 방정식을 풀기 위한 여러 가지 수치적 기법과 이 기법을 적용한 자연 현상의 모의실험입니다. 자연 현상 모사의 대표적인 예로 기상 예측, 자연재해 예측, 자동차 충돌 시뮬레이션, 미래의 비행기 설계, 요트 설계를 소개했습니다. 이런 모의실험으로 우리는 관찰할 수 없는 사건이나 미래를 예측할 수 있으며, 또한 실제 실험보다 시간과 비용까지 크게 절감됩니다. 자연 현상을 지배하는 수학적 모델을 정교하게 만들면 가능하기 때문에 수학의 역할은 예전보다 훨씬 커진 것입니다. 다음 강에서는 이런 자연 현상 모사를 어떻게 방송과 영화, 음향 등에 활용해서 많은 사람이 즐기는 재미있는 세상을 만들어 가는지 보여 드리고, 인류의 보다 건강한 삶을 위해 의료 분야에서 활약하는 계산 수학의 발전에 대해서도 이야기하겠습니다.

계산 수학의 빛나는 순간들

벌써 계산 수학에 대한 마지막 3번째 강의입니다. 오늘은 앞의 강의보다 좀 더 재미있는 얘기를 해 보려고 합니다. 자연 현상 모사가 미래 예측뿐만 아니라, 가상 세계의 구현에도 폭넓게 활용될 수 있다는 사실을 말씀드리려 합니다. 가상 세계는 방송과 영화, 음향 생성 등 다양한 엔터테인먼트 산업의 미래를 좌우할 것으로 기대됩니다. 엔터테인먼트 산업과 계산 수학이 결합한 가상 세계는 예전에 미처 상상하지 못했던 흥미진진한 세상을 만들 것입니다. 먼저 앞에서 강의했던 내용을 잠깐 살펴볼까요?

우리가 생각하는 것은 과학과 공학의 문제들이며 이것을 가지고 수학적인 모델을 만들어 해석합니다. 그 내용을 토대로 효율적인 알고리즘을 개발해 수치적인 방법을 작성해서 컴퓨터 작업으로 결과를 도출하죠. 이렇게 컴퓨터에 시키는 작업을 우리는 모의실험이나 전산 모사, 영어로는 시뮬레이션이라고 부른다고 말씀드렸습니다. 그리고 이 과정 전체를 계산 과학이라고 정의합니다.

계산 과학의 다양한 예측

　계산 과학은 다른 과학과 어떻게 다를까요? 지금까지 전통적인 과학은 이론과학과 실험 과학으로 나뉘었죠. 이론과학은 우리가 어떤 가설을 만들어 머리로, 손으로 증명하거나 해결해 나가는 것이고요. 그래서 여러분들이 잘 아시는 아인슈타인과 같은 사람은 이론 물리학자입니다. 반면 실험 과학은 화학이나 생물과 같은 분야에서 실험으로 어떤 가설을 입증하거나 새로운 사실을 발견하는 것입니다. 그런데 컴퓨터가 발달하면서 전에는 생각하지 못했던 연구를 할 수 있게 되었습니다. 그래서 이런 과학을 계산 과학이라고 총칭하게 되었습니다. 이제 계산 과학은 이론과학과 실험 과학 사이의 별개 영역이며, 계속 확장 중입니다.

　컴퓨터를 사용한다는 특성 덕분에 계산 과학은 시간이나 비용이 많이 소모되는 실험을 대체할 수 있습니다. 더 나아가 실제로 실험 자체가 불가능한 경우에도 물리 법칙에 기반을 둔 모의실험이 가능하므로, 바로 여기서 계산 과학의 독자성이 확인되죠.

　실제로 계산 물리학, 계산 화학, 계산 생물학이 있고, 기계 공학과 전자 공학 쪽에서도 컴퓨터 계산을 활용해서 기존에는 하기 어려웠던 다양한 연구에 나서고 있습니다.

　지난 시간에 자연 현상 모의실험에 대해 여러 가지를 배웠는데, 간략하게 다시 보죠. 기상 예측은 기본적으로 유체를 다루는 것이어서 나비에-스토크스 방정식, 열 방정식 그리고 그것들을 결합시킨 부시네스크 방정식을 다루고 그 다음에 여러 종류의 병렬 계산을 한다고 말씀드렸습니다. 그리고 예측 모의실험으로 그린란드에서 빙하가 녹아내리는 속도를 분석했더니 실제 관측 결과와 굉장히 근접했으며, 우리가 빙하 규모를 알고 있다면 현재와 같은 기후 조건이 지속될 때 언제쯤 이 빙하들이 사라질지도 예측할 수 있다고 했죠. 마찬가지로 구름의 광학적 두께, 미국 전역의 강수량, 지구 전체의 대기 흐름과 같은 주제로 계산 수학을 이용해 모의실험을 했더니 실제 관측 결과와 아주 근접했습니다. 따라서 가깝게는 기상 예측, 좀 더 멀게는 기후 예측에서 계산 수학과 컴퓨터가 매우 중요한 역할을 하게 되었음을 확인했죠.

그 다음으로는 자연 재해의 예측을 얘기했습니다. 쓰나미는 지진이 발생할 때 일어나는 큰 파도인데, 역시 나비에-스토크스 방정식으로 육지에 밀려온 바닷물의 경로를 계산하고, 탄성 방정식을 이용해 파도가 건물들에 충돌하는 방식과 그 충격을 예측할 수 있습니다. 현재의 도시에 쓰나미가 닥치면 파도가 몇 분 만에 어디까지 밀려오고 어떤 건물의 어느 부분이 무너질지도 미리 알아서 대비하는 것이 가능하죠.

마지막으로 미래의 항공기와 요트 제작에서 계산 시뮬레이션이 갖는 중요성을 말씀드렸습니다. 미국의 정부가 추진하는 항공기의 연료, 소음, 유해 물질의 감축이라는 과제를 달성하는 데 계산 수학을 적용해서, 기존 방식보다 시간과 비용을 크게 줄였죠. 모의실험으로 철저히 최적화시킨 요트를 제작해 바다와 접하지도 않은 스위스가 2회 연속으로 세계적 권위의 요트 대회에서 우승했다는 점까지 말씀드리면서, 계산 수학의 다양한 역할을 소개해 드렸습니다.

사칙연산은 수학이 아니다

이제 좀 친근한 주제의 이야기를 해 보겠습니다. 보통 우리는 일상생활

KAIST 수리과학과 후드 티셔츠

에서 쓰이는 수학이 사칙 연산 정도라고 생각하지만 그것은 수학이 아니에요.

위에 보시는 그림은 제가 가르치는 KAIST 수리과학과 학생들이 만든 학과 후드 티셔츠예요. 주변 사람들이 하도 많이 계산을 시켜 대니까 "커피값 계산하는 데 나를 사용하지 마라. 그리고 우리도 계산기(calculator)를 사용한다."라고 써 놓았습니다. 이 말인즉 수학은 단순한 사칙 연산 수준을 뛰어넘는 역할을 해야 한다는 뜻입니다. 그런 본격적인 의미에서 수학이 어디에 쓰이는지, 그 일부를 우리가 지난 시간에 살펴본 것이고요.

고해상도 TV의 난점

이번 시간에는 방송, 영화, 음향처럼 우리가 일상에서 즐기는 분야를 새롭게 바뀌 나가는 계산 수학의 세계를 살펴보겠습니다. 계산 수학은 이러한 분야에서 실제 세계와 더욱 유사한 경험을 제공하는 데 활용됩니다. 앞에서 본 계산 수학이 미래를 예측했다면, 엔터테인먼트에서의 계산 수학은 실감나는 감각적 경험을 제공하는 수단이고, 더 나아가서 실재하지 않는 현실, 즉 일종의 가상 현실을 구현하는 수준까지 이르렀습니다. 특히 방송, 영화, 음향의 각종 하드웨어뿐만 아니라 소프트웨어가 함께 발전하면서 계산 수학의 활용 영역이 더욱 확대되고 있습니다.

먼저 방송을 살펴보겠습니다. 우리가 일상적으로 보는 방송, 즉 TV와 수학은 이제 더 이상 뗄 수 없는 관계입니다. 과연 어떻게 쓰이고 있을까요? 먼저 TV 화면의 사이즈는 지금까지 꾸준히 커졌습니다. 여러분들께서 어린 시절에 집에서 일상적으로 보던 TV와 지금 가정에서 많이들 보시는 벽걸이 TV의 크기를 비교하시면 쉽게 이해하실 수 있을 것입니다. TV의 크기와 함께 해상도도 향상되었죠. 그래야 화면이 커지는 만큼 정확하게 보일 테니까요. 화면만 넓어지고 그 속에 듬성듬성한 그림만 보인다면 의미가 없습니다.

지금 Full HDTV 같은 경우는 1920×1080정도의 해상도를 가집니다. 앞으로 4K UHD가 되면 해상도가 3840×2160, 더 나아가 8K UHD가 되면 7680×4320의 해상도가 됩니다. 쉽게 말해서 사람 얼굴이 잡히면 그 위의 잡티 하나하나까지 전부 볼 수 있는 수준의 해상도예요. 이제 여러분들은 좀 더 실감나는 영상을 거실에 앉아서 즐기는 것이죠.

그런데 해상도 향상에는 문제가 있습니다. 화면이 정밀해지면 방송국에서 고해상도를 수용할 수 있는 대량의 신호를 송출해야 합니다. 전파망은 한계가 있습니다. 앞으로 이런 고해상도로 가려면 신호는 Full HDTV 신호로 받고 보여 주기는 UHDTV로 실행해야 합니다.

깔끔한 화면 너머의 수학

TV가 풀어야 할 또 하나의 과제는 1초당 프레임 수의 증가입니다. 아시는 분도 계시겠지만, 우리의 눈은 1초에 24프레임만 보이면 연속적으로 느낍니다. 다시 말해 어떤 영상을 1초에 24장만 찍어서 보여 주면, 우리 눈이 파악하기에는 불연속성이 없이 연속적으로 동작하는 것처럼 느낀다는 뜻입니다. 현재 방송국의 송출 신호는 1초당 30프레임인데, 과거의 아날로그 TV라면 이 30프레임을 수신해서 그냥 보여 주면 됩니다. 하지만 지금 우리가 쓰는 HDTV는 1초당 120 혹은 240프레임을 보여 줍니다. 이유가 뭘까요? 문제는 이 TV들의 화면 재질에 있습니다. 액정(liquid crystal)의 속성은 프레임 지속 시간이 짧고, 프레임이 사라지며 잔상이 남는다는 것입니다. 따라서 프레임을 계속 띄우지 않으면 잔상들이 서로 겹쳐 화면이 지저분해집니다. HDTV에서는 이 잔상을 없애기 위해 1초당 120 또는 240프레임을 보여 주죠.

1초당 30프레임을 받아서 어떻게 증가시킬까요? 여러 기술들이 있는데 가장 발전된 방식은 광학 흐름 추정(optical flow estimation)이라는 것입니다. 일단은 30프레임으로 60프레임을 만드는데, 그러려면 30프레임의 중간 중간에 프레임을 삽입해야 합니다. 예를 들어 슈퍼맨이 왼쪽에서 오른쪽으로 날아가는 영상이 있어요. 지금 화면에서는 슈퍼맨이 왼쪽에 있고, 다음 화면에서는 오른쪽에 있는데 그 중간의 영상은 무엇이냐는 문제가 주어집니다. 우리가 수학적으로 접근을 하면 함수 f_1과 f_2가 있고 그 중간은 이 둘을 더해서 2로 나누면 가장 알기 쉽게 답을 낼 수 있죠. 그런데 이 슈퍼맨 영상에서 두 프레임을 더한 다음에 반으로 나누면 어떻게 될까요? 왼쪽과 오른쪽의 슈퍼맨이 양쪽에서 희끄무레하게만 보이겠죠. 하지만 우리가 원하는 중간 영상은 말 그대로 슈퍼맨이 왼쪽과 오른쪽 사이의 가운데 부분에서 날아가는 영상이죠.

실제로 많은 동영상에서 이렇게 삽입하는 중간 단계는 동영상 속 물체의 움직임을 분석해서 만들어 내야 합니다. 그래서 쉽지 않죠. 여기에 우리가 자연 현상의 모의실험에서 이용한 계산 수학의 원리들을 바로 적용할 수 있습니다. 유체나 탄성체의 움직임을 재현, 예측하는 데 쓴 계산들이 이곳에서도 똑같이 활용됩니다. 그렇게 1초당 30프레임의 데이터를 60프레임까지 늘리면 다시 그것으로 그 사이사이에 삽입할 영상을 만들어 넣습니다. 그렇게 120프레임으로 늘리죠. 이 정도면 화면의 흐름이 충분히 매끄럽지만, 지금은 더 나아가서 240프레임에 이르렀습니다. 이런 흐름이 480프레임까지 더 증가할지는 아직 모르겠습니다. 저도 LG전자가 이 기술을 개발하는 프로젝트에 참여한 적이 있었는데요. TV에 사용되는 부품들의 성능이 계산량을 따라오지 못해서 아직 상용화는 되지 않았습니다.

낡은 화면을 고해상도 화면으로 바꾸는 법

다음으로는 해상도를 향상시키는 슈퍼 리졸루션(super resolution) 기술을 한번 보겠습니다. 오래전에 촬영한 영화를 명절 특집으로 TV에서 방영할 때, 그 상태로는 필름의 해상도가 떨어져서 요즘 같은 고해상도 TV에서는 화면이 모두 깨집니다. 여기서 바로 슈퍼 리졸루션입이 필요하죠. 이제 실제로 TV해상도를 향상시키는 계산 수학의 원리를 잠시 살펴보도록 하죠.

$$\int_{\Omega} \left(a+b\left(\nabla \cdot \frac{\nabla u}{|\nabla u|}\right)^2\right)|\nabla u| + \frac{\eta}{s}\int_{\Gamma}(u-u_0)^s$$

위에 있는 수식까지 이해하실 필요는 전혀 없습니다. 지금 말씀드리는 내용을 수학적으로 어떻게 표현하는지 알려드리기 위한 것일 뿐입니다. 계산 수학에서 모델을 만드는 형식은 물리학과 상당히 유사합니다. 물리학에서 뉴턴의 운동 법칙이란 전체 운동 에너지를 최소화시키는 상태가 만족해야 하는 식입니다. TV 해상도 문제도 꼭 물리학의 에너지처럼 해상도를 위의 식과 같은 에너지로 설정합니다. 이 에너지를 최소화시키는 상태가 만족해야 하는, 해상도에 관한 식을 만들어 내는 거죠.

아래 그림을 처음부터 한번 보시죠. 그리고 이 영상을 8배 확대한 그 다음 그림을 봅시다. 영상을 이루는 단위를 픽셀(pixel), 즉 화소라고 하는데 이렇게 확대하면 화소 하나가 있고 그 주위는 비고, 또 화소 하나가 있고 그 둘레는 빈 모양이 됩니다. 기존에 주어진 화소를 확대한 상태가, 확대되기 전의 영상과 비슷하게 보이도록 작업해야 합니다.

슈퍼 리졸루션 모델에서 주어진 에너지를 보면, 앞의 식은 곡률과 관련된 항이고 뒤의 식은 단순히 8배 확대된 영상 u_0에 관한 항입니다. 이 에너지를 최소화하면 구하는 영상 u는, u_0와 유사하면서 더 선명한 경

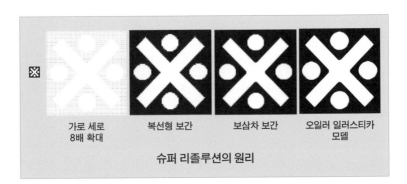

| 가로 세로 8배 확대 | 복선형 보간 | 보삼차 보간 | 오일러 일러스티카 모델 |

슈퍼 리졸루션의 원리

계를 가지는 영상이 됩니다. 이게 우리가 만드는 오일러 일레스티카 모델(Euler's elastica model)이라는 건데요.

이 모델 이전의 다른 해상도 향상 기술도 있는데 좀 더 단순하게 화면을 확대해서 그 주위의 빈 공간들을 1차식으로 연결하는 것입니다. 복선형 보간(bilinear interpolation)이라 하고 3번째 그림과 같은 형태로 확대됐습니다. 경계에 생긴 뾰족뾰족한 부분들이 보입니다. 일단 확대는 했지만, 그리 상태가 나아졌다는 인상은 받기 어렵겠죠?

다음 그림은 좀 더 나은 해상도 증가 방식인 복삼차 보간(bicubic interpolation)을 적용했어요. 화소 사이를 3차식으로 연결한 것인데 1차식으로 연결한 복선형 보간보다 훨씬 부드럽게 이어지지만 경계가 선명하지 않게 처리됩니다. 오일러 일레스티카 모델은 수학적으로는 경계선의 곡률이 최소가 되도록 경계를 이어주기 때문에, 맨 오른쪽 그림처럼 아주 깔끔한 모양이 나오죠. 소니 같은 회사에서는 자신들이 보유한 옛 영화들을 이런 식으로 해상도를 높여서 HD 영화로 바꿔 재상영, 판매함으로써 새로운 이익을 창출하고 있습니다.

우리는 TV에서 계산 결과를 본다

다음은 TV에서 1초당 프레임 수를 증가시키는 방식을 봅시다. 수학적으로 굉장히 복잡한데 결국은 동일한 원리입니다. 즉 어떤 에너지를 만들고 그것을 최소화시켜 주는 상태가 무엇인지 보는 거예요. 기본적인 아이디어는 우리가 현재 가진 영상을 $I(x)$라고 할 때, $I(x+w(x))$가 그 다음 영상과 같아지도록 변위 $w(x)$를 구하는 것입니다.

광학 흐름 추정 모델에서는 $I(x)$가 $I(x+w(x))$와 같아지도록 할 뿐만 아니라 $\nabla I(x)$가 $\nabla I(x+w(x))$와도 같아지는 $w(x)$를 구합니다. 미분은 기울기를 나타내죠. 왜 이런 게 필요하냐면 영상에서는 이쪽에 있던 물체가 저쪽으로 움직이면 빛 때문에 밝기가 달라져요. 그러므로 단순히 영상의 밝기만 비교해서는 물체의 이동 상태를 알 수 없고, 이동하는 물체 주위의 변화도 같이 봐야 하기 때문입니다. 이를테면 1초당 5프레임으로 사람이 이동하는 영상은 동작이 연속적으로 이어지지 못하고 굉장히 딱딱하겠죠. 광학 흐름 추정 기술로 그 사이사이에 4프레임을 추가하면 훨씬 동작이 부드러워지겠지만, 문제가 있습니다. 무엇일까요? 그렇죠. 바로 잔상이 발생합니다. 사람이 이동하는 주위로 배경들이 끌려 들어갑니다.

사람이 움직이기 전 장면에서는 가려졌던 배경이, 그 사람이 앞으로 이동하면 드러나야 합니다. 자갈 바닥 위를 걷는 영상이라면 사람이 앞으로 걸어갈 때 발이 가렸던 자갈을 보여야 하는 거죠. 그러므로 사람이 움직이면 배경을 만들어 넣어야 합니다. 프레임과 프레임 사이에 새로운 프레임을 넣으려면 앞쪽에 없는 그림은 뒤쪽을 참조하고, 뒤쪽에 없는 그림은 앞쪽을 참조해서 그려야겠죠. 광학 흐름 추정에서는 단순히 운동체의 문제뿐만 아니라, 그 뒤에 고정된 배경의 문제를 다루는 것이 중요해질 수밖에 없습니다. 기술이 잘못 적용되면 잔상이 겹쳐서 마치 사람을 따라 배경이 움직이는 것처럼 보이죠. 요즘 독자 여러분들이 TV에서 보는 장면들에는 새로운 기술이 적용되어서 중간 중간에 프레임을 집어넣어도 잔상이 보이는 경우는 거의 없습니다. 잔상을 없애기 위해 현재 장면의 앞뒤를 모두 고려하는 방법을 사용하기 때문입니다.

그런데 원리를 알고서 TV를 보시면 의외로 어깨의 선이라든지 블라인드 같은 것이 사람이 움직일 때 잔상을 남기며 따라가는 것이 눈에 보이기도 합니다. 재밌게도 모를 때는 아무것도 안 보이는데 알고 나면 보입니다. 옛날에는 이런 장면을 보면 단순히 "아, 잘못된 신호가 들어오는 모양이다."라고만 생각했는데 사실은 TV 내부의 계산에 다소의 오류가 있는 거죠.

TV로 야구 중계를 보는 상황을 가정해 보죠. 투수가 공을 던지면 타자를 향해 날아갑니다. 그런데 공이 가다 서다를 반복하는 장면이 보인다고 생각해 봅시다. 그러면 "아, TV 내부의 계산이 잘못됐구나."라고 생각해야 하는 것입니다. 중계를 보여 주는 TV가 실시간으로 계산을 실행해야 한다는 점이 문제예요. 앞에서 말한 사례처럼 소니와 같은 회사들이 옛날 영화들을 고해상도로 수정하는 것은 영상 1장을 작업하는 데 10시간이 걸리더라도 상관없습니다. 하지만 야구 중계 같은 경우에는 많은 양의 계산을 TV가 실시간으로 해내야 하는데, 알고리즘은 개발되어 있지만 하드웨어가 그 기술 수준을 소화하지 못하는 상태입니다. 그래서 이런 계산을 수행할 수 있는 단일한 반도체 칩이 아니라, 오래전에 나오던 구식 칩을 수십 개 넣어서 계산의 규모를 분산시켜 동시에 수행하도록 합니다. 전자 업체들이 20~30년 전에 개발된 아주 구형의 칩들을 여전히 생산하고 있는 이유죠.

영화 속의 수학자

이제는 영화 얘기로 좀 들어가 보겠습니다. 영화도 이전보다 더욱 실감나는 영상을 만들어 내려면 유체를 보다 정교하게 다룰 수밖에 없습니다. 나비에-스토크스 방정식과 같은 계산 수학의 원리는 영화에서도 빠질 수 없는 요소가 된 것입니다. 이 방정식으로 유체의 운동을 기술합니다만, 우리는 유체가 움직일 때 공기와 맞닿은 부분의 변화, 유체에 뜬 물체의 이동과 같은 움직임을 보고 싶어합니다. 즉 공기와 물, 물과 물체의 경계에서 일어나는 변화를 보기 위해서 레벨 셋(level set)이라는 것을 사용합니다. 레벨 셋의 의미는 뒤에서 자세히 설명하겠습니다. 영화의 특수 효과에서 이런 계산을 해 온 지는 오래되었습니다만, 그중에서 아주 흥미진진하면서도 사실적으로 구현된 유체 계산 수학을 「캐리비안의 해적」과 「해리포터와 불의 잔」 등에서 확인할 수 있어요.

이 영화들에서 유체를 이용한 특수 효과를 주로 작업한 사람이 스탠퍼드 대학교의 전산과 교수인 로널드 폴 페드큐(Ronald Paul Fedkiw)입니다. 페드큐는 캘리포니아 대학교 로스앤젤레스에서 수학으로 박사 학위를 취득했고, 2000년부터 스탠퍼드 대학교의 교수로 재직 중인데요. 2007년도에는 그가 개발한 특수 효과 프로그램을 이용한 영화인 「캐리비안의 해적: 망자의 함」이 시각 효과 부문에서 아카데미상을 받았습니다. 박사 과정 시절의 지도 교수인 스탠리 오셔(Stanley Osher)에게서 계산 수학의 다양한 가능성을 배웠던 덕분에 제자인 페드큐가 수학자로서는 특별한 경력을 갖게 된 셈이죠. 오셔는 2014년에 서울에서 개최된 세계 수학자 대회에서 가우스상을 받았습니다. 세계 수학자 대회에서는 독자 여러분도 잘 아시는, 40세 이하에게만 수여하는 필즈상 외에도 가우스상, 천상, 네반리나상, 릴라바티상을 시상합니다. 이 중에서 릴라바티 상은 수학 대중화에 앞장선 수학자에게, 그리고 가우스상은 응용 수학 분야에서 큰 업적을 남기는 수학자에게 수여하고 있습니다. 오셔가 응용 수학 부문에 기여한 부분은 잠시 후에 더 자세히 말씀드리도록 하겠습니다.

레벨 셋의 원리

　유체의 움직임을 계산하는 데 사용하는 나비에-스토크스 방정식은 지금까지 여러 번 들으셨는데요. 이 방정식은 2000년에 클레이 수학 연구소에서 제시한 7개의 밀레니엄 문제 중 하나이기도 합니다. 응용 수학 쪽의 쟁점인, 3차원에서 나비에-스토크스 방정식의 해의 유무에 대한 문제와 해가 존재한다면 얼마나 매끈하게 있는지에 대한 문제는 아직 풀리지 않았습니다. 문제 하나당 푸는 사람에게 100만 달러를 수여하겠다고 발표해서 큰 화제를 모으기도 했죠. 100만 달러만 대략 10억 원 정도인데, 저 문제들을 푸는 어려움에 비하면 그리 큰 돈이 아닌 것처럼 보이기도 합니다. 하지만 이 문제를 일단 해결하면 전 세계에서 강연에 초빙되는 유명 인사가 될 테니, 그것만으로도 충분한 보상이 되겠죠.

　이제 앞서 말씀드린 레벨 셋의 개념을 좀 더 자세히 설명하겠습니다. 레벨 셋은 수학적으로 형태를 묘사하는 방법 중의 하나입니다. 이 방법을 캘리포니아 대학교 로스앤젤레스의 오셔 교수와 그의 지도 아래 박사

레벨 셋 방법

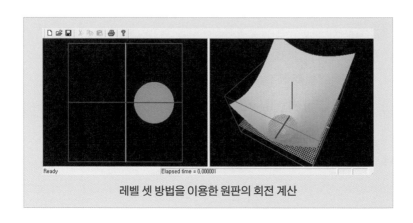

레벨 셋 방법을 이용한 원판의 회전 계산

후 과정에 있던 제임스 세시언(James Sethian)이 연구했습니다. 오셔와 세시언은 연속에서 불연속으로 진행되는 현상에 관한 문제를 그 영역의 차원을 높여서 접근했습니다. 그들은 2차원 곡선의 형태가 어떤 3차원 물체의 수평 단면이 보이는 경계와 일치할 것이라고 가정했어요. 무슨 얘기인가 하면, 앞 그림의 상단처럼 점점 연속성이 줄어드는 2차원 영역을 하단처럼 3차원 함수의 단면으로 보겠다는 뜻입니다. 그렇다면 3차원 함수가 아래로 가라앉으면서 연속적으로 진행될수록, 2차원에서 보면 두 영역이 서로 분리되는 불연속 영역이 되죠. 따라서 불연속적으로 보이는 변화더라도 차원을 높여서 접근하면 연속적인 현상으로 이해된다는 사실을 알 수 있죠. 이렇게 차원을 하나 높여서 연속적인 함수의 움직임을 계산하면, 그 결과에서 우리가 알고 싶은 단면만 잘라 내, 서로 연속되지 않은 여러 부분들의 값을 각각 구할 수 있습니다. 설명만 들으면 너무나 단순하지만, 실제로는 대단히 혁신적인 발상입니다.

오셔와 세시언의 업적을 정리하자면 3차원 함수를 만들어서 그 변화를 관찰함으로써, 2차원 영역의 분할과 결합을 효과적으로 표현하는 방식을 고안한 것이라고 하겠습니다. 위의 그림은 레벨 셋 방법으로 물체의 움직임을 컴퓨터에서 계산해 내는 실제 사례를 보여 줍니다. 좌측에 원이 있는데요. 이 원이 좌표축의 원점을 중심으로 회전하는 것을, 오른쪽 그림처럼 함수의 레벨값이 0이 되는 단면으로 보고서 이 함수를 움직이면, 레벨값이 0인 단면이 회전해요. 이런 계산의 가장 큰 문제는 1바퀴 돌았을 때 그 모양이 그대로냐는 겁니다. 간단히 말해서 면적이 보존되느냐는 거죠. 대부분의 계산이 잘못되어서 1바퀴 돌면 원이 작아져 있어요. 그래서 3차원 함수가 움직일 때 2차원 단면의 면적이 잘 보존되느냐가 계산의 핵심입니다.

불과 물의 함수

레벨 셋처럼 수학적으로 획기적인 방법을 창안했더라도, 실제로 컴퓨터에서 구현하면 오류가 자주 발생합니다. 오셔 교수가 컴퓨터상에서 면적이 소실되지 않도록 보정하는 방법까지 고안한 덕에 현재는 보다 오차가 적은 계산이 가능해진 것입니다.

이 함수를 이용하면 불이 타오르는 모습까지도 실감나게 계산해 낼 수 있습니다. 불도 기체이기 때문에 압력 차이에 따라 상승하는 모양과 불길이 서로 나뉘는 경계까지도 시뮬레이션하는 거죠. 따라서 예전에 육안으로 봤던 불길을 단순히 모사할 때보다 훨씬 정교한 움직임의 불길을 재현할 수 있습니다. 여러분도 잘 아시는 영화「해리포터와 불의 잔」에서 해리포터가 불을 뿜는 용과 대결하는 장면을 보셨을 텐데요. 여기서 용이 뿜는 화염이 실제로 우리가 보는 것만큼 실감나는 것은 컴퓨터 그래픽에 계산 수학이 적용되었기 때문입니다. 그러니까 이런 경우에 컴퓨터 그래픽이란 단순히 그림을 그리듯이 임의로 제작한 것이 아니라, 계산 수학의 원리를 적용해서 현실과 같게 시각화시킨 결과물이죠.

앞의 강의에서도 보셨던 물의 흐름을 좀 더 사실적으로 시각화하기 위해서는 광선 추적(ray tracing) 기법이 이용됩니다. 이 기법으로 물의 반사와 투과 현상뿐만 아니라, 컵에 담긴 물의 영상을 만든다면 물이 담긴 잔 뒤의 배경이 굴절되는 모습까지 표현할 수 있습니다. 어림짐작이 아니라 이런 요소들을 하나하나 계산해서 만들어 내는 거죠.

영화 「캐리비안의 해적」에서는 영화의 제목답게 물이 핵심적인 배경으로 등장하는데, 여기서 볼 수 있는 물의 다양한 움직임들 역시 실제 바닷물을 촬영한 것이 아니라, 작품에서 필요한 물의 움직임을 계산해 내서 만든 컴퓨터 그래픽입니다. 여기저기서 물이 마구 튀는 장면도 자주 등장하는데, 문제는 이런 계산을 하다 보면 물방울이 계속 튀다가 서서히 크기가 작아져서 화면에 담긴 물의 양이 점점 줄어든다는 것입니다. 실제로는 아무리 크기가 작아져도 물의 형태가 남지만, 수치 계산을 하면 물방울의 크기가 너무 작아질 때 화면에 표현하지 못합니다. 그러면 장면 속에서 물의 움직임이 거듭되고 계산이 반복될수록 물의 양이 줄어서, 처음에 화면을 가득 채웠던 물이 이리저리 튀다가 나중에는 절반만 남을 수도 있겠죠. 이런 오류를 보완하기 위해 페드큐가 고안한 기법이 입자 레벨 셋(particle level set)인데, 계산이 반복될 때 화면상에서 사라지는 물의 양을 계산해 내서 그만큼의 물을 추가로 생성하는 것입니다.

「겨울왕국」의 눈보라는 어떻게 그렸을까?

이제 조금 다른 얘기를 해 볼까요? 바로 탄성(elasticity)과 소성(plasticity)을 다루는 방정식입니다. 탄성은 외부의 힘이 제거되면 다시 원상태로 튀어 나와서 복원되는 성질을 말하고, 소성은 외부의 힘이 일정수준을 넘어가면 탄성이 사라지는 성질을 말합니다. 우리는 이러한 탄성과 소성의 방정식을 같이 사용해서 유체가 아닌 물체의 움직임도 계산할수 있습니다.

$$\sigma = \frac{1}{J} \frac{\partial \psi}{\partial F_E} F_E^T$$

위의 수식이 탄소성 방정식입니다. 여기서 ψ는 밀도, σ는 탄소성 잠재에너지 밀도, F_E는 변형 구배 F의 탄성 부분, $J = \det(F)$입니다. 이 방정식은 질량 보존 방정식, 모멘텀 보존 방정식과 함께 물체의 움직임을 표현하는 데 이용됩니다. 이걸 이해하셔야 한다는 의미는 당연히 아니고, 계산의 기초가 되는 수식이므로 한번 보여 드린 것입니다.

이러한 방정식을 바탕에 두고 좀 더 복잡한 계산을 할 수 있는데요. 전세계에서 사랑받았던 애니메이션 중 하나인 「겨울 왕국」에서 탄소성 방정식의 계산이 얼마나 화려한 영상을 만들어 내는지 확인할 수 있습니다. 먼저 여기서 눈의 움직임을 어떻게 컴퓨터로 계산해 냈는지 이야기해 보죠. 이 영화를 보면 눈이 막 흩날립니다. 물질점 방법(material point method)을 사용해 계산한 것인데 간단히 설명을 해 보면요. 눈 입자 하나하나의 속도 계산을 위해, 눈 입자가 격자 안에 있다고 합시다. 한 격자 안의 눈 입자 크기에 따라 격자의 질량이 달라지겠죠. 눈 입자에 외부의 힘이 가해지는 것을 격자에 힘이 작용한다고 생각해서, 격자가 움직이면 물체와 충돌하며 속도가 변합니다. 다시 격자에 대응하는 눈 입자의 위치를 결정하고 그 질량에 따라 입자의 크기를 결정하면, 충돌하면서 위치가 변한 것으로 이해할 수 있습니다. 이 방식으로 아주 작은 눈 입자를 수없이 만들어 그것들이 작은 탄성체처럼 움직이듯이 계산해서 우리가 본 「겨울 왕국」의 다채로운 배경들을 만들어 낸 것입니다.

그러므로 이 영화 속에서 휘날리는 눈보라들은 모두 컴퓨터로 계산한 수치를 시각화한 결과입니다. 우리가 스크린에서 보았던, 현실과 유사하게 휘날리는 눈보라들은 일일이 손으로 그린 것이 아니라 물리 법칙을 적용한 계산식이 그려 냈다는 사실을 기억해 주셨으면 합니다.

영화에서 계산을 이용해 사실감을 부여할 수 있는 요소는 눈이나 물과 같은 자연물만이 아닙니다. 우리가 입는 옷도 마찬가지입니다. 옷은 사람이 움직이면 그 동작을 따라가고 바람이 불면 그 방향으로 펄럭이죠. 옷의 움직임도 물리 법칙을 방정식으로 정리해서 그에 따라 계산해 내는데, 의류 모사라고도 부릅니다. 이 움직임을 계산하는 것은 자연물보다 힘듭니다. 옷은 천에 따른 질감의 차이와 중력이 끌어당기는 영향까지 고려해야 합니다. 계산 수학이 발달하면 컴퓨터 안의 인체 모형에 우리가 선택한 옷을 입혀서 보는 정도가 아니라, 패션쇼와 마찬가지로 워킹을 하며 더욱 사실적으로 보여 주는 의류 모사 시스템도 가능할 것입니다.

귀로 풀리는 방정식

눈으로 즐기는 계산을 말씀드렸으니, 이제는 귀로 느낄 수 있는 계산에 대해서도 말씀드려 보죠. 이제는 자연 법칙을 이용해서 물리적 성질에 기반을 둔 소리의 제작이 가능합니다.

$$\nabla^2 p(x) + k^2 p(x) = 0, \ \ \text{in} \ R^3 \backslash \Omega$$

$$\partial_n p(x) = -i\omega\rho\upsilon_n(x), \ \ \text{on} \ \partial\Omega$$

물체의 움직임은 운동 방정식으로 표현할 수 있는데, 소리의 전파도 같은 방식으로 모델링하면 위와 같은 식으로 표현됩니다. 코넬 대학교의 더그 제임스(Doug L. James) 교수는 최근에 물체를 진동시켜서 소리를 만들어 내는 모의실험의 결과를 발표했습니다. 그에 따르면 먼저 진동 방정식으로 물체를 진동시키고, 주위 공기의 압력에 변화를 초래해, 공기상에서 소리를 전파하는 파동 방정식으로 모의실험할 수 있습니다. 즉 진동 방정식과 소리 파동 방정식으로 물체의 진동에서 소리를 만들어 내는 거죠. 진동 방정식은 진자의 움직임을 표현하는 방정식과 매우 유사하고, 소리 파동 방정식은 소리의 압력에 대한 방정식인데 꼭 레이더 방정식하고 비슷해요. 위에서 k는 파동의 주파수를 나타내는데 주파수별로 소리가 어떻게 전파되는지 보여 줘요. 그것을 주파수별로 계산한 다음에 끌어 모아서 합성하면 소리를 알 수 있어요. 계산해서 실제로 소리를 만들어 내는 것입니다.

수학과 인체의 만남

이제 이번 강의도 막바지에 이르렀군요. 지금까지는 우리가 일상생활에서 향유할 수 있는 문화 분야에서의 계산 수학을 보여 드렸는데요. 이제부터 말씀 드릴 주제는 의료 과학의 발달에 기여하는 계산 수학입니다.

계산 수학이 의료 분야에 적용되는 방식은 다양한데 의료 장비 개발, 의료 영상 개선, 인공장기 설계, 모의 수술과 같은 분야에서 계산 과학을 활용하고 있습니다. 수학은 전기를 만들어 내는 방식에서도 빠지지 않습니다. 자전거 페달을 밟은 동력으로 전기를 만드는 실험을 들어 보신 적이 있으신가요? 이 실험을 지배하는 원리가 바로 맥스웰 방정식입니다. 제가 첫 강의에서도 전자파와 같은 전자기학적인 문제는 맥스웰 방정식으로 표현된다고 말씀드렸는데요. 이 방정식을 이용한 대표적인 의료 기기가 바로 단층 촬영 장비인 MRI입니다.

아시다시피 사람의 몸은 70퍼센트가 물로 이루어졌으며, 물에는 수소 원자가 포함됩니다. MRI에 들어가기 전에 체내의 수소 원자들은 불규칙하게 회전하고 있는데, MRI에 사람을 넣고서 자기장을 강하게 걸면 이 수소 원자들이 각각 일정한 방향으로 돌게 됩니다. 그러다가 여기에 더 에너지를 투입하면 이 수소 원자들이 모두 단일한 방향으로 회전합니다. 이렇게 에너지를 더 투여하는 것을, "펄스를 건다."라고도 말하는데, 펄스를 걸면 수소 원자들이 이렇게 회전합니다. 그러다 펄스를 끊으면 수소 원자들은 에너지를 방출하면서 다시 처음처럼 불규칙하게 회전하죠. 그러면 에너지가 방출되는 부위와 방출량 등을 측정해서, 어디에 물 분자, 즉 수소 원자가 많은지 알아낼 수 있습니다.

다소 복잡한 수식이지만, MRI 기계의 원리를 수학적으로 한번 정리해 보죠. 물론 이 내용을 정확히 이해하실 필요까지는 없습니다. 각 점 (m, n)에서 오른쪽 수식에 비례하는 신호인 $S^{\pm}(m,n)$을 얻어 낸다는 것입니다.

$$\int \rho(x,y)e^{i\delta(x,y)}e^{\pm i \Upsilon B_z(x,y)T_c}e^{-i(xm\Delta k_x + yn\Delta k_y)}dxdy$$

여기서 $\rho(x,y)$는 회전 밀도를 나타냅니다. 이 $S^+(m,n)$에 푸리에 변환 (Fourier transform)을 하고 절댓값을 택하면 $\rho(x,y)$만 남는데 이것이 우리가 보는 MRI 영상입니다.

우리 몸속의 좌표

MRI 영상은 무슨 의미일까요? 만약 우리가 어딘가에 돌멩이를 던졌는데, 개가 짖는 소리가 들렸다면 그곳에 개가 있고, 유리창 깨지는 소리가 들린다면 그곳에 유리가 있다고 예측할 것입니다. 예를 들어 삼겹살 판을 생각하면, 이 불판을 가열할 때 열이 어떻게 분포하는지 열 방정식으로 확인할 수 있습니다. 열 분포는 물체의 열전도율에 따라 달라지는데, 지금 우리는 열전도율을 잘 알기 때문에, 가열하면 열이 어떻게 분포할지 계산하는 것입니다. 반대로 지금부터의 문제는 열전도율은 모르는 대신, 열 분포 상태는 알고 있어서 이 상태로부터 가열했을 때의 열전도율을 역으로 구하는 것입니다. 이런 것을 역문제라고 말합니다. 이를테면 한의사의 진맥과 비슷합니다. 일반적으로 우리가 아파서 병원에 가면 환자의 상태가 어떤지 확인하는데, 한의사들은 먼저 맥을 짚고서 이것으로 어디가 아픈지 판단하기도 합니다. 지금 계산 수학이 적용되는 의료 기기, 의료 영상들도 이런 역문제의 특성을 지녔습니다.

대표적인 경우가 CT입니다. 환자의 체내에 성질이 서로 다른 여러 물질들이 있는데, 엑스레이로 촬영을 하면 몸속의 특정한 부분을 통과하면

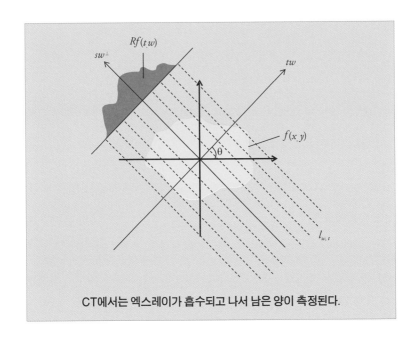

CT에서는 엑스레이가 흡수되고 나서 남은 양이 측정된다.

서 흡수됩니다. 위의 그림에서 Rf는 엑스레이가 흡수되고 나서 남은 양을 나타냅니다. 그러므로 남은 엑스레이의 양을 보면 인체를 지나오다가 어떤 물질에 흡수당했다는 사실을 알게 됩니다. 그림에서 f가 흡수율인데, 이 차이가 영상에 나타납니다. 그러면 환자의 몸 주위를 완전히 돌면서 엑스레이를 찍어요. 이 영상을 모두 수집하면 sinogram 데이터가 되고 여기서 CT 영상을 얻어 냅니다. CT란 Rf 영상을 360도로 찍어서 모은 후에 이것으로 물체의 상태를 파악해 보는 장치죠. 이렇게 흡수율을 이용해서 엑스레이를 촬영하는 과정, 즉 흡수율 f로부터 Rf를 얻어 내는 과정을 라돈 변환(radon transform)이라고 합니다.

이어서 요즘 새로 개발되는 의료 기기로 EIT가 있어요. EIT는 인체에 전기를 흘려 넣은 후, 외부 전압을 측정해 내부 전도율을 계산해서 인체 내의 상태를 검사하는 장치로, MRI와는 달리 자기장을 사용하지 않습니다.

디지털 영상의 구조

우리가 말하는 영상은 십자 모양의 그림에서 백색의 십자 부분만 255이고, 나머지 흑색 부분은 0의 값을 가지는 함수로 표현되는, 위의 그림과 같은 디지털 영상입니다. 의료 분야에서 많이 쓰이는 영상 처리 기법인 영상 등록, 영상 분할, 잡티 제거 등은 모두 디지털 영상으로 이루어집니다. 영상 등록은 서로 다른 시점의 두 영상 사이에서 전체적인 큰 변화인 변환(transformation)을 찾는 것입니다. 예를 들어 10년 전에 저의 뇌 사진을 찍어 두었다고 가정해 봅시다. 그리고 오늘 다시 뇌 사진을 찍었더니 10년 전에 없던 물혹이 보이는데 이 물혹이 10년 전 뇌 사진의 어느 위치에 있는지 알고 싶습니다. 그래서 우리는 영상 등록 기술을 이용해 변환을 찾아내고, 현재 사진으로 본 물혹 위치가 10년 전 사진의 어디인지 알 수 있습니다.

영상 등록 기술은 우리가 직접 관찰하지 못한, 시간의 경과에 따른 인체의 변화를 추적하거나, 사람들의 다양한 인체 부위별, 시간별 영상 자료를 축적함으로써 현재의 상태만 보고도 몸에 어떤 변화가 일어났는지 파악하는 영상 정보 시스템의 구축에 활용할 수 있습니다.

우리 몸을 계산하는 현대 수학

요즘에는 계산 수학을 적용한 인공 장기 제작을 시도하고 있습니다. 예를 들어 판막이 하나인 인공 심장을 만듭니다. 심장 속의 유체인 피의 흐름과 이 판막의 작동에 따른 혈류의 변화 등을 계산해야 합니다. 흐르는 피를 에워싼 혈관은 탄성체이므로 혈관이 받는 압력은 피가 흐르는 속도에 영향을 미칩니다. 이러한 요인들을 사전에 계산함으로써 인체의 다양한 변화에 최적화된 인공 장기를 개발해 나가는 것입니다. 이 인공 심장은 유체 역학과 탄성 역학 문제를 동시에 풀어야 하는 대표적인 다중 물리 문제입니다.

요즘 각종 질병의 원인으로 지목되는 동맥 경화를 연구할 때도 이러한 계산 수학의 접근이 아주 유용합니다. 동맥 안에 노폐물이나 지방 등이 쌓이면 혈류가 지나가다 압력이 높아져서 터질 가능성이 높아지죠. 이런 요인들을 모두 계산해, 얼마나 혈관이 두꺼워지면 위험한지 의사가 진단하는 수단으로 활용할 수 있게끔 최근에 연구가 이루어지고 있습니다.

컴퓨터 속의 환자를 수술한다

마지막으로 의학에서 계산 수학이 활용되는 사례가 수술 계획과 모의 수술입니다. 말 그대로 실제 수술하는 부위들의 물성을 계산으로 재현해서 그것을 절개, 제거, 봉합하는 등의 처치 과정을 컴퓨터로 모의실험하는 것입니다. 자, 이런 기술이 왜 중요할까요? 의사들의 교육과 훈련 용도입니다. 경험이 적은 의사들뿐만 아니라, 오랫동안 수술을 해 본 의사라

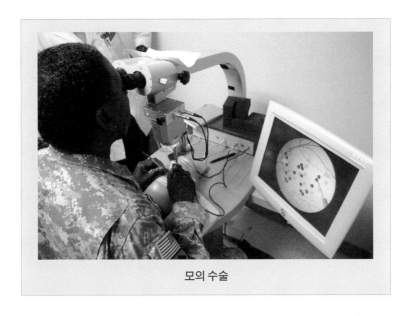

모의 수술

고 할지라도 수술 계획을 세우는 데 필요합니다. 예를 들어 보면 양악 수술이 있어요. 제가 아는 어느 의대 교수님이 양악 수술을 자주 집도하시는데, 먼저 수술 계획을 세웁니다. 수술할 부위를 전부 단층 촬영합니다. 이것으로 컴퓨터 안에 입체 모형을 구성한 후에 그것을 절개하고 봉합하면서 어떻게 수술할지 계획을 확인하는 거예요. 특히 양악 수술 같은 경우는 계획대로 시행되지 못하면 과다 출혈이 일어나 기도를 막을 수 있습니다. 이 수술이 위험한 이유도 그것입니다. 그러므로 수술 계획을 컴퓨터로 미리 실행해 보면서, 계획대로 진행되지 않으면 중지하고, 다른 식으로 접근하는 과정을 반복한다고 합니다. 이 기술의 중요성이 드러나죠.

수술 계획에서 핵심 요소는 무엇일까요? 그렇습니다. 정확한 모델을 만드는 것입니다. 지금 보시는 사진은 가상 수술 시스템을 테스트하는 모습입니다. 의사가 짠 계획에 따라서 기계를 조작하면 모니터 속에서 그대로 가상의 수술이 진행되는 거죠.

의학 분야에서 컴퓨터를 이용한 계산 수학의 성과들을 살펴보았는데요. 요구하는 계산의 양이 대단히 많습니다. 그러므로 방대한 양의 계산을 신속하게 해내기 위한 고성능의 컴퓨터가 필요하지만, 이런 공학, 의학적 과제를 해결하기에는 아직도 상당히 부족한 실정입니다.

미래가 요구하는 계산의 규모

최근 공학 분야에서 중요하게 대두되는 3가지 문제가 있는데, 바로 연소, 기상, 재료입니다. 연소는 앞의 강의에서도 말씀드렸던 항공기의 엔진 디자인을 생각하시면 됩니다. 엔진에서 연료가 타는 과정을 계산해야 하는데, 고압력이며 속도와 압력이 급변하기 때문에 계산이 쉽지 않습니다. 기상 분야 역시 지구 온난화를 비롯해 최근 들어 발생하는 여러 기후 현상 때문에 기존의 자료와 패턴만으로는 앞으로의 변화를 예측하기 어렵고, 현재의 요인들까지 반영한 더욱 큰 용량의 계산이 필요합니다. 마지막으로 재료 분야에서는 신소재 개발과 관련해 다량의 계산이 필요해지고 있습니다. 신소재를 만들려면 연속체의 성질이 변하지 않는, 메조 스케일(meso scale)이라고 불리는 최소 규모까지 계산해야 하므로 계산량은 당연히 증가할 수밖에 없습니다.

그러면 이렇게 다양한 분야에서 요구하는 컴퓨터의 성능은 어느 정도일까요? 시기별로 세계에서 가장 빠른 슈퍼컴퓨터의 1초당 연산 횟수를 보면 2000년에 10^{12}, 2008년에 10^{15}이었고, 2023년에는 10^{18}이 될 것으로 예측하는데요. 각각 테라(tera), 페타(peta), 엑사 스케일(exa scale)이라 불립니다. 엑사 스케일을 풀어서 말씀드리면 1초당 10의 18승, 즉 100경 회의 연산을 할 수 있다는 것입니다. 하지만 이것은 단순히 컴퓨터의 속도가 그만큼 빨라진다는 의미가 아닙니다. 앞에서도 말씀드렸지만 20년 전이나 지금이나 개별 하드웨어의 클락 속도는 3.5기가헤르츠입니다. 이러한 하드웨어적인 한계에는 전력 소모, 발열량과 같은 물리적인 요인도 작용한다고 말씀드렸어요. 그래서 3.5기가헤르츠 수준의 컴퓨터들을 병렬적으로 계속 결합시켜서 대단히 거대한 규모의 컴퓨터를 만들어 계산하는 것입니다.

현재 여러분들께서 일반적으로 사용하시는 컴퓨터에는 코어가 4개 정도 들어가는데, 이것은 4개의 계산을 병렬로 동시에 진행할 수 있다는 뜻입니다. 엑사 스케일의 컴퓨터에는 10^9개의 코어가 들어가게 될 거예요. 지금 미국의 로렌스 리버모어 국립 연구소(LLNL)에 설치된 IBM 세콰이어(Sequoia) 컴퓨터에 157만 2864개의 코어가 들어가는데, 2023년경에는 이것의 약 600배나 되는 코어가 들어갈 것으로 예측하고 있습니다. 그렇게 된다면 지금으로서는 상상하기 어려운 규모의 계산과 예측이 가능해지고, 계산을 진행하는 알고리즘 자체가 완전히 달라질 것입니다.

앞으로 무엇을 계산할 것인가

급속히 증가하는 계산 규모에 맞는 알고리즘을 계속해서 개발하는 것이 앞으로 계산 수학의 과제이며, 수학 전공자들의 역할과 중요성은 더욱 커질 것입니다. 미래의 수학을 단적으로 보여 주는 사례를 말씀드리며 제 강의를 마무리할까 합니다. 2014년 미국에서 구인 회사와 구직자를 연결시켜 주는 업체인 커리어케스트 닷컴(CareerCast.com)이 앞으로 유망한 직업을 200위까지 조사해서 발표했는데, 수학자가 1위였습니다. 이 조사의 기준은 연봉부터 작업 환경, 만족도, 사회적 평판에 이르기까지 매우 다양합니다. 그러므로 앞으로 사회에서 수학을 공부하고 직업으로 삼는다는 것이 어떤 가치가 있는지 단적으로 보여 준다고 말할 수 있겠죠.

우리 사회는 앞으로 어떤 모습으로 변할까요? 과학과 기술의 발달이 세상을 바꿔 놓겠지만 10년 후 어떻게 될지 예측하기란 대단히 어렵습니다. 지금 모바일 혁명이 광풍처럼 몰아치고 있는데, 10년 전에 현재와 같은 상황을 상상할 수 있었을까요? 아이폰이 처음 세상에 나온 것이 2007년, 빅데이터라는 개념이 처음 나온 때는 2009년인데 몇 년 사이에 지금처럼 우리 일상이 바뀌리라고 생각한 사람은 거의 없었죠.

하지만 이렇게 예상하기 어려운 수준으로 과학 기술이 발달하더라도 변하지 않는 것이 있습니다. 바로 우리 인간의 건강한 삶, 행복한 삶, 안전한 삶입니다. 저는 이 3번의 강의에서 계산 수학의 역할이 바로 이러한 삶을 추구하는 데 있어서 아주 중요한 역할을 한다는 사실을 독자 여러분께 말씀드렸습니다. 이것이 바로 이론과학, 실험 과학과는 다른, 계산 과학의 핵심인 계산 수학의 가치입니다.

ck for Spoken Mathematics

Q & A

참석자: 부동 소수점 표현을 말씀하시면서 저장되지 않은 숫자들은 나중에 무작위로 추출된다고 말씀하셨는데, 그 숫자는 컴퓨터 프로그램이 추출하는 것인지, 다른 어떤 원리가 있는지 궁금합니다.

이창옥: 그것은 컴퓨터나 프로그램에 따라서 다릅니다. 무작위로 아무 숫자나 뽑아서 빈 자릿수를 채울 수도 있고, 모두 0을 집어넣기도 해요. 계산 결과는 두 방식에 어떤 차이도 없으니까요.

참석자: 계산 수학을 활용해서 바다가 없는 스위스에서도 요트를 제작할 수 있다는 사실은 대단히 흥미로운데요. 이렇게 계산을 해 나갈 때는 그 방정식들이 시각화가 되지 않을 텐데, 과정이 굉장히 복잡할 것 같습니다. 그에 대해서 좀 더 상세한 말씀을 해 주시면 감사하겠습니다.

이창옥: 좋은 질문입니다. 이 시각화는 계산 수학에서 대단히 중요하고, 또 큰 부분을 차지합니다. 우리가 계산을 하고 나면 다 숫자인데, 이걸 어떻게 눈에 보이는 형태로 만들 것이냐. 오래전에 제가 대학교에 다닐 때는 포트란이라는 프로그램 언어로 계산하고, 그냥 그 숫자들을 출력한 종이를 교수님께 제출했습니다. 하지만 요즘에 그렇게 숫자로만 가져 오면 "그래프로 그려 와라."하고 돌려보냅니다. 2차원이나 3차원의 그래프로 그려야 하는 거예요.

　이제는 이 숫자들을 그래프로 보여 주는 정도가 아니라, 더 실감나는 이미지로 구현해야 하는데요. 그러려면 이 이미지에 추가해야 할 요소들이 있습니다. 조도, 질감과 같은 조건을 방정식으로 작성해서 추가합니다. 빛이 어디서 얼마나 밝게 비치고 그림자는 어떻게 지는지를 방정식으로 보여 주는 거예요. 똑같은 이미지라고 해도 이런 요소를 추가했느냐에 따라서 수준이 제각각이겠죠.

요즘 여러분이 영화에서 보시는 CG가 모두 이런 기법을 적용한 것입니다. 그러므로 조도를 설정하고, 질감을 입히는 계산을 능숙하게 할 수 있는 사람들이 높은 보수를 받고 고용됩니다. 동일한 데이터를 갖고서도 이런 요소들을 어떻게 방정식으로 작성하고 계산하느냐에 따라서 시각화의 수준은 대단히 차이가 큽니다.

참석자: 말씀하신 요트의 계산, 제작은 범용 소프트웨어로 가능한가요? 아니면 별도의 소프트웨어를 만들어서 쓰는 건가요?

이창옥: 일반적인 소프트웨어는 이 정도의 계산량을 감당하지 못합니다. 그러므로 이런 용도에 특화된 프로그램까지 직접 만들어서 작업하죠.

참석자: 계산 수학으로 기상 변화를 예측하는 부분을 말씀해 주시면서, 한국에는 이런 시스템이 갖춰지지 않았다고 하셨는데, 아직 계산해 내는데 시일이 오래 걸리기 때문인지, 정부에서 이런 예측 시스템을 믿지 않아서인지 궁금합니다.

이창옥: 일단 가장 큰 이유는 현재 한국에는 이런 예측을 잘할 수 있는 전문가의 수가 많지 않습니다. 아쉬운 일이죠. 다음으로는 계산 수학에 능한 기상 전문가가 적기 때문에, 이 방식으로 신뢰도 높은 결과가 잘 나오지 않습니다. 그리고 한국에서는 예측 시스템의 성과를 전면에 세우는 데 아직 소극적입니다. 미국의 경우를 보면 기상 예보관이나 캐스터들이 새로운 예보 수단을 이용했다는 것을 강조하고 자랑하는 게 당연시되는데, 한국은 그렇지 않은 거죠.

예전에 지리산에 엄청난 폭우가 내려서 인명 사고까지 난 후에, 예보 수단이 낙

후되어서 그렇다면서 기상청에 슈퍼컴퓨터를 도입하기도 했습니다. 그런데도 계산 수학과 유체 역학을 결합시킨 예보 시스템이 갖춰지지 않은 이유는, 슈퍼컴퓨터를 과거와 현재의 일기도 간의 유사한 패턴을 찾고, 학습 이론을 적용하는 수단으로 더 많이 쓰기 때문입니다. 앞으로는 좀 더 적극적으로 계산 수학이 적용되도록 변화하리라고 생각합니다.

참석자: 예전에 우면산에서 일어난 산사태 같은 경우를 생각해 보면, 액체도 고체도 아닌 이런 흐름을 어떻게 계산, 예측할 수 있을까요? 어떤 차이가 있습니까?

이창옥: 그렇습니다. 진흙과 물이 혼재된 상태죠. 이런 것을 전문 용어로는 비(非)뉴턴 유체(non-Newtonian fluid)라고 부릅니다. 우리가 보통 말하는 액체는 뉴턴 유체인데, 그 반대라면 끈적끈적한 액체를 뜻해요.

예를 들어서 숟가락 같은 것을 액체 속에 넣고 젓는다고 생각해 보죠. 물이라면 그냥 휘저어지는데, 꿀이라면 휘저을 때 젓는 뒷부분이 푹 파이죠. 점성이 높기 때문에 이렇게 공간이 생겼다가 시간이 지나면서 메꿔지는 거예요. 그러므로 유체를 다루는 나비에-스토크스 방정식은 여기서 성립할 수 없습니다. 비뉴턴 유체를 다루는 다른 방정식을 써야 돼요.

참석자: 그렇다면 일반적인 액체를 제외한 모든 물질의 움직임을 계산하려면 각각 다른 방정식이 필요한가요?

이창옥: 그렇지는 않습니다. 예를 들어 산사태가 난다면 그 진흙 속에 돌멩이, 풀, 나무 같은 것들이 다 섞였을 텐데, 그것들을 따로따로 나눠서는 흐름을 예측할 수 없습니다. 이럴 때 서로 다른 요소들을 하나로 묶어서 같은 성질로 간주하는 것을, 수

학 용어로는 균질화(homogenization)라고 합니다.

재료 공학 같은 분야에서도 합금 같은 것을 만들 때, 성질이 다른 물질들을 촘촘하게 집어넣는데, 결국은 이것들이 제각각 반응하지 않고 서로 결합해서 하나의 성질을 보여 주기 때문에 균질화해서 계산합니다. 이럴 때의 방정식은 단일한 물질의 경우와는 상당히 차이가 있습니다.

참석자: 교수님께서 강의 중에 보여 주셨던 시뮬레이션들은 대부분 가상 공간에서 진행되는 것들이었는데, 요즘에 주목받는 3D 프린터가 그 시뮬레이션을 실제로 구현하는 도구가 될 수 있지 않을까요?

이창옥: 먼저 3D 프린터는 정지한 상태의 물체를 제작한다는 점을 생각해야 합니다. 아직 3D 프린터로는 계산 수학의 시뮬레이션처럼 바로 동작하고 이동하는 결과물을 만들 수 없습니다. 그러므로 우리가 로봇을 만든다면 계산 수학을 이용한 컴퓨터 시뮬레이션으로 적절한 방정식을 추가해서 동작하도록 만들 수 있지만, 3D 프린터로 만든 로봇에는 기계 공학적인 설비를 장착하지 않는다면 로봇의 겉모습만 같을 뿐이고 움직이지는 않겠죠. 그러므로 로봇을 동작하게 만드는 전자 공학적인 제어 기능은 3D 프린터만으로는 해결할 수 없습니다.

참석자: 지금 계산 수학으로 구현하는 시뮬레이션들을 심리학적인 측면에서도 사용이 가능한지, 현재의 수준으로는 어느 정도 이용할 수 있는지 말씀해 주셨으면 합니다.

이창옥: 굉장히 좋은 질문을 해 주셨습니다. 어떤 가상 현실을 만들어서 사람을 심리적으로 치료하는 것도 가능할 것입니다. 시뮬레이션을 이렇게 이용할 수 있으려

면, 의학과의 연계가 필수적입니다. 그리고 사실성이 더욱 높아져야 합니다. 요즘 영화 속의 CG에서 보는 것처럼 고도로 사실적인 시뮬레이션이 사람들 각각의 심리적 특성에 맞게 실시간으로 구현되어야 합니다.

하지만 아직은 이런 시뮬레이션을 실시간으로 제작하지는 못하는 상태입니다. 사람들의 심리적 문제에 실시간으로 반응해서 시뮬레이션하려면 계산 능력이 대단히 뛰어난 슈퍼컴퓨터를 써야 할 텐데, 이런 컴퓨터를 자유롭게 활용하는 것은 아직 불가능하기 때문입니다. 하지만 아주 장기적으로 미래 사회를 예측해 보면, 대단히 흥미롭고 실현 가능한 기술이라는 생각이 드네요.

참석자: 전체적으로 역학에 기반을 둔 계산 수학의 활용 사례를 풍부하게 보여 주셨는데요. 앞에서 질문하신 분처럼 뇌 과학이나, 다른 접근이 이뤄지는 분야에서도 계산 수학의 역할이 중요할 것 같아요. 앞으로 뇌와 같은 복잡한 대상의 작동 원리를 계산 수학으로 시뮬레이션하게 될 수도 있을까요?

이창옥: 제가 지금까지 말씀드렸던 것들은 자연 현상을 모사했기 때문에 기본적으로는 역학의 범주에 속합니다. 자연 법칙을 이해해서 계산 수학으로 똑같이 만들어 보자는 것이죠. 그런데 뇌 같은 경우는 그 기능을 온전히 파악하지 못한 상태입니다. 이것이 어떤 법칙으로 활동하는지 모르는 거죠. 뇌를 분해해서 세포 단위로 관찰하면 세포 속에서의 전자기학적인 활동은 지금도 모델링할 수 있습니다. 하지만 이 세포들이 결합해서 어떤 수준 이상의 작용을 해내는 원리는 지금도 탐구 중인 상황입니다.

예를 들어 분자 동역학을 연구하시는 분들은 세상이 모두 분자로 형성되어 있으므로, 분자 단위에서의 역학 관계만 방정식으로 만들면 자연계의 작동 원리를 모두 알 수 있을 거라고 생각했습니다. 그런데 사실은 그렇지 않았습니다. 분자 동역학에서 개별 분자들의 원리를 아무리 정확히 파악해도, 분자들이 결합했을 때 작용하는 법칙이 저절로 도출되지는 않는다는 것입니다.

제가 보기에 뇌 같은 경우에는, 우리가 지금 접근하는 방식이 옳은지도 확실히 알 수 없습니다. 다만 우리가 지금 택할 수 있는 방법 중에서 최적의 방법으로 접근하고 있는 것은 분명합니다. 현재로서는 뇌를 뉴런 단위로 이해한다는 전제에서, 전체적인 작동 원리가 어느 정도 규명되어야만 계산 수학이 보다 효과적으로 결합할 것이라고 말씀드릴 수 있겠습니다.

참석자: 애니메이션 「디지몬」 영상을 보여 주셨는데요, 그 영상은 서로 다른 두 몬스터의 사진을 놓고서, 그 둘의 변화를 방정식으로 작성해서 A라는 몬스터가 B라는 몬스터로 바뀌는 영상이었습니다. 그런 방식이 아니라 몬스터들의 각 부위가, 더듬이, 몸통, 팔다리와 같은 순서로 변한다는 알고리즘을 세워서 영상을 만들 수도 있지 않을까요?

이창옥: 지금 말씀하신 그 내용이 바로 일반적인 영상 제작 방식입니다. 이런 애니메이션을 만들 때 마크 포인트라는 것을 설정합니다. 서로 다른 두 몬스터에 각각 대응되도록 점을 찍는 거죠. 눈에는 눈, 코에는 코와 같은 식으로 마크 포인트를 찍어서, 서로 따라가며 변화하는 방식입니다. 이것이 지금 하신 말씀과 유사합니다.

이 경우에는 마크 포인트를 사람이 손으로 하나하나 설정해야 합니다. 반면에 강의에서 보신 「디지몬」의 변신 같은 경우에는 사람이 손을 댈 필요가 없습니다. 앞에서 영상을 0부터 255까지의 숫자로 표현한다고 말씀드렸는데, 이 경우에도 두 영상의 스케일을 전체적으로 맞추고서 0부터 255까지 자동으로 변하도록 설정합니다. 그러면 두 영상에서 같은 숫자에 해당하는 부분들이 바뀌는 것이죠. 그러면 마크 포인트를 설정할 필요 없이 알아서 추적합니다. 제가 저희 연구실에서 이런 알고리즘을 만들었다고 영상 처리를 연구하는 쪽에 가져가서 발표했더니 굉장히 재미있어 하더군요. "아니, 마크 포인트를 하나도 찍지 않고 영상을 변환할 수 있다는 말이야?" 하면서요.

한상근

KAIST 수리과학과 교수

수학은 비밀을
지킬 수 있을까

모 든 암 호 속 의 수 학

한상근 KAIST 수리과학과 교수

서울 대학교 수학과를 졸업하고 오하이오 주립 대학교 수학
과에서 박사 학위를 받았다. KAIST 수리과학과 교수로 재직하며 2010
년부터는 KAIST 정보 보호 대학원 교수도 겸임하고 있다. 대한 수학회
암호 분과 위원장과 정보 보호 학회 이사를 지냈다. KAIST 교수 협의회
회장을 하며 전 과목 영어 강의를 반대했고, KBS 시청자 위원을 지냈
으며 국가 정보 학회의 창립 회원이다.

1강

암호가 숨겨 놓은 의미

안녕하세요. 저는 KAIST 수리과학과에서 암호 이론을 가르치고 있는 한상근입니다. '수학은 비밀을 지킬 수 있을까?'라는 주제로 앞으로 3차례에 걸쳐서 여러분과 암호 속 수학에 관해 이야기해 보겠습니다. 현대 IT 사회의 핵심인 암호 기술을 만들어 낸 현대 수학의 새로운 면모와, 오늘날의 IT 기술과 만나기까지 암호 기술이 수학과 함께 더욱 정교하게 발달한 역사적 과정, 마지막으로 비약적으로 발전 중인 IT 기술과 함께 더욱 안전하고 편리한 생활을 누리기 위해 암호 기술이 나아가야 할 방향과 과제들을 말씀드리게 될 것입니다.

우선 이 3번의 강의가 무엇이 어디까지 가능한지, 우리가 수학적으로 생각해 보는 시간이 되었으면 합니다. 강의에 들어서는 지금은 당연히 모호하고 의아하시겠지만, 이 강의를 읽어 나가실수록 독자 여러분들은 이 말의 의미를 다시 생각하게 될 것입니다. 다음으로는 우리에게 익숙한 여러 개념이 정말 당연한 것인지 재고하는 계기가 되기를 바랍니다. 지금 우리에게 인터넷에서 대부분 다른 이용자들의 얼굴이 직접 보이지 않는 것은 너무나 당연합니다. 하지만 우리가 오프라인에서 어떤 사람, 예를 들어서 친구를 볼 때는 그의 목소리, 체형, 말투처럼 우리 둘만 아는 여러 요소를 한순간에 확인함으로써 내 친구라고 인지합니다. 반면 인터넷은 그런 과정이 없습니다. 오로지 0과 1만 교환하면서 눈으로 보는 것처럼 상대방을 인식해야 하는데, 지금 우리는 이런 인식 과정을 아주 당연하게 생각하며 마땅히 그래야 한다고 생각합니다. 하지만 사실 이것은 굉장히 어려운 일입니다.

독자 여러분들이 감각적으로는 암호가 무엇인지 나름의 상식을 이미 갖고 계시다는 사실을 이야기하기 위해 지금 이 2가지 말씀을 드렸어요. 그리고 암호를 어떻게 사용하고 이해해야 할지 생각하다 보면 여러분들의 직관과는 다른 이야기가 많다는 사실을 확인하실 거예요.

현실을 푸는 암호

먼저 일반적인 오해를 풀어 보겠습니다. 프로 게이머와 게임 프로그래머는 다르죠. 지금은 이렇게 생각하지만 얼마 전까지만 해도 게임을 잘한다며 게임 회사에 취직하겠다는 사람들이 종종 있었습니다. 게임 제작은 게임 밖 현실의 문제이므로 게임 속에서의 능력과는 별개인데 말이죠.

암호는 무엇보다도 현실에 관한 이야기입니다. 보다 구체적으로 예를 들어서 말해 볼까요. 독자 여러분께서도 예전에 프랙탈이나 카오스에 대해 들어 보셨을 겁니다. 이 개념들은 한동안 주식 시장에서도 일종의 투자 기법으로 응용되면서 엄청나게 유행했습니다. 그런데 요새는 이 이론을 이야기하는 사람이 거의 없어요.

왜 그럴까요? 이유는 간단합니다. 이 기법으로 돈을 벌지 못했기 때문이죠. 수익을 냈다면 따라한 사람은 모두 재벌이 됐겠죠. 하지만 그런 사람은 없었어요. 프랙탈이나 카오스 이론을 적용한 프로그램을 만든 사람들이, 그걸 팔아서 초기에 약간의 수입을 얻었을 뿐이죠. 이처럼 현실에서는 아주 냉혹하게 결정이 납니다.

또 다른 측면에서는 돈만 벌 수 있으면 예측의 방법은 아무도 신경 쓰지 않습니다. 미국에 어떤 어린 남매, 누나와 남동생이 있었어요. 누나는 고등학교 1학년 정도였고 동생은 더 어렸는데, 이 둘이 상한가 주식을 정확하게 예측해서 대단히 유명해졌어요. 시간이 어느 정도 지나니까 빗나가기 시작했는데 그제야 이들의 예측 방법이 드러났죠. 알고 보니 신문의 주식 시세면을 펴 놓고서, 눈을 가린 동생에게 누나가 연필을 쥐어 줍니다. 동생이 시세면 위에서 연필을 움직이다가 탁 찍은 주식을 사라고 한 거예요. 믿기지 않겠지만 정말 이렇게 했습니다. 아무리 허술한 방식이더라도 한동안 맞아서 돈만 벌면 사람들은 신경 쓰지 않습니다. 여기서 현실의 단면이 상당히 잘 드러납니다.

다음으로는 수학 자체의 성격을 보여 주는 이야기를 잠깐 해 보죠. 옛날에 어떤 사람이 열기구를 타고 가다가 나무에 걸렸는데, 행인을 발견해 말을 걸었답니다. "여보세요. 내가 지금 있는 곳이 어딥니까?"라고 물어보니 그 사람이 "당신은 지금 열기구 안에 있소."라고 답하더랍니다. 그랬더니 기구에 탄 사람이 "아, 당신은 수학자지요?"라고 물어서 "어, 그것을 어떻게 알았소?" 하니까 "맞지만 아무 짝에도 쓸모없는 이야기를 해서 수학자인지 대번에 알았소." 그러더래요.

우리는 조금 더 나아가야 합니다. 사실 이 이야기는 법학자에 관한 것입니다. 생각해 보면 옛날에는 수학자라는 직업이 따로 없었죠. 과학자였지, 수학자가 아니었어요. 물리, 천문학, 화학을 한 사람이 다 같이 했으니까요. 그 정도로 역사가 오래된 학문은 법학 정도입니다. 그리고 하늘을 나는 열기구와 같은 비행 수단이 나오기 전에는 이런 우스갯소리도 만들어낼 수 없었다는 사실을 생각해 볼 수 있습니다.

여러 말씀을 드렸습니다만, 핵심은 암호가 가장 구체적인 현실을 다루는 학문이라는 것입니다. 열기구에 탄 사람은 도착한 지역 혹은 도시가 어딘지 궁금해서 물어봤겠지만, 수학자의 관점에서는 그 사람이 지금 열기구 안에 있다는 사실이 무엇보다도 옳고 중요했듯이 말이죠. 특히 지금부터 우리가 함께 볼 정보 이론과 암호 속의 수학은 그저 논문을 쓰고 연구비를 받기 위한 것이 아니라, 실제로 엄청난 액수의 돈과 수많은 사람의 목숨을 지키기 위한 전쟁에서 사용하는 수단입니다. 시작이 좀 장황했습니다만, 이제 조금씩 현실 속의 수학, 암호의 세계로 들어가 보겠습니다.

제가 KAIST에서 암호 이론이나 정보 이론을 강의할 때도 학생들이 "이 강의는 수학과 과목이니까, 숙제 잘 내고 시험 잘 보면 A+, A다."라는 식으로 생각하고 들어오기 때문에 현실 감각이 전혀 없는 경우를 자주 봅니다. 암호와 수학이 실제 사회에서 어떻게 적용, 활용되는지도 감을 잡지 못하는 까닭에, 개강 후 2주 정도가 지나면 지금 위에서 말씀드린 것과 같은 내용을 설명해 나가면서 서서히 본격적인 얘기로 들어가곤 합니다. 이렇게 진행하면 KAIST에서도 "어, 이 과목이 저런 내용이었네?" 하는 학생, "내가 생각하는 수학이 아니네."라며 그만 듣는 학생, "정말 재밌다!" 하면서 더 열심히 듣는 학생이 있습니다.

불신의 사회적 비용

독자 여러분들 중에는 인감 증명서가 무엇인지 모르시는 분도 계실 듯한데요. 요즘은 많은 경우에 자필 서명을 대신하죠. 이때 공증이 필요한 경우가 있듯이, 인감 증명서란 지금 이 서류에 찍은 도장이 해당 문서에 기재된 사람 것이 맞다고 증명해 주는 서류입니다. 주택이나 자동차 매매 같은 중요한 거래를 할 때 도장을 찍어요. 그러면 파는 사람이나 사는 사람이 그 도장을 어떻게 믿느냐고 의문을 제기할 수 있겠죠. 바꿔 표현하면, 지금 당신이 계약 당사자라는 사실을 어떻게 믿느냐는 아주 기본적인 문제입니다. "네가 너라는 걸 어떻게 증명할래?"라는 거예요.

그래서 자동차를 사고파는 사람들이 계약서에 인감도장을 찍거나 요즘 같으면 서명을 하는 거죠. 그리고 나서 주민센터에 가면, 신분증으로 계약서에 찍은 인감이 이 사람의 것이라는 사실을 증명해 줍니다. 주민센터에서는 이렇게 증명을 해 주고서 수수료를 받습니다. 속된 말로 공돈을 챙기는 셈이죠. 거래하는 두 사람이 서로 믿는 사이면 주민센터에 수수료를 낼 필요가 없습니다. 이 사례에는 자본주의와 권력 구조에 대한 근본적인 문제가 담겨 있습니다. 만약 마약을 사고판다면 안전한 거래를 위해, 주민센터에서 비용까지 부담해 가며 증명을 요청하지 않겠죠. 사실은 다른 거래에서도 사람들의 생각은 비슷하지만, 서로를 믿지 못하므로 어쩔 수 없이 이런 제도와 절차를 거치는 것입니다.

최근 들어 인감 증명의 문제점이 많이 드러났어요. 프린터와 스캐너가 크게 발달하면서 여권과 그 속의 서명까지 위조하는 수준이 되자 여러 사고가 발생했습니다. 그래서 이제는 정부에서 서명을 등록받아 증명해 주게 되었죠. 개념은 기존의 인감 증명과 동일합니다. 먼저 주민센터에 자신의 서명을 등록한 후에 나중에 확인할 때는, 신분증과 지문을 확인한 다음, 지금 신청한 사람이 이 서류에 자필로 서명한 본인이라고 증명받는 것입니다. 본인 서명 사실 확인 제도라고 부릅니다. 이름이 좀 길죠?

사소한 수고와 막대한 손해

최근 정부에서는 은행 등 금융 기관에 계좌를 개설할 때, 지점을 직접 방문하지 않고도 실명을 확인해 개설하는 비대면 실명 확인을 시행하고 있습니다. 이런 변화에는 여러 이유가 있겠지만 일단 소비자들의 요구가 큰 영향을 미쳤을 겁니다. 좀 더 편하게 금융 거래를 하고 싶다는 거죠. 요즘에는 은행에 직접 가기를 굉장히 귀찮아해요. 주변에서 은행 지점들을 찾기도 예전처럼 쉽지 않다고 생각하시는 독자 분도 계시겠지만, 인건비 때문에 지점이 감축된 점을 고려해도 기본적으로는 은행 창구에서 직원을 대면하며 거래하기가 번거롭다고 생각하는 사람들이 많아진 듯합니다. 하지만 금융 거래를 할 때 직접 은행 창구에 가면 보이스피싱 같은 범죄에 걸려서 피해를 입는 일은 많이 줄어들 것입니다. 실제로 창구 은행원의 기지로 보이스피싱을 막은 사례가 뉴스에 종종 보고되고는 하죠.

이런 비슷한 관점에서 음주 운전하는 사람들을 도저히 이해하지 못하겠다는 얘기도 어느 택시 기사에게 들은 적이 있습니다. 음주 운전이 적발되면 보통 벌금이 400만 원이니까, 택시를 400번 정도 탈 수 있고, 몇 년은 술 마시고 택시만 타고 다닐 수 있기 때문이죠. 택시 요금처럼 사소한 수고를 감수하는 것보다, 음주 운전 적발이라는 막대한 손해를 방지하는 것이 더 중요하다는 인식이 약한 탓입니다.

있어도 없는 사람

　현실적인 문제를 볼 때도 수학에서는 우선 2가지를 따집니다. 현대 수학은 기본적으로 해답의 존재 여부와, 존재한다면 그것이 유일한지를 봅니다. 그리고 전산이나 IT를 다룰 때는 하나를 더 따집니다. 존재하는 것을 충분히 빠른 시간 안에 찾아낼 수 있는가, 즉 소요 시간입니다. 이런 비유도 가능합니다. 우리나라에도 별로 도움 안되는 속담이 하나 있어요. "짚신도 짝이 있다."라는 말이 바로 그렇습니다. 자, 남성분들의 경우에 어떤 친구가 "너의 이상형을 알려줄게."라고 말하더니 "네 이상형은 주민 등록 번호 뒷자리가 2로 시작하는 사람이야."라고 말하면 잘못하면 싸움 나겠죠? 그러니까 이런 친구가 앞에서 이야기했던 열기구에 탄 사람에게 대답해 주던 행인이죠.

　아무튼 이렇게라도 존재한다면 그 다음에는 유일한지를 따져볼까요? 드라마에서 어느 여자가 앞의 남자에게 "너는 내가 좋아하는 남자야."라고 말했다고 생각해 봅시다. 하지만 좋아하는 남자가 1명이라고는 얘기 안 했어요. 그렇죠? 유일성의 문제입니다. 그 다음에 소요 시간을 생각해 보죠. 여학생에게 "너의 이상형은 관악구에 있는 1명의 1학년 남학생이야."라고 말하면 어떨까요? 이것도 현실적으로 찾을 길이 없어요. 굉장히 구체적이지만 말입니다.

암호와 신호는 어떻게 다를까

　여기서 신호, 즉 시그널과 암호의 관계에 대해서 짚고 넘어가면 좋겠습니다. 신호의 목적은 같은 양의 정보를 더 빨리 보내는 것입니다. 방금 말했듯이 존재하는 것을 탐색하는 데 드는 시간을 최대한 줄이고, 정보에 잡음이 들어가면 최대한 제거해 효율성을 높이는 것이 신호의 목적입니다. 이와 달리 암호의 목적은 이 정보의 비밀을 지키는 것입니다. 더 빨리 전달되고 더 정확하게 작성되는 것보다도, 이 정보 자체가 임의로 외부에 누출되지 않게 하는 수단이 암호입니다. 둘 다 정보를 다루는 추상적인 형식이지만 분명한 차이가 있습니다.

무엇보다 전달의 효율성이 중요하므로, 신호는 긴 내용을 한꺼번에 보내는 경우가 드뭅니다. 이를테면 두 사람이 패를 짜서 도둑질을 한다고 치면, 밖에서 망을 보는 사람이 보내는 휘파람 신호는 "누가 온다" 혹은 "안 온다" 정도이지, 그 사람이 경찰인지 그냥 행인인지, 어디에 나타났는지, 지금 도둑질하는 이 집까지 오는 데 시간이 얼마나 걸리는지와 같은 상세한 내용은 도저히 전할 수 없습니다.

신호의 대표적인 사례가 상품에 붙는 바코드나 QR코드입니다. 바코드는 1차원 신호이고, QR코드는 바코드를 2차원으로 늘린 것이죠. IT적으로는 이 신호들에도 여러 기술이 필요해요. 여러분이 슈퍼에서 물건을

바코드와 QR 코드

살 때 바코드를 의식하며 인식 센서에 딱 맞추지 않습니다. 계산해 주시는 점원들도 대강 대잖아요? 그래도 대부분 인식됩니다. 기계는 이 흑색 줄의 두께를 하나하나 인식하는 게 아니라, 각 줄들 사이의 비율만 측정하기 때문이죠. 그래서 비스듬히 대도 쉽게 인식할 수 있어요. QR 코드는 처음에는 일본의 토요타에서 물류 관리를 위해 사용했는데, 세 귀퉁이의 작은 사각형 3개는 방향을 지정하는 용도입니다. 무슨 뜻이냐면 이 코드는 작은 사각형 3개가 옆의 그림과 같은 위치에 있어야 합니다. 사각형들의 위치로 지금 코드가 인식기에 제대로 놓였는지 확인할 수 있죠. 이처럼 짧은 정보를 단시간에 효율적으로 파악할 수 있는 것이 바로 신호입니다.

할 말만 하는 신호

암호와 신호의 개념 사이에 혼동이 있었던 이유 중 하나는, 예전에는 암호가 독립된 학문이 아니었기 때문입니다. 암호 기술 자체가 비밀로 취급되었으므로 별도의 과목도 없었고, 공개적으로 가르치지도 않았습니다. 일단 정보기관에 취직한 뒤에야 배우는 내용이었어요. 그래서 나라마다 부르는 이름도 시크릿 코드, 크립토처럼 서로 달랐고, 20세기 후반에야 이런 여러 용어가 우리가 오늘날 아는 암호학(cryptography)으로 통일되었습니다.

역사적으로 유명한 신호 중 하나로 "토라(TORA), 토라, 토라"가 있습니다. 이것은 일본이 미국 하와이의 진주만을 공습했을 때 사용한 신호입니다. 무사히 공격이 성공하면 토라를 3번 말하는 것으로 출격 전에 신호를

진주만 공습으로 침몰하는 미국 군함 애리조나호

정해 둔 것입니다. 토라는 일본어로 호랑이(寅, 虎)를 뜻합니다. 실제로 이 작전은 어정쩡하게 반은 성공하고 반은 실패했어요. 그 이유는 이런 저런 자잘한 규모의 배가 아니라 전투기를 탑재할 수 있는 항공모함을 격침시 켰어야 했는데, 주요 목표였던 항공모함은 그때 공습 지역을 비운 상태였 습니다. 하지만 "토라 토라 토라"는 신호이므로 그렇게 긴 내용을 보고할 수가 없었습니다. 그저 공습의 성공 여부만을 알렸을 뿐이죠.

암호의 유효 기간은 몇 년일까?

우리가 배우려는 암호는 신호와 어떻게 다를까요. 암호는 신호보다 많은 분량의 내용을, 의도하지 않은 타인이 빼돌려서 읽어 보더라도 내용을 알아볼 수 없게 전달하는 기법입니다. 암호는 아무나 읽고 들어도 내용을 알 수 없기 때문에 발신자와 수신자가 몰래 만나서 교환할 필요 없이 모두가 있는 데서 이야기해도 상관이 없습니다. 암호는 패스워드(혹은 비밀 키) 하나만 지키면 장기간 사용할 수 있어야 합니다. 같은 비밀번호를 무기한으로 사용할 수는 없지요. 암호의 유효 기간은 대략 30년 정도라고 보면 적절합니다.

지금 우리가 사는 현대 사회에는 도처에 암호나 신호가 있습니다. 대표적인 신호가 주민 등록 번호죠. 생년월일을 제외하고 뒷부분 시작 숫자의 의미는 아래의 표와 같습니다. 일단 저 숫자는 남자와 여자를 구분하는 용도라는 사실을 많은 분들이 알고 계시죠. 그 다음 숫자 4개는 전국의 읍, 면, 동에 붙인 고유 번호로, 이 사람의 출생 신고가 접수된 지역을 뜻합니다. 전부 몇 천 개가 있어요. 그리고 그 다음 숫자는 이 주민 등록

9	1800 ~ 1899년에 태어난 남성
0	1800 ~ 1899년에 태어난 여성
1	1900 ~ 1999년에 태어난 남성
2	1900 ~ 1999년에 태어난 여성
3	2000 ~ 2099년에 태어난 남성
4	2000 ~ 2099년에 태어난 여성
5	1900 ~ 1999년에 태어난 외국인 남성
6	1900 ~ 1999년에 태어난 외국인 여성
7	2000 ~ 2099년에 태어난 외국인 남성
8	2000 ~ 2099년에 태어난 외국인 여성

주민 등록 번호 뒤 첫째 자리 숫자의 의미

번호가 주민센터에 몇 번째로 접수된 출생 신고인지를 뜻합니다. 그러므로 이 자리의 숫자는 보통 1번이나, 2번입니다. 만약 이 자리의 숫자가 7, 8쯤 된다면 그 동네는 상당히 특이한 곳이겠죠. 하루에 아이가 7, 8명씩 태어나는 곳이라는 뜻이니 말입니다. 그리고 마지막 자리의 숫자는 이 앞의 숫자들이 제대로 나열됐는지를 검증하는 숫자에요. 예전에는 젊은 경찰 중에 암산으로 확인하는 사람도 있었습니다. 얼마 전에 국가 인권 위원회에서 주민 등록 번호에 여러 가지 개선 권고를 했죠.

새로운 주민 등록 번호가 필요하다

여러분도 예상하시다시피, 한국 성인의 주민 등록 번호라면 중국과 북한 정도에서는 이미 대부분 알고 있겠죠. 국가 인권 위원회에서 개선을 권한 데는 이런 문제도 영향을 미쳤을 것입니다. 주민 등록 번호의 개선에서 핵심은 새로운 번호를 부여하거나 더 복잡하게 만드는 것이 아닙니다.

애초에 이 번호가 암호가 아닌 신호일 뿐이라고 말씀드렸던 것을 기억해 주세요. 이 번호는 개인의 신상에 대한 정보가 담긴 까닭에 일단 많이 모아서 빅데이터가 되면 경제적 가치가 커질 수밖에 없습니다. 따라서 이 신호를 대량으로 수집할 수 있도록 허용해 준, 현재의 제도가 가장 큰 문제입니다.

제가 생각하기에는 이미 새로운 주민 등록 번호를 만들 때가 되었습니다. 옛 번호와의 혼란 운운은 정부와 공무원의 태만과 무능 탓이 큽니다. 지금은 프로그램 하나 짜면 컴퓨터가 다 정리해 줄 정도예요. 현재의 번호 13자리는 24자리 정도로 바꿔야 할 것입니다. 그 번호를 어떻게 외우

냐구요? 굳이 빨리 외우려고 한다면, 휴대전화 번호 3개를 이어서 외우는 정도이므로 중요성을 고려할 때 지나치다고 말하기는 어렵습니다. 새로운 주민 등록증은 현재의 신용카드 크기에 앞면 전체는 명함판 크기의 사진을, 뒷면에는 같은 크기의 전신 사진과 생년월일을 넣습니다. 현재 주민 등록증에 기재된 각종 정보나 지문 정보는 칩이나 마그네틱테이프 형태로 넣습니다. 정보가 더 필요하면 가까운 경찰서나 관공서에 가서 인식해 확인하면 됩니다.

몇 년 전에 차량 번호판의 체계를 바꿨죠. 기존의 차량 번호판 앞부분은 차량이 등록된 광역 자치 단체의 이름이 서울, 경북, 이런 식으로 써 있어서 다른 사람들이 그 차가 어느 지역에서 왔는지 쉽게 알 수 있다는 것이 변경의 이유였는데요. 처음에는 사람들이 이걸 보고 "잘 만들었다."라고 감탄을 했어요. 하지만 이것도 번호판의 자료가 많이 축적되자 어느 지역에서 왔는지, 어떤 용도의 차인지 사람들이 금방 알게 되었습니다. 암호가 아닌 신호는 자료량이 조금만 누적되면, 이런 식으로 금방 의미가 드러납니다.

9자리 숫자의 비밀

2014년 3월 무렵에 KT의 홈페이지가 해킹당해서 1200만 명에 이르는 고객들의 개인 정보가 유출되는 사건이 벌어졌던 것을 기억하실 겁니다. KT 전체 고객 정보의 무려 75퍼센트에 해당하는 규모입니다. 그런데 이 사건의 경과를 설명하는 과정에서 한 경찰 관계자가 "명세서에 9자리 고객 번호가 있다."라는 말을 한 것이 언론에 보도되었습니다. 그런데 이 말은 밖으로 알려져서는 안 되는 사실을 공개한 것입니다.

기존에 KT에서 요금 청구서가 오면 9자리 숫자가 써 있었어요. 그런데 이 숫자는 겉보기에는 사용자의 전화번호, 주소, 생년월일과 같은 정보와 아무 관련이 없는 것처럼 보여요. 하지만 KT 홈페이지에 가서 자기 청구서에 적힌 9자리 숫자를 넣으면, 미납 금액, 현재까지의 사용 요금과 같은 각종 개인 정보가 딱 하고 나와요. 그런데 9자리 숫자면 전부 몇 개입니까? 10억 개죠. 한국에 성인인 KT 고객이 2000만 명이라고 치면, 입력 가능한 고객 번호의 개수는 그 50배죠.

KT 홈페이지에 접속해서 9자리 숫자를 무작위로 입력하면, 50번에 1번 정도로 누군가의 고객 정보가 나온다는 겁니다. 그래서 어느 프로그래머가 KT 홈페이지에 임의로 9자리 숫자를 입력하는 프로그램을 짰어요. 이 프로그램을 하루 종일 돌리면 50번에 1번씩은 고객 정보가 나오겠죠. 이런 방식으로 그 많은 개인 정보를 빼돌렸습니다. 지나가듯이 한 설명 속에 개인 정보에 접근하는 중요한 단서가 들어 있었던 겁니다.

데이터와 함께 증폭되는 위험

노출된 개인 정보가, 원래 어떻게 보관되었는지를 보면 한국 사회에서 개인 정보를 관리하는 방식의 문제점과 심각성을 더 정확히 알 수 있습니다. 경찰청과 KT의 의뢰를 받아서 보안 전문가들이 개인 정보가 보관되던 현장에 갔어요. 제일 먼저 KT에서 고객 정보를 보관한 곳을 방문했더니, 이렇게 중요한 다량의 개인 정보를 KT 본사에서부터 하청에 재하청을 거듭한 결과, 1층에는 작은 분식집이 영업 중인 어느 건물 2층에 모여 있더랍니다.

그런데 보안 전문가들이 먼저 본인들의 정보를 뒤졌더니 거기에 자기 친척들 정보까지 묶여 있었어요. KT가 자신들과 정보를 공유한 보험 회사들의 자료까지 합친 상태였다는 겁니다.

여러분들이 백화점에서 고객 카드를 만들 때도 정보 공유 항목에 다 서명하죠. "체크를 안 하시면 가입이 안 되는데요." 이런 소리도 합니다. 이런 식으로 개인들의 정보가 공유되다 보니, 결국 그 분식점 2층에 이렇게 사람마다 일가친척 모두의 정보가 모인 것입니다. 정보를 공유하는 업체들은 이런 식으로 서로 보유한 정보들을 결합하고 정리해서 빅 데이터로 더욱 성장시킵니다.

KT와 정보를 공유하는 보험 회사의 영업 사원이 평소에 모아 둔 개인 정보나 가족 관계도, 그 사람이 KT 회원이라면 결국 여기에 추가되는 식입니다. 이렇게 개인 정보 유출 사고가 터지면, 사람들은 일반적으로 그 업체에 자신이 넘겨 준 정보, 자기 전화번호, 주소 정도만 빠져나갔다고 생각하는데 절대 그럴 수 없는 이유가 바로 이것입니다.

정보 보안의 허점

주목할 지점이 또 하나 있습니다. KT 정도 규모의 대기업, 개인들의 다양한 정보를 이렇게 대량으로 보유한 기업도 하청과 재하청을 거듭하며 관리한다는 사실입니다. 이런 식으로 개인 정보 관리를 떠맡는 하청 업체의 여건은 여러모로 열악해서 정보 보안에 직접적인 문제를 초래합니다.

KT의 보안 문제가 국민들에게 개별적으로 악영향을 미친다면, 원자력 발전소의 경우에는 국가 전체에 엄청난 타격을 줄 수 있습니다. 원자력 발전소의 보안 관리도 KT와 마찬가지로 하청과 재하청을 거듭하는 방식입니다. 사실 이 재하청을 맡아서 실제로 보안 업무를 담당하는 사람들과 그 여건에 대한 우리의 관심은 너무나 미약합니다. 하지만 반드시 생각해 보셔야 할 사실이 하나 있습니다. 이런 중요한 보안 업무를 재하청받은 업체들은 업무 환경, 근로 조건이 열악할 뿐만 아니라, 여러 기업과 시설의 보안 업무를 동시에 담당하는 경우가 매우 많다는 점입니다. 반드시 필요하지만 일이 고되고 가치를 인정받지 못하는 정보 보안 업무를, 같은 하청 업체 사람들이 농협부터 원자력 발전소까지 모두 맡고 있는 것입니다.

따라서 원자력 발전소나 KT에서 전체 시스템을 구축하는 데 아무리 많은 비용을 투자해도, 그것을 지키는 정보 보안 부문에서 비용을 절감하느라 형편없이 낮은 급여를 받고 일하는 사람들이 있다면 바로 거기서 보안에 허점이 발생합니다. 암호, 보안 시스템의 구축뿐만 아니라, 그것을 유지, 보수하는 사람들의 여건까지도 정보 보안의 연장선상에서 생각하는 관점이 필요하겠죠.

난수표 속의 수학

여기까지 암호, 정보 보안과 관련된 사회적인 측면을 살펴봤고, 지금부터는 좀 더 수학과 가까운 이야기를 해 보겠습니다. 독자 여러분 중에서 연배가 좀 있으신 분들은 난수표라는 단어를 들어 보셨을 겁니다. 예전에 간첩을 잡았다고 하면 증거품으로 전시하던 난수표는 임의의 숫자들을 무작위로 배열한 표를 말하는데, 주사위를 던져서 나오는 숫자들을 순서대로 기록하거나 매주의 로또 당첨 번호를 모아 둔 것을 생각할 수 있습니다. 이 난수표를 주로 사용하는 사람들은 바로 간첩, 즉 스파이 거나 모의실험을 하는 사람들입니다. 난수표로 암호를 만드는 방법은 뒤에서 말씀드리기로 하고, 여기서는 먼저 난수표와 수학의 관계를 알아보겠습니다. 난수표가 지금까지도 널리 쓰이는 이유는 예측할 수 없기 때문입니다. 보다 정확히 말하면 동전 던지기의 결과를 기록한 것처럼 무한히 불규칙한 숫자들입니다.

그런데 정말 이렇게 예측할 수 없는 난수가 존재하는지, 존재한다면 그것을 찾을 수 있는지는 아직 명확하게 증명하지 못했습니다. 수리 철학에서 보면 난수는 존재 유무를 단정하기 어려운 애매한 경계에 놓인 상태입니다.

이게 무슨 이야기인지 이해하기도 어렵습니다. 한번 예를 들어 볼까요. 한 남자가 친구에게 "내 마음에 쏙 드는 여자를 사귀고 싶은데 그런 여자가 이 세상에 있을까?"라고 물었더니 친구가 이렇게 대답합니다. "걱정하지 마. 그런 여자는 반드시 존재해. 그런데 너는 평생 못 만나." 이게 현재로서는 난수에 대한 가장 정확한 정의입니다. 우리가 생각하는 완벽한 난수는 존재해요. 그렇다면 그런 난수를 찾을 수 있을까? 찾을 수는 없습니다. 이것도 수학적으로 확실한 사실입니다. 말 그대로 규칙이 없는 숫자들이기 때문입니다. 우리가 생각하는, 난수가 만족해야 하는 모든 성질을 다 적어 내는 프로그램을 만들 수 있습니다. 그 성질을 모두 만족하면 난수입니다. 그 성질을 모두 만족하는 난수가 가능할까요? 그렇습니다.

그러면 우리는 그 난수를 찾아낼 수 있을까요? 당연히 불가능하죠. 완벽한 난수는 우리가 생각할 수 있는 규칙 A가 무엇이든 피해야 하니까요. 어딘가는 "난수는 규칙 A를 만족하지 않는다. 혹은 규칙 A를 만족하면 난수가 아니다."라는 성질이 있을 테니까요. 그래서 우리가 생각할 수 있는 어떤 규칙도 완벽한 난수를 찾아낼 수 없습니다. "그 여자는 존재하지만 너는 만날 수 없다."라고 말하는 친구에게 너무 서운해 할 필요가 없습니다. 실제로 그런 일이 가능합니다.

난수에서 기본적인 문제는 보내려는 문서의 분량과 동일한 분량의 난수표가 필요하다는 점입니다. 즉 책 1권에 달하는 비밀을 간첩에게 넘기려면 그와 같은 분량의 난수표가 있어야 합니다. 그런데 그렇게 긴 난수표를 우리 편인 간첩에게 줄 수 있다면, 차라리 원래 보여 주려던 비밀문서를 직접 전달하면 되겠죠. 번거롭게 난수표를 줄 필요가 없죠. 비밀을 우리 편인 간첩에게 안전하게 전달할 수 있다면 직접 넘기는 게 가장 효율적입니다. 물론 간첩이 등장하는 소설 속 첩보전뿐만 아니라, 현실 사회에서도 난수표와 같은 암호는 자주 사용됩니다. 가장 대표적인 경우는 서울의 외교부와 해외에 있는 공관들 사이에 주고받는 전문에서 쓰입니다.

누가 누구의 암호를 푸는가

지금 말씀드린 것들은 모두 현실적인 문제라는 사실을 잊으면 안 됩니다. 보다 사소하고 일상적인 경우와 비교해 볼까요? 우리가 애인의 휴대 전화에 있는 통화 내역이나 문자 메시지가 보고 싶어졌다고 생각해 봅시다. 올바른 생각은 아니지만, 이 휴대 전화를 몰래 보기 위해 우리가 특별히 암호를 해독하거나 하지는 않겠죠. 그냥 애인이 잠깐 전화기를 두고 자리를 비웠을 때, 전화번호 뒷자리, 생일, 기념일 같은 번호를 눌러 보겠죠. 이것이 가장 성공 가능성이 높은 방법입니다. 비밀번호 설정자의 개인 정보에 접근이 가능하다면, 비밀번호 중 30퍼센트 정도는 몇 시간 내에 다른 사람이 찾아낼 수 있습니다.

반면에 보다 거대하고 현실적인 암호의 문제가 존재합니다. 남의 은행 계좌에서 돈을 빼돌리거나, 전쟁을 일으킬 빌미를 찾거나, 경쟁 업체에서 영업 비밀을 빼내는 것과 같은 문제입니다. 수단과 방법을 가리지 않고 상대편의 암호를 풀어서 필요한 정보를 찾아내면 우리 편에서는 전부 용서가 됩니다. 만약 한국인이 다른 한국인에게 피해를 끼치지 않고 북한에서 정보를 빼냈다면, 처벌당하는 일은 거의 없을 겁니다. 아마 몇 가지 조사는 하겠지요. 정보를 빼낼 때 그쪽에 들키지는 않았는지, 또 다시 정보를 빼낼 수 있는지 정도 말입니다. 그리고 아마도 훈장을 주겠죠. 상대가 걸어 놓은 암호를 풀어서 원하는 목적, 즉 정보를 빼낼 수만 있다면 대부분의 행위가 허용됩니다. 그래서 이것을 대단히 현실적인 문제라고 말씀 드리는 것입니다.

카드 비밀번호의 목적

가끔 카드 정보를 몰래 빼내는 현금 지급기 사건을 보셨을 텐데요. 가짜로 현금 지급기를 만들어서 으슥한 뒷골목에 설치하고서 사람들이 카드를 넣고 비밀번호를 누르면, 리더기로 정보를 읽고, 몰래 설치한 카메라나 다른 방법으로 비밀번호를 알아 낸 다음에, 모니터에는 "죄송합니다. 현금이 부족합니다."라는 등의 메시지가 뜨는 거죠. 그 다음에 알아낸 정보로 똑같은 카드를 새로 만들어서, 그 계좌에서 돈을 마음대로 꺼내 가는 범죄입니다. 실은 이것도 제법 역사가 깊은 범죄 수법이에요. 초창기에는 가짜 현금 지급기 속에 아예 사람이 하나 들어가 있기도 했습니다. 비밀번호를 누를 때, 기록하기 위해서였죠. 어쨌든 기술이 발달하면서 암호를 풀어내려는 범죄 수법도 조금씩 함께 나아간 셈입니다.

사실 현금 카드의 4자리 비밀번호는 은행이 고객의 돈을 지켜 주기 위해서가 아니라 자신들의 책임에서 벗어나기 위해 생각해 낸 장치입니다. 현금 카드와 현금 지급기가 처음 등장한 1970년대 초에는 비밀번호가 없었던 적도 아주 짧게나마 있었습니다. 그냥 카드를 넣어서 현금을 인출했죠. 그때는 이 카드를 가진 사람은 계좌 주인뿐이기 때문에, 카드를 넣었다는 것만으로 신원이 확인됐다고 간주했죠. 그랬더니 금방 사람들이 응용하는 방법을 찾아냈어요. 친구에게 카드를 주고 현금을 찾게 한 후에, 바로 도난 신고를 해서 인출된 금액은 도난당한 것으로 주장해서 은행에서 돌려받거나 했죠. 그래서 이런 행위를 막기 위해 카드 소지자의 신원을 확인할 수 있는 비밀번호를 추가했어요. 즉 신원 확인에 현금 카드와 비밀번호라는 2가지 정보를 요구하는 겁니다. 소비자 단체에서는 비밀번호로 3자리 숫자를 원했어요. 은행에서는 5자리 숫자를 주장했고요. 소비자들은 5자리는 너무 길어서 노인들이 기억하기 어렵다고 반대했죠. 타협책으로 정해진 것이 현재의 4자리 비밀번호입니다.

해독과 복호화

암호의 목적은 다른 편이 함부로 읽지 못하도록 하는 것도 있지만, 사용자의 편의를 위해 우리 편은 누구나 빨리 읽을 수 있도록 해야 합니다. 이렇게 같은 편 사람이 그 암호를 읽는 것을 복호화한다고 말합니다. 적들의 암호를 푸는 것은 해독했다고 부르고, 자신들의 암호를 푸는 것은 복호화했다고 부릅니다.

잠깐 재밌는 이야기를 하나 해볼까요. 컴퓨터도 별로 없었던 오래전에 간첩을 보낼 때는 기본적인 암호와 패스워드 정도를 암기해서 목표 국가에 침투했습니다. 지금은 러시아로 불리는 예전의 소련에서 어느 간첩이 1970년대 초에 캐나다에 잠입했어요. 지령받은 대로 잠입해 5년 이상 눈에 띄는 짓은 하지 않고 열심히 일해서 직장까지 얻어 완전한 캐나다 사람으로 행세를 했죠. 정해 두었던 날짜에 모스크바로 암호를 이용해 보고했습니다. 그랬더니 모스크바에서 역시 암호문으로 답장이 왔습니다. 이 간첩은 빨리 읽어 보고 다음날 출근도 해야 하니까 밤을 새워서 무슨 메시지인지 복호화를 했어요. 그랬더니 도착한 메시지는 기운 빠지게도 "수고했소. 동무."라는 내용뿐이었다고 합니다. 우습지만 냉전 시대의 실화예요.

이렇게 암호를 만드는 과정에서도 수학적인 개념을 생각해야 하는데요. 우선 암호는 우리 편끼리는 쓰기 편해야 하고 적군이 알아내기는 굉장히 어려워야 합니다. 독자 여러분들은 고등학교에서 무한대로 가는 함수들을 비교해 보셨을 겁니다. 직선보다 포물선이 더 빨리 커지고 지수함수가 포물선보다 더 빨리 커지는 그래프가 생각나세요?

그 그래프처럼 암호에서도 우리 편의 복호화와 상대편의 해독에 드는 비용 간의 차이가 클수록 유용합니다. 예를 들어 우리 편이 복호화하는 데 1만 원이 들고, 상대편이 그것을 해독하는 데 100만 원이 들었다면 문제가 심각합니다. 상대편은 겨우 100배만 더 비용을 투입하면 우리의 암호를 무력화시킬 수 있으니까요. 만약 우리의 복호화에 1만 원이 드는 데, 상대는 해독하기 위해 1억 원을 써야 한다면 비용 차이는 1만 배가 되고,

복호화에는 1만 원이 필요하고 해독하는 데는 1조 원이 필요할 때는 그 차이가 1억 배입니다. 이와 같이 복호화와 해독에 드는 비용의 차이가 커질수록 효과적인 암호입니다.

생체 정보의 맹점

영화 「마이너리티 리포트」를 보셨나요? 여기서 주인공인 톰 크루즈가 숨어서 이동하는데 거미 로봇이 와서 강제로 그의 눈, 즉 홍채를 검사합니다. 그런데 그는 이미 눈을 다른 사람의 것으로 바꾼 상태여서 무사히 통과하는 장면이 있어요. 이 영화가 2001년에 개봉했는데, 그때만 해도 눈을 바꿔 넣어 신원 인식 시스템을 피해 간다는 발상이 기발하다고 생각했지만 이제는 단순한 발상이 아니라 충분히 가능한 일이 되었습니다. 겨우 15년 만에 일어난 변화입니다. 홍채와 같은 생체 정보, 즉 바이오매트릭스(biometrics)는 지문이나 홍채가 어떤 특별한 장점이 있어서 활용하는 것은 아닙니다. 사람이 죽거나 손가락이 끊어지기 전에는 계속 지니고 있기 때문에, 따로 기억할 필요가 없으며 편리해서 사용하는 겁니다. 그 이외에 특별한 보안, 암호 시스템상의 이점은 없습니다.

바로 이런 생체 정보의 허점을 노린 범죄가 한국에도 있었습니다. 실리콘으로 다른 사람 지문을 복제해서 골무처럼 끼우고 증명 서류들을 발급받아 남이 소유한 땅을 가로채려고 한 사건이 2013년 말에 보도되었죠. 물론 각국의 정보기관에서는 10~20년 전부터 이러한 기술을 보유했지만 그때는 큰 비용이 들었습니다. 이제는 유투브 같은 사이트에서만 찾아봐도 금방 알 수 있습니다. 인식 기능이 정교한 기계는 통과하기 어렵겠지만, 수준이 낮은 기계는 누구나 쉽게 속일 수 있는 셈입니다.

어떻게 지문을 등록하고 확인할까요? 전체를 한꺼번에 등록하지는 않습니다. 지문의 특이한 부분을 몇 개 찾아내서 그 지점들의 상관관계를 분석하죠. 지문을 기계에 댈 때, 처음에 자기가 등록했던 위치와 똑같이 대는 사람은 별로 없습니다. 특정 지점들 사이의 상대적인 관계를 비교하는 까닭에 손가락을 올리는 위치에 상관없이 인식할 수 있죠. 절도범 같은 범죄자들이 남의 집에 침입할 때도, 지문을 주민 등록증 만들 때처럼 꾹 눌러서 선명하게 남겨 주지 않습니다. 최대한 손가락 끝만 대고 만지려고 애쓰죠. 일부만 찍힌 그런 지문을 그걸 쪽 지문 혹은 부분 지문이라고 부릅니다. 경찰청에서 고생하는 이유 역시 지문의 일부만 남아 있어서 입니다. 누가 도둑을 맞았다면 그 방에 다녀간 사람들이 여럿인데 경찰은 누가 다녀갔는지 모르죠. 우선은 자기 방에 다녀간 동생, 형, 친구 등등의 지문을 모두 모아서 이 사람들의 지문은 도둑이 아니라는 사실을 경찰이 알 수 있도록 하는 것이 좋겠죠. 그래야 범인의 지문을 최대한 빨리 특정할 수 있습니다.

적은 사라져도 암호는 남는다

암호와 현실의 관계에 대해 좀 더 말씀드리도록 하겠습니다. 우리가 정보를 수백 년 동안 내내 지킬 이유는 없어요. 그 정보가 공개되는 순간까지만 지키면 되는 거죠. 그래서 100년 이상 지킬 수 있는 고급 암호를, 5시간 뒤에 뉴스에서 나올 정보를 지키는 데 사용하지는 않습니다. 또한 요즘은 컴퓨터값이 아주 싸졌어요. 그래서 아직 해독을 못했어도 모든 암호, 자료를 모아서 컴퓨터를 그냥 가동하며 분석해 보는 거죠. 전기만 있으면 기계는 계속 돌아가니까요. 그래서 지금도 강대국들의 정보기관에서는 20~40년 전에 확보한, 해독하지 못한 적국들의 암호를 해독하려고 애쓰고 있습니다. 그렇게 오래됐더라도 적들의 암호는 반드시 알아내려고 하죠. 암호가 가장 현실적인 이론이라는 사실이 여기서도 드러납니다.

여기 보시는 사진은 줄리어스 로젠버그(Julius Rosenberg)와 에델 그린글래스 로젠버그(Ethel Greenglass Rosenberg) 부부입니다. 흔히 로젠버그 부부라고 알려진 이 두 사람은 핵무기의 제조법을 미국에서 빼내어 소련에 넘겨준 혐의로 부부가 모두 사형을 당했습니다. 이들이 광적인 반공주의에 몰려서 억울하게 희생되었다는 내용의 책이 한국에서도 출판되었는데, 두 사람에 대한 정보를 담은 소련의 암호를 해독한 극비 문서 중 일부가 국가 기밀에서 해제되어 미국의 암호 박물관에 공개되기도 했습니다. 간첩으로 처형한 후에도 그들에 대한 암호는 계속해서 해독하고 있었던 것이죠.

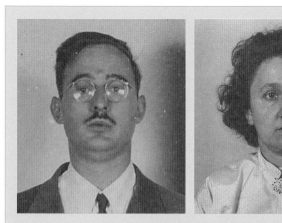

줄리어스 로젠버그와 에델 로젠버그

암호문이 있을 때 우리가 알고 싶은 단어는 사실 1~2개뿐입니다. 예를 들어 서울의 청와대에서 평양의 국방 위원장 집무실로 메시지를 보냈다고 할 때, 전 세계에서 알고 싶은 것은 정상 회담에 대한 내용이 있는지와 그에 대한 반응뿐입니다. 그 안의 온갖 외교적인 수사는 불필요합니다. 미국의 암호 박물관에 가 보면 기밀 해제된 1급 기밀문서들이 아주 많은데 대부분은 1쪽 정도만 해독했거나 또는 추측한 단어 2~3개 밖에 없습니다.

아무리 암호문이라고 해도 그 내용은 우리 예상보다 상당히 많은 부분을 추측할 수 있습니다. 추측이 안 되면 억지로라도 우리가 의도한 방향으로 내용을 몰아갑니다. 전쟁 상황을 예로 들면, 적군 암호문에 비행기라는 단어가 들어가게 만들고 싶으면 몇 시간 정도 적군에게 폭격을 퍼붓습니다. 그 후에 적군이 보내는 암호문에는 반드시 비행기, 폭격이라는 단어가 들어 있겠죠. 폭격 전후의 암호문을 비교해 보면 드러날 것입니다. 은행에서 사용하는 암호는 아무리 정교하게 만들어도 보내거나 받는 돈의 액수, 날짜가 포함되죠. 이런 식으로 암호를 가운데 두고 상대편을 통제, 조작하는 경우가 생각보다 굉장히 자주 일어납니다.

해독 불가능한 암호는 가능할까?

마지막으로 사람들이 암호에 대해 심각하게 오해하는 점을 하나 더 이야기해 보겠습니다. 현대의 암호를 해독하기 어려운 이유는 아주 간단히 말씀드리면 이렇습니다. 컴퓨터가 발달하기 전에는 복호화에 1만 원이 들었고, 해독하는 데 1조 원이 들었다고 합시다. 지금은 복호화에 10만 원이 들고, 해독하는 데는 1000조 원이 들게 되었다고 비유하겠습니다. 가끔 어떤 사람이 만든 암호는 누구도 풀지 못했다는 주장이 있는데 사실이 아닙니다. 그 암호가 풀리지 않은 이유는 암호문이 너무 짧거나, 아무도 거기에 신경을 쓰지 않기 때문입니다. 실제로 자기가 만든 암호가 아주 중요하거나 풀기 어려운 수준이라고 자신할 수 있다면 그걸 해독하는 사람에게 높은 상금을 주면 됩니다. 그러면 그 암호는 금방 풀릴 것입니다. 세계 각국의 정보기관 사람들이 요긴한 부업으로 삼아서 도전할 테니까요.

그리고 여러분들이 까먹은 패스워드를 찾아 주는 프로그램도 판매되고 있습니다. 물론 이 프로그램을 사는 사람 중에 실제로 자신의 패스워드를 잊어버린 사람들은 많지 않아요. 보통 경찰이 사 가죠. 용의자의 컴퓨터에서 증거를 찾아볼 수 있으니까요. 또는 자기 애인의 비밀번호를 알아내려는 일반인도 섞였을지 모릅니다. 하지만 이런 프로그램을 파는 업체들이 "애인의 패스워드를 알고 싶으세요?"라고는 광고하지 못하죠.

하지만 엉터리 암호는 쉽게 해독되기 때문에, 암호 해독 경험이 없는 사람이 만들어 파는 이런 프로그램을 믿어서는 안 됩니다. 수준 낮은 암호는 풀 수 있을지 몰라도 대부분의 암호는 풀지 못할 테니까요. 재래식 장터에서 만병통치약을 파는 사람들은 지금까지도 있는 것처럼 이런 프로그램을 파는 사람들도 사라지지 않는 셈이죠. 한국의 국정원이 이탈리아의 해킹팀에게 안드로이드 휴대 전화의 해킹을 발주한 것처럼, 기업에서 무경험자가 엉터리 암호를 만들면 여러분을 감시하는 정보기관이 매우 편해집니다.

이번 강의에서 말씀드린 내용을 요약해 보며 마칠까 합니다. 신호와 암호는 다릅니다. 암호는 현실적인 수단이고, 따라서 실제 현실을 고려하여 사용되어야 하며 최소한의 수학적 지식이 없는 사람들이 암호에 대해서 하는 말은 믿어서는 안 됩니다. 다음 강의에서는 암호를 만드는 기본적인 3가지 방식과 암호를 만드는 난수표를 사용하는 방식에 대해 함께 알아보도록 하겠습니다.

2강

수학이 현실과 만나는 방식

지난 강의를 읽으시고 암호가 무엇인지 조금은 이해하셨을 텐데요. 오늘은 좀 더 본격적으로 암호의 구성 원리를 설명하면서 이와 함께 암호가 오늘날 IT 사회의 중추에 이르기까지 발달한 과정을 살펴보겠습니다. 우선 지난 시간에 말씀드렸던 암호의 특성을 짧게 짚어 보죠. 먼저 암호는 현실에 관한 이야기라고 말씀드렸습니다. 대면한 오프라인에서 이뤄지는 여러 행위들을 안전하게 온라인으로 구현하는 것이 암호의 최종 목표 중 하나라는 사실도 아울러 이야기했습니다.

다음으로는 우리의 목표가 수학적으로 실현 가능한지도 살펴봐야 한다고 말씀드렸습니다. 그런데 이것이 말처럼 쉽지는 않아요. 착각에 빠지는 경우가 적지 않기 때문입니다. 구소련에 이런 우스갯소리가 있었습니다. 어느 유명한 수학자가 소련의 공산당 서기장 이오시프 스탈린(Iosif Stalin)을 만나서 시베리아에서의 물자 수송 계획을 수립, 집행할 권한을 자신에게 주면 소요 비용을 20퍼센트 절감하겠다고 제안했습니다. 그래서 스탈린이 이 수학자에게 권한을 부여했더니 진짜로 운송, 자원 부문에서 20퍼센트의 비용을 절감해 냈죠. 그런데 서기장은 그 업적을 치하하며 훈장을 주더니, "내년에도 20퍼센트를 더 줄여 보시오."라고 말했다고 합니다. 이게 수학적으로 가능할까요? 아니죠. 80퍼센트 곱하기 80퍼센트면 64퍼센트고 여기에 다시 80퍼센트를 곱하면 0으로 수렴해 가니까요. 수학에 대한 개념이 없는 사람들은 이런 과정이 계속될 수 있다고 생각하면서 거짓말에 속거나, 억지를 부리는 경우가 적지 않습니다.

요즘에도 하드 디스크의 용량을 늘려 주겠다면서 지금 저장된 파일의 크기를 30퍼센트로 줄여 주겠다는 식의 광고가 종종 눈에 띕니다. 이런 말을 믿고 그런 솔루션을 사는 사람들이 있어요. 그렇다면 30퍼센트로 줄인 파일을 다시 30퍼센트를 줄이면 9퍼센트가 되고, 3퍼센트가 되고, 1비트까지 하드 디스크의 사용 용량을 줄일 수 있다는 소리입니다. 이렇게 말하면 그런 주장이 불가능하다는 사실을 이해할 수 있죠.

우리는 이런 방식이 논리적으로 불가능한 이유도 말할 수 있어요. 1비트가 표시할 수 있는 건 0과 1, 둘 밖에 없는데 우리가 써 내는 편지는 수백 종류죠. 예를 들어서 3비트로 표시할 수 있는 정보는 000부터 111까지 딱 8개입니다. 그러므로 우리가 보유한 정보를 한없이 압축해서 줄일 수는 없겠죠. 더 이상 압축되지 않는 최저 한계가 존재해요. 최대한 줄이고서 남은 내용이 어떤 문서 혹은 정보의 분량 또는 엔트로피(entropy)라고 말할 수 있겠죠. 우리가 지금 배우는 암호야말로 가장 현실적인 수학의 사례이기 때문에 수학적 실현 가능성이 우선적으로 고려되어야 하며, 충족되어야 하는 선행 조건이란 사실을 강조하기 위해 말씀드렸습니다.

본질적 가치가 있다는 낙관적 기대

암호로 들어가기 전에 금융 수학에 대해 잠시 이야기해 보려고 합니다. 이것도 암호만큼이나 현실 세계와 직결된 수학의 갈래이고, 실생활에서 암호가 가장 중요하게 이용되는 분야이기 때문입니다. 현실이 냉혹하게 최종 판단을 내린다는 사실을 망각하면 어떤 일이 벌어지는지 잊어선 안 된다는 의미에서 말씀드립니다. 한때 프랙탈 이론이나 카오스 이론이 금융 수학을 풍미했지만, 이익을 창출하지 못하자 간단히 소멸했다고 1강에서 말했습니다. 금융 수학에서 처음으로 노벨 경제학상을 수상한 피셔 블랙(Fischer Black)과 마이런 숄즈(Myron Scholes)의 블랙-숄즈 모델의 핵심은 가치가 등락하는 주식이나 채권에 본질적인 가치가 존재한다는 것입니다. 좀 더 쉽게 말하면 미국 프로야구 메이저 리그의 텍사스 레인저스에서 활동하는 추신수의 타율이 4할이라고 가정할 때, 그 의미는 잘할 때는 5할을 치고, 못할 때는 3할을 치지만 결국 평균값이 4할이라는 뜻입니다. 그래서 타율이 2할 5푼이나 2할 7푼 정도에서 오르락내리락할 때 사람들이 "이제 추신수도 한물갔어."라고 말하면, 블랙-숄즈 모형에서는 이 선수가 나중에 4할 3푼, 4할 5푼도 많이 쳐서 결국 평균값은 4할이 될 것이라고 예측하고 그쪽에 돈을 겁니다.

대부분의 경우에 이 선수의 오늘 타율이 3할 9푼이라고 해서 "당신은 4할에 도달하지 못했으니까 다음 경기에 출전하지 마세요."라고 말하지는 않습니다. 어느 정도는 두고 봅니다. 그리고 이 정도 타율이면 4할로 믿어 주는 게 당연하죠. 하지만 그런 예측에는 수학적, 논리적으로 오류가 하나 있어요. 이 선수가 4할 타율에 진정 도달할 수 있는지 누가, 어떻게 보장하느냐는 것입니다. 그저 경험으로 이 선수의 타율이 4할이 되리라고 기대하는 거죠.

또 다른 논리적인 오류는 주위 상황이 변하는데도 확률이 4할에 이르리라 계속 믿는 것입니다. 주식 시장에서, 어떤 나라에 전쟁이 나거나 유전이 고갈되는 것과 같은 상황 변동이 발생하면 예측했던 주가가 변하는 것처럼, 선수의 몸 상태나 상대 구단의 트레이드 같은 변수가 개입하면 처음에 예측했던 4할 타율이라는 숫자가 변할 수 있습니다. 하루, 이틀, 1주일 정도까지는 타율 4할을 믿고 지금 3할 5푼이지만 4할이 될 거라고 믿을 수 있어요. 하지만 도중에 조건이 급변하면 예측이 유지될 수 없죠. 시장이 바뀌는데도 기존 예측만 고집했다가 노벨 경제학상 수상자들이 설립한 롱텀 캐피털 매니지먼트(LTCM)라는 회사가 무려 1500억 달러를 날리고 파산했어요. 이 사람들은 상황이 급격하게 변하지는 않을 것이라는 지나치게 낙관적인 전망을 신뢰했습니다.

빠르고 변덕스러운 시장

현실에서 사람들은 이성적으로만 행동하지 않죠. 여러 사람이 움직이면 겁이 나서 따라가고 이것이 상황의 급작스러운 변화를 초래하기도 합니다. 1500억 달러의 손실이 발생한 근본 원인은 러시아의 경제 위기였습니다. 만일 여러 나라들이 독립적으로 판단하고 움직였다면, 러시아가 흔들리더라도 일본이 이익을 거두어서 더 성장할 수도 있고, 유럽이 그런 바탕을 제공할 수도 있었겠죠.

그런데 실제로는 러시아가 잘못되자 러시아와 경제 관계가 긴밀했던 유럽이 조금 영향을 받고, 그 영향이 전 세계적으로 퍼졌으며 세계 각국의 투자자들이 당황해서 러시아에 투자했던 자금을 일시에 회수하기 시작했습니다. 결국 러시아 국채에 대규모 투자를 했던 LTCM은 1500억 달러를 날리고 파산할 수밖에 없었습니다. 금융 수학자들이 실제 시장의 변동 가능성을 너무 우습게 본 것이죠.

블랙-숄즈 모델과 연관되는 개념 중의 하나가 바로 '아비트라지(arbitrage)'입니다. 영국에서는 5파운드가 10달러에 거래되고, 일본에서는 10달러가 6파운드에 거래되면 아무런 위험 부담 없이 돈을 벌 수 있습니다. 일본에서 10달러를 6파운드로 바꿉니다. 6파운드를 영국에서 12달러로 바꿔 2달러의 차익을 얻습니다. 이런 것을 아비트라지라고 부릅니다. 주가는 1초, 100만분의 1초와 같은 굉장히 짧은 시간에도 계속 변동하는데, 사려는 사람과 팔려는 사람이 부르는 가격 차이를 이용해서 수익을 얻는 방식이 됩니다. 현실에서는 더 복잡한 형태지만 이것은 완전히 계산 능력의 싸움이고, 아주 단시간에 승패가 갈리죠.

전 세계에서 일어나는 단시간의 가격 차이를 수집해 거래하면 소소한 규모의 푼돈을 거대한 규모로 모아서 막대한 이익을 만들 수 있습니다. 한국에서는 100만분의 1초와 같은 짧은 시간 단위의 아비트라지를 허용하지 않습니다만, 정부에서는 빠른 거래(fast trade)라고 부르는 이런 투자 기법을 허용하려는 분위기입니다. 미국에서는 현재 주식 거래의 대부분은 사람들이 아니라 프로그램들이 서로 수행하고 있습니다. 인간은 프로그램을 손보는 일을 할 뿐이죠.

소용돌이치는 시장의 패턴

돈을 버는 데 꼭 노벨상이 필요하지는 않습니다. 뉴욕 주립 대학교 스토니브룩에 한 수학 교수가 있었습니다. 그는 기하학을 전공했는데, 어느 날 학교 도서관에서 남은 삶을 생각해 보았더니 너무 단순하더래요. 일단 교수가 됐으니까 앞으로 남은 인생은 조교수, 부교수, 정교수, 은퇴, 사망입니다. 그래서 학교를 사직하고 주식 투자에 나서서, 현재 65억 달러(약 7조 8000억 원)의 자산을 운용하는 르네상스 테크놀러지라는 펀드를 설립했어요. 그가 바로 제임스 사이먼스(James H. Simons)입니다. 사이먼스는 주가의 등락을 아예 예측할 수 없다고 보았습니다. 주식 시장을 일종의 난류라고 파악해, 여름에 홍수가 나거나 폭우가 내릴 때 하천에 생기는 소용돌이처럼 물의 불규칙한 흐름과 주식 시장의 가격 변동이 유사하다고 생각했어요. 또한 난류나 주식 시장 모두 아주 짧은 시간 동안은 어떤 일정한 움직임, 즉 패턴이 보인다는 점도 같다고 봅니다. 암호 해독가가 극히 단시간 동안의 패턴을 찾으면 그는 가격이 오를 주식을 사서, 순식간에 약간 더 비싸게 파는 식으로 수익을 올립니다.

이런 패턴은 수학적으로 분석, 예측할 수 있지만, 대신 지속 시간이 대단히 짧습니다. 이 패턴을 찾아내는 방식은 암호 해독가의 연구 분야와 일치합니다. 그러므로 암호 해독 기술로 그렇게 큰 성공을 거두었다고 볼 수도 있습니다. 암호 해독이란 남들이 보기에는 아무런 규칙이 없는 대상에서 뭔가 규칙 비슷한 것을 찾는 행위이기 때문이죠. 그래서 사이먼스가 본격적으로 투자 회사를 설립해서 처음 고용했던 사람들은 미국의 정보기관인 국가 안보국(NSA)에서 암호 해독을 담당했던 사람들이라고 합니다. 사이먼스도 한때 NSA에서 암호 해독 임무를 수행했다고 해요.

짜증스러운 암호

앞 강의에서 아마추어가 만들었는데 아직 누구도 풀지 못한 암호는, 대개는 해독할 가치가 없기 때문이라는 말씀을 드렸습니다. 불규칙한 문자나 정보의 나열 속에서 패턴을 찾기는 어렵지만 시간과 비용을 들이면 불가능한 것만도 아닙니다. 따라서 찾아야 할 이유가 있어야겠죠. 일본이 제2차 세계 대전에서 패전한 후에 시미즈 아키히로(淸水明宏), 미야구치 쇼지(宮口庄司)라는 사람이 암호를 개발했습니다. 미국의 암호 체계보다 더 우수하다고 일본 내에서 높은 평가를 얻어 상까지 받았습니다. 일본에서는 드디어 미국과 비슷한 보안 수준에 도달했다고 기뻐했죠. 1989년에 이 암호의 개발자들이 근무한 일본의 통신회사 NTT가 100만 엔의 현상금을 걸고 자신들이 만든 암호를 해독해 보라는 공모를 했습니다. 그 암호 체계의 이름은 FEAL-8 Cryptosystem입니다. 이 상금 공모를 하자마자 이스라엘 바이츠만 연구소(Weizman Institute of Science)에서 이 암호를 해독해 냈다고 발표했습니다.

문제는 이 공모자가 자신들이 고안한 암호가 풀렸다는 사실을 납득하지 못했다는 겁니다. 그래서 1989년에 매년 캘리포니아에서 열리는 세계 암호 학회까지 와서 다시 공모를 했습니다. 여기 참석한 암호학자들은 이스라엘 사람들이 공개한 해독법을 이해했기 때문에, 여러 사람들이 손쉽게 풀었습니다. 저는 해독한 사람들이 현상금을 나눠 가진 줄 알았는데, 정작 약속한 상금을 달라고 한 사람은 아무도 없었다고 합니다. 다들 자기가 어떻게 풀었는지 공개했지만, 해독 방법은 제일 먼저 이스라엘 사람들이 공개한 상태였으니 현상금까지 요청하지는 않았죠. 다만 이 암호가 절대 풀리지 않는 완벽한 체계가 아니라는 사실을 확인시켜 주었습니다.

이미 오래전에 해독법이 공개됐고 그 후로도 많은 사람들이 해독했기 때문에, 아무도 현상금 100만 엔을 가져가지 않았지만 사람들은 이 암호에 관심을 갖지 않게 됐죠. 그러자 2012년에는 마쓰이 미쓰루(松井充)라는 암호 연구자가 이 암호를 개량했다면서 또 다시 'FEAL-8X'라는 새로운 암호를 만들어 현상금을 걸었습니다. 저런 사람들 보면 좀 짜증나죠. 문제를 내고 "이거 풀어 봐." 해서 풀면 "그래, 이건 더 어려우니까 이것도 풀어 봐." 하고 다시 풀었더니 "이번에는 다를 거야. 진짜 더 어렵게 새로 고쳤어."라고 말하는 식이죠. 이런 식으로 굴면 결국은 사람들이 무시하고 아예 상대를 안 하게 됩니다. 게다가 이 사람은 현상금까지 줄였어요. 처음에는 100만 엔, 대략 1만 달러였는데, 두 번째 현상금은 1,500달러더군요. 그것도 영향을 미쳤는지 이 새로운 암호를 해독했다는 이야기는 아직까지 듣지 못했습니다. 마쓰이는 자기가 만든 암호를 누구도 못 풀었다고 죽을 때까지 믿을지 몰라도, 실은 아무도 관심이 없어서 해독하지 않은 거예요. 아무도 해결할 수 없는 문제 중에는 이렇게 풀 가치가 없어서 버려진 경우가 의외로 종종 있습니다.

말해서는 안 되는 암호

알고 보니 이 암호가 버려진 과정에는, 숨겨진 배경이 있었습니다. 이스라엘의 연구진이 암호를 처음 해독했는데, 바이츠만 연구소에 소속된 엘리 비함(Eli Biham)과 아디 샤미르(Adi Shamir) 두 사람이 그 방법을 논문으로 썼습니다. 마쓰이는 처음에 'FEAL-8 Cryptosystem'을 개발했을 때 당시의 미국에서 사용하던 암호인 DES보다 더 우수하다고 주장했죠.

일본의 FEAL과 미국의 DES의 차이는 이렇습니다. 미국 암호에는 문서와 관계없는 512개의 고정된 난수가 들어 있습니다. 그것으로 암호문을 만드는데 512개의 숫자를 컴퓨터 칩에 저장하려면 메모리를 사용해야 하고, 또 지정된 숫자들의 안전성에 대한 의문이 DES 개발 단계에서부터 제기됐습니다. 물론 일부러 NSA가 해독하기 쉽게끔 만들었다는 이야기도 있었죠. 일본의 FEAL에는 그런 난수가 없었고, 원문을 빠르게 변환해서 난수로 사용한다는 구상이었습니다. 예를 들면 "I still remember your letter."를 암호문으로 만드는데 "I still"을 사용해서 "remember your"를 암호문으로 바꾼다는 것입니다. 그러면 칩의 메모리 문제가 사라지고, 시간 들여서 512개의 숫자를 찾아볼 필요도 없습니다. 하지만 해독당하기 쉬워지는 치명적인 문제가 있죠.

일본 암호를 해독한 두 사람은 이것이 당시에 알려진 미국의 암호 체계보다 수준이 낮다는 사실까지 분명히 밝혔습니다. 그러자 50년 전에 미국에서 DES 암호를 개발했던 돈 코퍼스미스(Don Coppersmith)가 "그런 해독 방식은 이미 오래전에 알려져 있었다."라고 선언합니다. 게다가 알고 보니 이 사람도 이런 해독 방법을 처음 발견한 사람은 아니었습니다. 그들은 컴퓨터 회사인 IBM에 근무하고 있었는데, 암호를 개발했더니 NSA에서 "제법 괜찮은 암호를 개발했는데, 사실은 오래전에 우리가 완성해서 국가 기밀로 분류한 사항이다."라는 말을 들었다고 합니다. 일종의 입막음인 셈이죠. 이런 사례를 보면 암호가 우리가 생각하지 못하는 곳에서 오래전부터 꾸준히 발달해 왔다는 사실을 확인할 수 있습니다. 암호는 결국 현실의 문제이기에 그 존재 자체마저 감추고, 국가와 기관들의 중요 기밀들을 보안하는 수단으로 사용되어 온 것이죠.

카이사르 암호의 허점

앞에서 보신 바이츠만 연구소의 논문 제목에는 맨 앞에 차분 (differential)이라는 단어가 있습니다. 암호학에서 중요한 개념 중 하나이므로, 간단히 짚고 넘어가겠습니다. 아래의 그림은 고대 로마 시대의 인물이었던 가이우스 율리우스 카이사르(Gaius Julius Caesar)가 만든 암호입니다. 이 규칙은 무조건 원래 글자에서 알파벳 순서로 3자씩 뒤로 가는 것인데요. 예를 들어 A는 D로, B는 E로 바꿔 적는 것입니다. 차분이란 원문에서 글자들 사이에 있었던 차이점이 암호문에서도 그대로 유지된다는 의미예요. 카이사르의 경우에는 그 변하는 규칙이 3칸 뒤로 가는 것이었죠.

그래서 결정적인 문제가 발생합니다. 원문 LIKE는 모두 3칸씩 움직이면 암호문 OLNH가 됩니다. 원문 LOVE는 암호문 ORYH가 됩니다. 한 쌍의 암호문 OLNH와 ORYH에서 무엇을 알 수 있을까요? 1쌍의 원문에서 처음 글자(O)가 같고, 마지막 글자(H)에서도 원문이 같습니다! LN과 RY를 비교하면 2번째 글자가 L과 R이므로 원문에서 두 글자의 차이는 6(L-M-N-O-P-Q-R)입니다. 이런 식으로 두 암호문의 차이를 모아서 비교

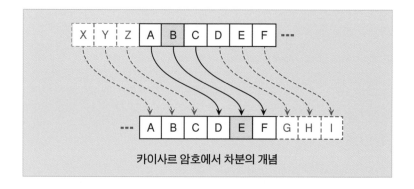

카이사르 암호에서 차분의 개념

하면, 결국 원문을 추측할 수 있죠. 당연히 이 암호는 안전하지 않습니다. 현대 암호는 원문의 차이가 같아도, 즉 A와 C, F와 H, L과 N처럼 모두 차이가 2일지라도, 암호문에서는 T와 S, B와 X, O와 Q처럼 차이가 제멋대로 나타나야 합니다.

국가가 통제하는 암호

이미 오래전부터 현실화되었던 암호 기술이 국가적인 이유 때문에 상용화되지 못하고 감춰진 사례도 있습니다. 바로 휴대 전화입니다. 아시는 분도 계시겠지만, 휴대 전화에도 암호 기능을 장착할 수 있습니다. 사실 음성 통화는 데이터 소비량이 굉장히 적습니다. 초당 몇 킬로바이트면 충분합니다. 그러므로 휴대 전화의 통화 과정에 암호를 걸어서 제3자의 도청을 막는 것은 기술적으로 어렵지 않습니다.

실제로 휴대 전화에 자체적으로 개발한 암호 칩을 부착해서 훨씬 더 비싸게 판매하는 업체도 있습니다. 이런 기기를 비화기(秘話器)라고도 부르는데요. 하지만 이러한 통신 수단이 널리 쓰이게 되면 국가 안보나 치안상의 혐의를 수사하는 국가 기관의 활동이 크게 어려워진다는 문제도 발생할 수 있겠죠. 이 기능이 휴대 전화에 기본적으로 탑재되지 않는 이유 중 하나입니다.

7시간의 위력

이제 암호에 대해 좀 더 체계적으로 살펴보겠습니다. 역사상 가장 오래된 암호문은 이집트 유적에서 발견됐어요. 아래와 같은 방식은 중, 고등학생들도 쉽게 만들 수 있는 암호입니다. 글자가 세로로 늘어선 상태에서는 뜻을 알 수 없는 암호문이죠. 하지만 이것을 봉에 감아서 가로로 읽으면 문장의 뜻이 드러납니다. 말하자면 순서만 전부 바꿨고 글자 자체를 바꾼 것은 아닙니다. 원문을 가로로 읽으면 Send more troops to southern flank and……가 되고 암호문은 세로로 읽으면 stsf erol noua dotn mphk osea rtrn eond……가 됩니다.

하지만 이렇게 순서만 바꾸다 보면 좀 더 자주 나오는 글자가 있겠죠.

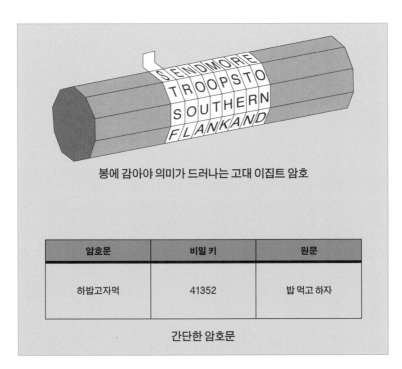

봉에 감아야 의미가 드러나는 고대 이집트 암호

암호문	비밀 키	원문
하밥고자먹	41352	밥 먹고 하자

간단한 암호문

한국어의 경우에는 '다', '고' 정도일 것입니다. 그러므로 글자들의 위치를 서로 바꾸더라도, 잘 살펴보면 원래 문장을 끼워 맞출 수 있습니다. 자주 나오는 글자와 그렇지 않은 글자를 쉽게 판단할 수 있으니까요.

이것도 좀 더 긴 비밀 키를 사용하고 빈 칸을 넣는 등의 변화를 주면 암호가 상당히 어려워지는데요. 1940년대에는 이런 방식의 암호로도 전쟁 중에 7시간가량 비밀을 유지할 수 있었다고 합니다. 적군이 해독하는 데 반나절 정도 걸린 셈이죠. 매우 긴박한 전시에도 그 정도의 해독 시간이 걸리는 암호라면 일반인들은 사실상 풀 수 없다는 의미이기도 합니다. 숙련된 암호 전문가들만이 풀 수 있죠. 뒤에 실린 비밀키가 적용된 암호문의 경우에 가로로 읽어낼 수도 있지만, 1에 해당하는 세로줄로 '나이사러길다합', 이어서 2에 해당하는 세로줄로 '놀스서을와심다'와 같이 읽는 방향을 바꿔서 암호문을 구성할 수도 있습니다.

모국어가 암호 해독의 열쇠다

요즘에도 일요일자 영자 신문을 보면 뒤에 만화들이 실린 면 한 구석에서, 빈 칸에 넣을 철자를 맞추는 그림을 보실 수 있습니다. 언뜻 보면 암호 같지만, 실은 그보다는 쉬운 수수께끼입니다. 띄어쓰기는 다 맞게 되어 있어요. 각 알파벳들만 다른 자로 바뀌었죠.

그럼 한번 풀어 보죠. 먼저 F는 무엇일까요? A겠죠. 한 칸만 있는 곳에 F가 있으니 말입니다. 그다음에 QR은? QR이 될 수 있는 것은 is, to, of, an, 대략 이런 식이겠죠. 이런 수준의 암호는 하다 보면 금방 풀 수 있습니다. 영어에서 가장 자주 나오는 단어는 뭘까요? the입니다. 얼마나 많이

나	놀	랑	야	자	지	혜
1	2	3	4	5	6	7
이	스	언	사	북	오	늘
사	서	에	판	어	스	출
러	을	분	여	위	린	이
길	와	을	면	주	해	서
다	심	진	니	으	셨	습
합	다	니	사	.	로	감

비밀 키가 적용된 암호문

지	혜	야	나	랑	놀	자
6	7	4	1	3	2	5
오	늘	사	이	언	스	북
스	출	판	사	에	서	어
린	이	여	러	분	을	위
해	서	먼	길	을	와	주
셨	습	니	다	진	심	으
로	감	사	합	니	다	.

비밀 키로 해독한 암호문

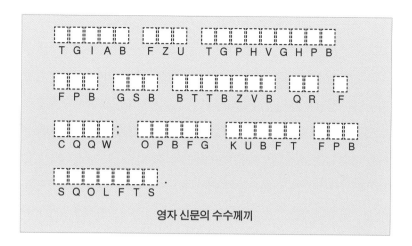

T G I A B F Z U T G P H V G H P B

F P B G S B B T T B Z V B Q R F

C Q Q W ; O P B F G K U B F T F P B

S Q O L F T S .

영자 신문의 수수께끼

나오는가 하면 the 때문에 T가 굉장히 자주 나와요. 그리고 H는 생각만큼 자주 나오지 않는 글자인데 the 때문에 덩달아서 제법 나와요. 이 수수께끼의 해는 'STYLE AND STRUCTURE ARE THE ESSENCE OF A BOOK; GREAT IDEAS ARE HOGWASH'입니다.

위의 영자 신문의 암호를 KAIST에서 수업 시간에 학생들에게 시켜 보기도 합니다. 대략 1~2시간 정도를 주고 사전까지 가지고 풀어 보라고 하면 간혹 1~2명 정도는 강의 시간 안에 해독을 합니다. 과제로 부여하면 그날 저녁까지 또 2~3명이 해 냅니다. 상당수의 학생들은 대략 2~3일 정도 걸립니다. 물론 영어를 모국어로 하는 사람들 중에는 필기도구도 없이 신문을 보면서 10분 만에 눈으로 풀어내는 경우도 있죠. 모국어 여부는 암호 해독 능력에 상당한 영향을 미치는 요인입니다. NSA에서는 다양한 언어의 전문가들까지도 채용하죠. 물론 이곳은 보안 요구 사항이 엄격해서 지원자 본인뿐만 아니라 부모와 형제 모두가 미국 시민권자여야 합니다.

긴 암호일수록 해독하기 쉽다

암호학을 공부하다 보면 정보 수학과 만나는 지점이 생깁니다. 앞과 같은 방식의 암호문이 대량 축적되면 도수 분포표를 작성해서 해독해 낼 수도 있어요. 아마추어가 만든 암호도 해독하기 어려운 경우가 있는데, 그 이유 중 하나는 암호문의 분량이 충분하지 않아서입니다. 예를 들어 암호문이 세 글자뿐이라면 해독할 수 없습니다. 수많은 세 글자 단어 중 원문이 무엇일지 예상할 수 없기 때문이죠. 반면에 1페이지를 채운 암호문이라면 이것이 뜻이 통하도록 해독되는 방법은 한 가지뿐입니다. 왜냐하면 여러 줄에 걸친 암호문에서 첫 번째 문장을 뜻이 통하게 해독했을 때, 그 뒤에 이어지는 문장들도 계속 뜻이 통하게 만들 수 있는 방법이 복수로 존재하기는 거의 불가능합니다. 간단히 말해 서로 다른 암호문들을 이어서, 동시에 의미가 통하게 할 수 있는 방법은 하나만 존재한다는 뜻입니다.

독자 여러분들도 어렸을 때, 셜록 홈즈나 괴도 루팡 같은 소설, 혹은 축

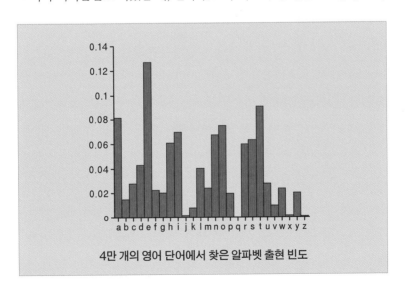

4만 개의 영어 단어에서 찾은 알파벳 출현 빈도

약한 동화를 보셨을 거예요. 암호에 대한 가장 기초적인 이미지를 가진 계기이기도 했겠죠. 그중 코난 도일(Conan Doyle)의 셜록 홈즈 시리즈 중에서 「춤추는 사람 그림」이라는 작품에 아래와 같은 암호가 나옵니다. 이 소설을 읽어 보신 분은 잘 아시겠지만, 언뜻 보기에는 난해해 보여도 그리 어려운 암호가 아니죠. 어쩌면 외계인이 한글을 보더라도 이 그림을 처음 볼 때처럼 서로 구별하기 어렵겠죠. 아랍 문자를 볼 때 그런 당황스러움을 느낄 수도 있죠. 하지만 이것도 가장 자주 나오는 그림부터 뽑아서 알파벳에 대입하면 금방 실마리가 드러납니다. 게다가 그림의 종류를 잘 세어서 서로 다른 그림의 개수가 30개가 되지 않는다면 알파벳이라고 추측하기가 더 쉽겠죠.

『군사 암호학(Military Cryptanalysis)』은 방금 보신 것보다 훨씬 본격적인 수준의 암호학 서적입니다. 현재 일반인들이 접할 수 있는 가장 높은 단계의 지식이 담겼습니다. 이 책은 1940년대에 독일, 일본과 전쟁 중이던 미국에서 암호 특기병들을 교육시킨 교재였어요. 이제는 기밀문서에서 해제되어서 아마존 같은 사이트에서 쉽게 구해 볼 수 있습니다. 당연한 얘기지만 이쪽에 취미가 없는 사람이 읽기에는 무척 복잡해요. 틈틈이 심심파적으로 할 수준이 아니고, 2~3개월은 꼬박 이것만 해야 이해할

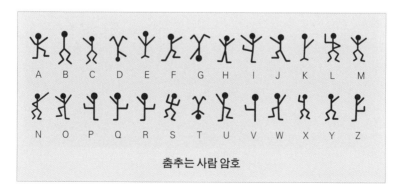

춤추는 사람 암호

수 있는 수준입니다. 그러니까 제2차 세계 대전 중에 대략 3개월 정도 이 책으로 교육을 받아야 했던 암호 특기병들은 대단히 고생했겠죠. 수학과 출신이라면 그나마 많이 나았을 거예요.

잡음 속의 암호

암호의 목적은 간단합니다. 암호의 복호화 방법을 모르는 사람이 볼 때는 규칙이 없는 것처럼 보여야 해요. KAIST에서 강의할 때도 2~3년에 1명꼴로 진도가 어느 정도 나간 뒤에도, "실제로 사용하는 암호문을 보여 달라."라고 말하는 학생이 있습니다. 정말 답답한 소리죠. 다시 말하지만 암호의 목적은 원문의 모든 통계적 특성을 완전히 소거하는 것입니다. 원문의 글자 수는 물론이고, 원문에서는 동일한 단어일지라도 매번 다른

잡음과 암호가 구별되지 않는 상태

암호문으로 바꾸려고 합니다. 휴대 전화의 통화 내용은 잡음처럼 들려야 하고, 그림의 경우에는 마치 동물들이 마구 짓밟고 지나간 것처럼 보여야 합니다. 왼쪽의 그림이 그런 사례 중 하나입니다.

우리가 보통 컴퓨터에서 사용하는 난수 생성기 정도로는 암호 전문가들이 정한 기준을 충족시키지 못합니다. 우리가 눈으로 봐서 암호문이라고 알아챌 수 있다면 그것은 이미 암호로서 실격이에요. 진짜 아무 규칙도 없는 잡음만 가득한 것처럼 보여서, 이것이 암호라고 단언할 수 없는 상태여야만 요즘 사용하는 수준의 암호인 것입니다. 누구도 규칙을 쉽게 인식할 수 없는 상태이기 때문이죠.

그림에 감춘 비밀

지금까지 2가지 암호 구성 방식을 보았어요. 하나는 글자의 위치를 바꾸는 것이었고, 다른 하나는 글자 자체를 바꾸는 것입니다. 영자 신문에서는 A를 F로 바꿨죠. 그러면 이렇게 생각할 수도 있겠죠. 암호의 존재 자체를 감추면 해독하려고 덤비지도 않을 것입니다. 이런 방법을 스테가노그래피(steganography)라고 합니다. 스테가노는 "감춘다."라는 뜻이에요. 다음의 고양이 그림은 스테가노를 적용한 것입니다.

문서 파일 하나를 저 그림 속에 감췄습니다. 이렇게 생각하면 아주 편리하고 효과적인 방식처럼 보이는데, 근본적인 문제가 있어요. 어떤 파일을 암호화시켜 스테가노를 적용할 때, 원본 파일을 송신자와 수신자 모두가 지녀야 한다는 점입니다. 그래야 문서 파일을 감춘 그림과 감추기 전의 원본이 어디가 어떻게 다른지 비교해서 메시지가 숨어 있다는 사실을

평범한 사진 속에 암호를 감출 수도 있다.

알겠죠. 발신자는 그림 원본과 암호의 원문을 함께 보유해야 그림을 조금 수정할 수 있고, 수신자는 그림 원본을 지녀야만 수정된 그림을 받아서 두 그림을 비교해 원문을 찾아낼 수 있다는 점이 이 방식의 한계입니다.

이 고양이 사진은 적색(Red), 녹색(Green), 청색(Blue)의 비율로 구성된 픽셀들이 모여 이루어진 것입니다. 오른쪽에서 RGB(Red, Green, Blue)의 비율이 픽셀에 따라 어떻게 다르게 부여되는지 보실 수 있습니다. 각 R, G, B 옆에 적힌 숫자는 각 색깔의 2진수값입니다. 오른쪽에 보시면 RGB 가 하나로 모였을 때, 각각의 값이 10진법으로 풀어서 적혀 있습니다. 만약 적색, RED의 값을 218이 아니라 219로 바꾸면 컴퓨터는 차이를 인지하지만 사람은 눈으로 구별할 수 없습니다. 이런 식으로 암호의 존재를 감추는 거죠. 하지만 상대가 이 그림의 어디를 조사하면 되는지 알면 순식간에 해독당하겠죠.

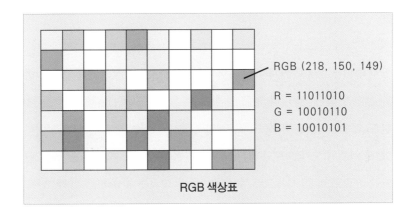

RGB (218, 150, 149)

R = 11011010
G = 10010110
B = 10010101

RGB 색상표

우리가 실종되거나 도주한 사람을 찾을 때를 생각해 보시면 좀 더 쉽게 이해할 수 있을 거예요. 찾으려는 사람이 "한국에 있다."라는 사실을 알아도 그것만으로는 찾을 수가 없습니다. 하지만 "친구 집에 있다."라는 말을 들었다면 온, 오프라인의 지인 목록을 뒤져서 금방 범위를 좁힐 수 있겠죠.

스테가노는 우리에게 익숙한 워터마크와는 다른 개념입니다. 워터마크는 진품과 위조품을 구별하거나, 저작권을 보호하기 위해 정보가 계속 남아 있도록 하는 것이지 그 정보를 감추는 수단이 아닙니다. 우리가 쓰는 5만 원짜리 지폐 안에 신사임당의 워터마크가 들어 있는데, 한국 조폐 공사에서 만든 진짜 화폐가 거의 확실하다고 보장해 주는 의미가 있습니다. 어떤 음악 파일을 복사해서 옮길 때 음질이 조금 낮아지더라도, 그 속에 이 노래를 부른 가수와 작사, 작곡한 사람의 저작권 정보는 사라지지 않고 남아 있는 것이 워터마크입니다. 스테가노는 점 하나만 바꿔도 원문 자체가 함께 바뀌지만, 지폐는 좀 구겨져도 자판기에 들어가지 않는 경우가 거의 없습니다. 오래된 화폐라도 대부분은 문제없이 들락날락하죠. 지폐들에 워터마크가 있기 때문입니다.

난수표의 사용법

이제 난수표에 대해서 알아볼까요. 과거의 난수표는 왼쪽에 보시는 바와 같은 방식이었습니다. 원문을 암호문으로 바꿀 때 H는 알파벳에서 9번 뒤로 옮겨서 T로 바꾸고, E는 9번 뒤로 옮겨서 N으로 바꾸는 것입니다. 쭉 기재된 숫자를 이용해서 모든 글자를 이번에는 7번, 다음에는 2번 이런 식으로 바꿉니다. 그래서 저렇게 많은 숫자가 필요하죠. 만약 "난수표의 12페이지를 사용하세요."라고 하면 그 페이지를 한번 쓰고 버리는 식입니다.

하지만 모두 사용한 후에는 난수표를 새로 받아야 하므로, 예를 들어 과거에는 9972 3546 8847을 반복해서 사용했습니다. 즉 9972 3546 8847 9972 3546 8847 9972 3546 8847 9972 3546 8847……을 (가짜) 난수표라고 치고 사용했던 것입니다. 9972 9972 9972……을 사용하면 약하고, 9972 3546을 반복하면 조금 강해지고, 9972 3546 8847 2169를 반복하면 더 강해지는 거죠. 아마추어 중 최고 수준이라면 숫자 16개가 반복해서 사용되는 암호를 몇 년에 걸쳐서 해독해 낼 수 있을 것입니다.

9972	3546	8847	2189	6416
8776	7609	9640	2797	8745
1486	1097	3663	8706	8856
6784	3971	8774	5329	1701
3094	8072	9963	6095	3067
6623	2154	4198	1006	8119
2577	6661	6385	4078	8375
3140	1007	5124	6694	2286
3417	5284	8695	5358	2939
1100	8174	1193	4367	6439
5888	9937	9070	9235	1928
1083	6705	6386	7586	4176
9251	3963	8298	4833	8509
4855	1479	4400	1856	5829
8406	2884	5755	4423	5759
9622	7471	7621	7161	2510
6801	5532	2349	1795	8431
9716	8666	1702	7767	8580
6680	3489	4067	9472	2046
3017	5816	8957	9492	3310
1300	3537	1172	8044	8356
9580	2429	1828	3036	5332
8939	1620	4881	9340	8842
6197	3173	3625	1211	2403
2482	8011	9177	5980	9657
1508	4605	1328	7085	7245
6318	4945	6175	3289	5149
7072	5267	8988	9431	4801
4887	1798	2582	9888	3050
5549	4192	3349	8545	2479
9101	5675	4907	4840	5403
9573	7091	6438	2430	9888
4415	4709	1688	2537	4060
5360	5154	5513	6922	4646
1415	8225	4033	6453	7406
7479	4616	3757	7184	1951
1822	6044	8516	5468	5535
4876	4171	2330	1123	5953
5576	4373	7410	2572	1530

난수표

CIA의 명물 암호, 크립토스

뒤의 그림은 미국의 중앙 정보국(CIA) 본부에 있는 암호 조각상 크립토스(Kryptos)의 해독된 암호와 키입니다. 아직도 해독이 안 됐습니다. 인터넷에서도 쉽게 정보를 찾을 수 있을 정도로 유명한 암호이고, 대단히 많은 사람들이 여전히 해독하려고 시도하는데 아직 완전히 풀리지 않았습니다. 미국의 짐 샌번(Jim Sanborn)이라는 조각가가 CIA에서 암호를 교육하다 은퇴한 요원에게서 1개월 정도 암호 제작법을 배우고 CIA로부터 비용을 지원받아 이 조각상을 제작했습니다. 암호는 전부 조각가 혼자서 구성했어요. 전체가 4개 파트로 나뉘어 앞뒤에 빼곡히 암호가 새겨져 있습니다. 이 중에서 파트 1, 2, 3은 해독이 됐고 파트 4만 미해결 상태죠. 1990년에 공개된 이래 지난 26년 동안 전산학과 교수도 하나 풀었고, CIA에서 암호 해독을 하는 요원들도 개인적으로 시도했는데, 아직 파트 4만 아무도 풀지 못했습니다. 이 암호가 워낙 유명해져서 혹시 조각상 어디에 힌트가 있지 않을까 해서 버지니아 주의 CIA 본부에 견학 신청을 하는 사람들도 무척 많았다고 합니다. 그래서 CIA에서는 아예 홈페이지에 조각상 전체를 올려 두기도 했습니다.

내용을 간단히 소개하면, 파트 1은 이집트에 있는 투탕카멘 왕의 피라미드와 그것을 발견한 과정에 대한 이야기였고, 파트 2는 지도상의 어떤 위치를 표시하고 있었는데 알고 보니 CIA 뒷마당 근처였다고 합니다. 파트 3은 그 장소와 관련된 비밀은 예전에 CIA에서 근무했던 어느 사람이 안다는 내용이 숨어 있었고, 이 4번까지 전부 해독하면 그 속에 또 다시 수수께끼가 하나 있을 것이라고 이 암호를 만든 조각가가 말했습니다.

재밌는 사실은, 사람들이 파트 4를 해독하지 못하니까 조각가가 본인

```
EMUFPHZLRFAXYUSDJKZLDKRBSHGNFIVJ
YQTQUXQBQVYUVLLTREVJYQTMKYRDMFD
VFPJUDEEH ZWETZYVGWHKKQETGFQJNCE
GGWHKK?DQMCPFQZDZMMIAGPFXHQRLG
TIMVMZJANQLVKQEDAGDVFRPJUNGEUNA
QZGZLECGYUXUEEBJTBJLBQCRTBJDFHRR
YIZETKZEMVDUFKSJHKFWHKUWQLSZFTI
HHDDDUVH?DWKBFUFPWNTDFIYCUQZERE
EVLDKFEZMOQQJLTTUGSYQPFEUNLAVIDX
FLGGTEZ?FKZBSFDQVGOGIPUFXHHDRKF
FHQNTGPUAECNUVPDJMQCLQUMUNEDFQ
ELZZVRRGKFFVOEEXBDMVPNFQXEZLGRE
DNQFMPNZGLFLPMRJQYALMGNUVPDXNKP
DQUMEBEDMHDAFMJGZNUPLGEWJLLAETG

ENDYAHROHNLSRHEOCPTEOIBIDYSHNAIA
CHTNREYULDSLLSLLNOHSNOSMRWXMNE
TPRNGATIHNRARPESLNNELEBLPIIACAE
WMTWNDITEENRAHCTENEUDRETNHAEOE
TFOLSEDTIWENHAEIOYTEYQHEENCTAYCR
EIFTBRSPAMHHEWENATAMATEGYEERLB
TEEFOASFIOTUETUAEOTOARMAEERTNRTI
BSEDDNIAAHTTMSTEWPIEROAGRIEWFEB
AECTDDHILCEIHSITEGOEAOSDDRYDLORIT
RKLMLEHAGTDHARDPNEOHMGFMFEUHE
ECDMRIPFEIMEHNLSSTTRTVDOHW?OBKR
UOXOGHULBSOLIFBBWFLRVQQPRNGKSSO
TWTQSJQSSEKZZWATJKLUDIAWINFBNYP
VTTMZFPKWGDKZXTJCDIGKUHUAUEKCAR

ABCDEFGHIJKLMNOPQRSTUVWXYZABCD
AKRYPTOSABCDEFGHIJLMNQUVWXZKRYP
BRYPTOSABCDEFGHIJLMNQUVWXZKRYPT
CYPTOSABCDEFGHIJLMNQUVWXZKRYPTO
DPTOSABCDEFGHIJLMNQUVWXZKRYPTOS
ETOSABCDEFGHIJLMNQUVWXZKRYPTOSA
FOSABCDEFGHIJLMNQUVWXZKRYPTOSAB
GSABCDEFGHIJLMNQUVWXZKRYPTOSABC
HABCDEFGHIJLMNQUVWXZKRYPTOSABCD
IBCDEFGHIJLMNQUVWXZKRYPTOSABCDE
JCDEFGHIJLMNQUVWXZKRYPTOSABCDEF
KDEFGHIJLMNQUVWXZKRYPTOSABCDEFC
LEFGHIJLMNQUVWXZKRYPTOSABCDEFCH
MFGHIJLMNQUVWXZKRYPTOSABCDEFCHI

NGHIJLMNQUVWXZKRYPTOSABCDEFCHIJL
OHIJLMNQUVWXZKRYPTOSABCDEFCHIJL
PIJLMNQUVWXZKRYPTOSABCDEFCHIJLM
QJLMNQUVWXZKRYPTOSABCDEFCHIJLMN
RLMNQUVWXZKRYPTOSABCDEFCHIJLMNQ
SMNQUVWXZKRYPTOSABCDEFCHIJLMNQU
TNQUVWXZKRYPTOSABCDEFCHIJLMNQU
UQUVWXZKRYPTOSABCDEFCHIJLMNQUVW
VUVWXZKRYPTOSABCDEFCHIJLMNQUVWZ
WVWXZKRYPTOSABCDEFCHIJLMNQUVWXZ
XWXZKRYPTOSABCDEFCHIJLMNQUVWXZ
YXZKRYPTOSABCDEFCHIJLMNQUVWXZKR
ZZKRYPTOSABCDEFGHIJLMNQUVWXZKRY
ABCDEFGHIJKLMNOPQRSTUVWXYZABCD
```

크립토스의 암호와 키

이 죽을 때까지 암호가 해독되지 않을지도 모른다고 걱정해서 계속 힌트를 주고 있어요. 지금까지 11글자의 풀이인 'Berlin clock'을 힌트로 주었습니다. 하지만 아직까지 해독하지 못한 상태입니다. 이 암호는 분량이 짧고 단순해서 해독하기가 어렵고, 4개 파트를 암호문으로 작성한 방식이 조금씩 다릅니다. 물론 그 방식은 여러분들이 지금까지 배운 암호 제작 기법들을 조금씩 바꾸고, 조합한 것입니다. 그래서 저는 학사 과정에서 졸업 연구를 시킬 때나, 혹은 석사 과정에서 적당히 공부하고 취직하려는 학생들에게 이 암호를 과제로 내기도 하는데, 대부분은 1~2달 정도 하다가 포기하고 맙니다. 한 학생이 미해결 상태인 4번 부분을 열심히 해보더니, 내 길이 아니다 싶었는지 로스쿨로 진로를 바꿔서 지금은 변호사를 하고 있어요.

도둑의 입장에서 생각하기

이제 이번 강의도 막바지에 다다랐습니다. 영어에는 알파벳이 26개 있습니다. 앞에서 알파벳 A를 F로 바꾼 것처럼 알파벳 철자들을 전혀 다른 철자로 바꾸는 방법의 가짓수는 1부터 26까지 차례로 모두 곱한 $26! = 403,291,461,126,605,635,584,000,000$입니다. 하지만 사람들은 일요일 아침에 밥 먹으면서 신문 보다가도, 이런 철자 암호를 쉽게 풀어낼 수 있다고 말씀드렸습니다. 우리가 도둑의 입장에서 암호를 해독했다고 볼 수 있어요. 어떤 집에서 도어락에 5자리 비밀번호를 쓴다고 가정해 봅시다. 비밀번호가 5자리라면 일단 숫자를 5번 누르는 거죠. 이 도어락을 잘 보면 손때가 많이 묻은 숫자 5개를 대부분 찾을 수 있겠죠. 이것을 조합해서 만들 수 있는 모든 경우의 수는 5!=120개뿐이죠. 5자리 숫자의 비밀번호니까 경우의 수는 총 10만 개라고 생각할 수도 있지만, 도둑의 입장에서 보면 다 찾을 필요 없이, 가장 많이 쓴 것 같은 숫자 5개만 찾아서 120개의 경우를 맞춰 보면 되겠죠. 신문에 있는 알파벳 암호를 찾는 방법도 역시 알파벳의 위치나 빈도수를 고려해서 경우의 수를 최대한 줄여 시작하는 것입니다. 만약 집 주인이 현관에 5자리, 안방에 5자리의 도어락을 설치했다면 도둑은 현관에서 120개를 뒤져보고 안방에서 120개를 뒤지면 됩니다. 합이 240개지요. 하지만 주인이 현관에 10자리 도어락을 설치했다면 도둑은 10!=362만 8800개를 뒤져야 합니다.

요즘에는 주민 등록 번호 같은 개인 정보를 웹사이트 등에 저장할 수 없게 되어 있습니다. 여러분이 구글에서 주민 등록 번호, 휴대 전화 번호를 검색어로 입력해도 요즘에는 거의 나오지 않습니다. 그런데 중국에 갔을 때 칭화 대학교에 유학 중인 학생들을 만났더니 그럴 필요가 없다고 하더군요. 아마 그 학생들도 중국 학생들에게 배웠겠죠. 주민 등록 번호라는 단어 대신 그냥 아무 생년월일이나 검색하는 거예요. 예를 들어서 88년 1월 5일생을 찾고 싶으면 880105라고 입력해서 그날에 해당하는 주민 등록 번호나, 그날이 생일인 사람의 휴대 전화 번호까지 볼 수도 있어요. 중국의 해커들이 한국의 주민 등록증을 위조할 때도 원하는 연도만 정하면, 이런 식으로 적당한 번호를 쉽게 찾아내는 겁니다. KAIST의 정보 보호 대학원에 계시는 김용대 교수가 이런 정보 보안 문제가 답답해서 홈페이지를 직접 개설해서 글을 올리기도 했는데, 제목이 바로 「도둑의 입장이 되어서 생각하라」였어요. 여러모로 의미가 있죠.

이제 이번 강의의 내용을 정리해 보도록 하겠습니다. 암호를 작성하는 3가지 기본 방식을 말씀드렸어요. 글자들의 위치를 바꾸는 방법, 글자를 다른 글자로 바꾸는 방법, 암호가 있다는 사실 자체를 감추는 방법이 있었습니다. 그리고 가장 안전하지만 동시에 사용하기 불편한, 1회용 난수표를 사용하는 방법을 말씀드렸죠. 난수표는 글자를 다른 글자로 바꾸는 수단인데, 그 규칙이 계속 변화하는 것이죠. 그리고 암호가 있다는 사실 자체를 감추는 스테가노 방식은 저작권 보호를 위한 워터마크와는 다른 개념이라고 이야기했습니다.

이번 강의에서 말씀드린 암호의 개념을 갖추면 3강에서 이야기할 클로드 앨우드 섀넌(Claude Elwood Shannon)의 구상이 보다 쉽게 이해되는데요. 글자의 위치를 바꾸고 나서 다시 다른 글자로 바꾸는 식으로 쉬운 방식의 암호를 계속 합성하면, 더 어려운 암호가 나올 수 있다는 내용입니다. 이와 함께 공개 열쇠 암호의 개념, 양자 암호에 대한 일반적인 오해, 그리고 미국 정부 등이 민간인들의 인터넷 정보, 휴대 전화, 이메일과 같은 개인 정보를 무차별 사찰한다는 사실을 폭로한 에드워드 조지프 스노든(Edward Joseph Snowden)의 경고를 말하겠습니다.

3강

세계를 뒤흔드는 수학

암호와 수학, IT의 관계를 다룬 제 강의도 마지막 차례입니다. 이 3회의 강의가 현실에서 사용되는 기술과 이론에 대해 독자 여러분들이 다시 생각하는 계기가 되기를 바랍니다. 아무리 의도가 좋고, 체계가 정교한 이론이나 주장일지라도 현실에서 유용하지 못하면 결국은 도태될 수밖에 없습니다. 과거부터 현재까지 좀 더 확실히 비밀을 감추고 정보를 지키기 위해 꾸준히 발달해 온 암호에서, 우리는 현실과 수학의 관계를 가장 잘 확인할 수 있죠.

먼저 앞 강의에서는 난수표에 대해 배웠습니다. 원칙적으로 난수표를 해독할 수 없는 이유는 규칙 없이 변하기 때문입니다. 이어서 암호를 해독하기 어려운 이유 혹은 조건을 보았죠. 우리가 지금까지 해독하지 못한 암호들 중 상당수는 우리가 그것의 제작 방식을 모를 뿐만 아니라, 분량 자체가 짧습니다. 서로 다른 비밀번호를 사용해도 똑같은 원문이 나올 수 있기 때문에, 원칙적으로는 그 암호문을 해독할 수 없는 겁니다.

여러분들이 일상에서 가장 빈번하게 사용하는 암호는 단연 현금 지급기에서 누르는 카드의 비밀번호일 것입니다. 보통 사람들은 저마다의 은행, 계좌 번호, 자신의 이름을 사용합니다. 돈을 찾는 시간과, 인출하는 액수만 달라질 뿐입니다. 따라서 거의 똑같은 내용의 원문이 주기적으로 암호화되어 은행의 컴퓨터로 가는 거죠. 그래서 대단히 어려운 암호문으로 변환하지 않으면, 이것이 노출되었을 때 금방 해독되어 무단으로 현금이 인출될 수도 있는 것입니다.

현실적으로 해독하기 어려운 암호들은 많이 있어요. 지금도 일반적으로 사용하는 대부분의 암호들은 제3자가 해독하지 못합니다. 현재 세계적으로는 2진법으로 4,096비트 공개 열쇠 암호가 널리 사용됩니다. 이것은 10진법으로 1,200자리 정도의 숫자를 사용하는 암호입니다. 해커들을 도와주기 위해서는 아니겠지만, 한국은 이 절반인 2,048비트 암호를 사용하고 있습니다. 그나마 이것도 최근에 바뀌었죠. 국정원의 민간인 도청 논란을 일으킨, 이태리 해킹 팀과 교신한 devilangel1004@gmail.com라는 메일 역시 2,048비트로 암호화된 이메일을 주고받았습니다.

마지막으로 3가지 암호 방식을 말씀드렸습니다. 먼저 스테가노가 있었죠. 암호의 흔적을 감춰서 잡음과 암호를 구별할 수 없게 하는 것이었죠. 이 외에 2가지 암호 방식이 더 있었습니다. 바로 주어진 원문 안에서 글자들의 순서를 뒤섞는 전치 방식과, 각각의 글자를 아예 다른 글자로 바꾸는 치환 방식입니다. 그러면 이런 가정을 해 보게 됩니다. 스테가노는 제외하고 뒤의 두 암호 방식을 함께 사용하면 어떨까? 바로 두 방식을 합성한 함수를 생각해 보는 거죠.

클로드 섀넌과 존 내시의 공통점

정보 이론의 아버지라고 불리는 클로드 섀넌이 처음으로 이러한 합성 암호를 구상했습니다. 간단히 말하면 원문을 먼저 전치한 뒤에 다시 치환하고, 그것을 또 전치하는 식으로 암호화한다면 해독이 어려워질 것이라는 내용입니다. 섀넌은 평생 동안 뛰어난 논문을 2편 저술해서 큰 명성을 얻었는데, 하나는 정보 이론에 대한 것이고 다른 하나가 바로 암호 이론에 대한 논문입니다. 사실 별다른 내용은 없어요. 복잡해지는 합성을 많이 하면 암호 해독이 어려워질 것이라는 구상이 거의 전부이기 때문입니다. 그 논문은 미국의 국가 기밀로 분류되어 50~60년이 지나서야 해제되었어요.

섀넌과 동시대에 활동했던 유명한 학자 중 한 사람이 바로 존 내시 (John Nash)입니다. 「뷰티풀 마인드」라는 영화의 주인공으로도 유명하죠. 아래의 사진은 내시가 미국의 정보기관에 보냈던 자필 편지를 촬영

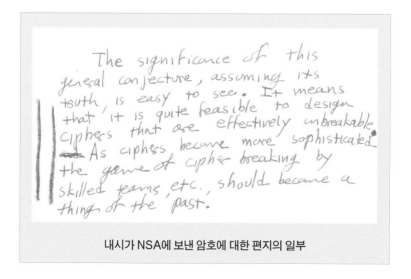

내시가 NSA에 보낸 암호에 대한 편지의 일부

한 것입니다. 영화에서도 강박 관념에 사로잡혀서 마구 암호를 찾는 장면이 있었죠. 내시는 암호와 관련해 정보기관에 여러 차례 편지를 보냈는데, 이것들도 모두 기밀문서로 분류되었다가, 영화가 개봉하기 몇 년 전에야 해제되었습니다. 내용은 섀넌의 논문과 유사합니다. 쉬운 방식의 암호를 여러 번 서로 합성하고, 원문 앞부분을 암호로 만들어서 원문 뒷부분을 암호화하는 데 사용하면 다른 국가가 해독하기 대단히 어려운 암호를 만들 수 있다는 거예요. 비슷한 시대에 살았던 내시 역시 섀넌과 유사한 방식으로 해독이 더 어려운 암호를 구상했다는 사실을 확인할 수 있죠.

그럴듯하지만 허술한 암호

일반인들이 그럴듯하게 생각하는 2가지 암호 방식에 대해서 말씀드리겠습니다. 하나는 이런 것입니다. '35, 27, 9'와 같은 메시지를 찾았다고 가정해 보죠. 이것은 어떤 책의 35쪽, 27번째 줄, 9번째 단어를 의미할 수 있습니다. 그럴듯해 보이는 방식이지만 이렇게 만든 암호문을 멋있다고 생각하면 안 됩니다. 일단 숫자 3개가 계속 노출되면 암호라는 사실을 금방 들킵니다. 첫 숫자가 대략 1,000 이하에서 움직이면, 일단 1,000페이지 정도의 책이라는 뜻이고, 다음 숫자는 50 정도일 테니 1쪽에 줄의 개수가 50개 정도라고 예상할 수 있습니다. 3번째 숫자가 계속해서 20 정도이면 줄마다 단어가 20개 정도라는 의미입니다.

여기까지 추측하면 다음은 더 간단합니다. 이런 메시지가 계속 왔다 갔다 하려면, 발신자와 수신자가 당연히 같은 책을 가져야 하고, 그 책은 양쪽 모두 쉽게 구할 수 있어야 합니다. 예를 들면 평양에서 의심받지 않고 성경책을 지니기는 쉽지 않을 테니 발신자와 수신자가 어떤 책을 가질 수 있는지도 고려해야겠죠. 이렇게까지 좁히면 그 책을 찾기는 더욱 쉬워지고 결국 금방 해독됩니다. 일단 암호 자체가 오간다는 사실만 들키면 너무나 쉽게 해독되어 버리는 거예요. 그래서 이런 암호는 정말 중요한 상황에서는 도저히 쓸 수 없습니다.

암호로 암호를 만든다?

다른 하나는 지금도 어떤 사람들은 미련을 버리지 못한 암호 방식입니다. 난수표를 이용해서 암호문을 만들면 다양한 장점이 있다고 여러 번 말씀드렸죠. 이 방식은 난수표로 만든 암호문을 다시 난수표로 쓰겠다는 것입니다. 그러니까 난수표를 사용해서 어떤 문서를 암호문으로 만들어요. 그 암호문을 난수표로 사용해서 다시 또 다른 문서를 암호문으로 만든다는 말이죠. 내쉬가 편지로 보냈던 그런 아이디어예요. 이 방식의 기본적인 구상은 비밀번호로 난수표를 만드는 것입니다. 같은 비밀번호를 계속 반복해 적어갈 수도 있지만, 뭔가 아쉬우니까 비밀번호를 조금씩 변화시켜서 그걸로 계속 난수표를 만들어 나갑니다.

알파벳을 기준으로 철자들을 서로 바꾸는 치환 방식을 생각해 보면, 몇 칸이나 앞 혹은 뒤로 가느냐의 차이는 있어도, 암호문의 각 글자를 나머지 25글자에 직접 대입해 보면 해독할 수 있습니다. 결국 키는 26개뿐이니까요. 그렇다면 이런 암호를 어떻게 더 어렵게 바꿀 수 있을까요? 글자를 2개씩 사용하면 됩니다. AA부터 ZZ까지로 바꾸는 거죠. 이렇게 하면 26×26=676개의 키를 갖게 됩니다. 원문이 KAIST처럼 홀수개의 글자라면 끝에 인위적으로 Z를 붙여서 KAISTZ로 만든 후에 두 개씩 나누어 KA, IS, TZ를 암호문으로 바꿉니다. 요즘 많이 쓰는 이 방식의 암호에서는 8개의 철자를 하나로 묶어서 사용합니다. 그러니까 26을 모두 8번 곱한 208,827,064,576개의 키가 있는 거죠.

『주역』 64괘와 정보 이론

우리가 동양적인 의미의 암호라고 하면 흔히 『주역(周易)』을 생각합니다. 그 책을 보시면 64개의 괘가 있는데 순서가 질서 정연하지 않습니다. 사서삼경의 하나인 『주역』에서 괘의 순서를 아무렇게나 하지는 않았을 것이고 이 순서에 어떤 수학적인 의미가 있는지 생각하는 것도 가능하겠죠.

아시다시피 『주역』의 목적은 점을 치는 것입니다. 그런데 이 책에서 시킨 대로 점을 쳐보면 64괘의 나오는 확률이 저마다 약간씩 다릅니다. 더 자주 나오는 괘가 있는가 하면, 그렇지 않은 괘도 있다는 사실이 보이죠. 바로 여기서 사람이 개를 물었다는 것처럼 희귀하게 일어나는 사건, 더 중요한 사건일수록 정보량(엔트로피)이 높다는 정보 이론과의 접점이 생깁니다. 주역을 점치는 방식으로 흔히 알려진, 동전 3개를 던지는 것은 조선 시대의 한 유학자가 만들었다고 합니다. 『주역』의 원전 방식대로 점치는 것이 복잡하지는 않더라도 번거롭기 때문입니다.

조선시대 왕의 계보를 보면, 첫 번째 방식으로는 "태조 다음은 정종, 정종 다음은 태종, 태종 다음은 세종, 세종 다음은 문종, 문종 다음은 단종, 단종 다음은 세조"라고 나옵니다. 한글을 모르는 사람이라도 이것을 보면 동일한 표시 "다음은"이 나오고, 따라서 무슨 순서를 표시한 것이라고 이해할 수 있습니다. 그리고 일정하게 "조" 아니면 "종"이라고 끝납니다. 역사학자들은 이것만 가지고도 어느 글자가 왕을 나타내는지를 확인하거나 또는 재위 연도를 결정짓기도 하는데, 모두 정보량이 많지 않기 때문입니다. 2번째 방식으로는 데이터를 압축해서 "종"을 생략하면 "태정태세문단세"라고 바꿀 수 있습니다. 이렇게 되면 긴 첫 번째 방식보다 짧은 2번째 방식에는 중요한 사건들만 모여서 정보량이 높고 난수표처럼 혼란스럽기 때문에 의미를 찾아내기가 어렵죠.

암호를 해독하는 방법을 생각해 보면, 우리가 사용하는 말들을 굉장히 많이 압축할 수 있습니다. 달리 보면 우리가 하는 말 속에 쓸데없는 말이 굉장히 많이 섞여 있는 거죠. 바로 그렇기 때문에 해독이 가능합니다. 만일 우리가 쓰는 말이 마치 난수표처럼 한 글자 한 글자에 모두 의미가 있다면, 암호를 해독할 수 없을 테니까요. 왜냐하면 글자 하나만 바뀌어도 완전히 다른 의미가 돼요. 그런 경우에는 무슨 이야기를 하더라도 절대 딴 생각을 할 수가 없어요. 0.1초 사이에 한 글자라도 놓치면 무슨 뜻인지 모르게 됩니다.

반대로 우리가 실제로 쓰는 언어에는 중복되는 내용이 굉장히 많아요. 영어로 쓰인 책의 경우에도 1,000쪽 분량의 책을 압축하면 200쪽 정도로 줄일 수 있어요. 한글도 마찬가지입니다. 여기서 중요한 점은 압축할 수 있다고 해서 우리가 쓰는 언어가 효율이 낮지는 않다는 사실입니다. 어느 정도 중복을 허용해야만 정보가 풍부하게 누적되며 중첩됩니다. 그래서 우리는 의사소통을 하고 암호도 해독할 수 있는 거죠.

양자 암호의 가능성과 한계

 다음으로는 양자 암호에 대해 이야기해 보죠. 요즘 세계적으로 양자 암호, 양자 컴퓨터에 상당히 관심이 높습니다. 우리 정부도 상당한 액수의 예산을 지원하고 있으며, 국민들도 관심이 큰 듯합니다. 하지만 아직은 현실적인 실용성, 가능성이 충분히 검증되지 않은 면도 많습니다.

 양자 역학의 원리를 도입한 분야 중에서 요즘 주로 이야기되는 것은 양자 컴퓨터, 양자 순간 이동(quantum teleportation), 양자 암호의 3가지입니다. 먼저 양자 컴퓨터의 경우에는 실현 가능성 외에도, 만약 가능하다면 규모가 어느 정도여야 지금 우리가 쓰는 컴퓨터의 성능을 넘어서는지의 문제도 있습니다. 다시 말해 지금의 컴퓨터보다 성능이 뛰어나려면 얼마나 큰 양자 컴퓨터를 만들어야 하는지 따져 봐야 합니다. 이를테면 현재 컴퓨터보다 1억 배 정도 크게 만들어야 한다면, 지금 양자 컴퓨터가 개발되었다 해도 현실적으로 실용성이 있다고 보기는 어렵습니다. 다음으로는 양자 순간 이동이 있는데, 이 부분은 이번 강의와는 큰 상관이 없기 때문에 넘어가겠습니다.

 문제는 양자 암호입니다. 일반적으로 양자 암호의 특성은 암호를 푸는 비밀번호를 교환하는 방식에 있습니다. 암호의 발신자와 수신자가 비밀번호를 교환할 때, 그것을 제3자가 방해하거나 가로채는 방법은 여러 가지가 있습니다. 양자 암호의 특징은 바로 이 비밀번호가 교환될 때 그것을 허가받지 않은 사람이 엿보았다는 사실을 완벽하게 알 수 있다는 것입니다. 혹시 누가 비밀번호를 중간에서 가로채 읽었다면 즉시 새로 교체하면 되겠죠. 그런데 비밀번호를 가로채려는 쪽에서 24시간 내내 교환 경로를 감시하면 이쪽에서도 비밀번호를 전달할 수 없겠죠. 그것도 방해하는 방법 중 하나일 것입니다. 이런 면에서만 보더라도 양자 암호의 실용성에 대해서는 좀 더 면밀하게 분석해 볼 필요가 있겠죠.

암호의 발전사

보다 현실적으로 실현 가능한 암호의 미래를, 공개 열쇠 암호의 개념을 중심으로 살펴보도록 하겠습니다. 양자 암호가 무엇인지 상상도 못했던 과거에는 암호문 자체를 만들 이유가 별로 없었습니다. 왕이 자신의 영토에서 신하들에게 보내는 편지나 그 신하들 사이에 오가는 편지에서 따로 정보를 감추지 않아도 괜찮았습니다. 신하들도 반란을 일으킬 것이 아니라면, 임금이 알지 못하게 암호까지 쓸 이유가 없었겠죠.

조선이 망하고 일제 강점기 시대가 되면서, 암호의 역할이 조금씩 중요해지기 시작합니다. 여러분들이 처음 암호에 대해 가졌던 생각 역시, 3.1 운동이나 상해 임시 정부 무렵과 비슷하다고 말할 수 있겠죠. 독립 기념관에서 운영하는 '한국 독립 운동사 정보 시스템' 홈페이지에 가시면 이 무렵 실제로 사용했던 암호들에 대한 정보를 상당히 많이 볼 수 있습니다. 말하자면 1은 ㄱ, 16은 ㅑ와 같은 식으로 한글의 자음과 모음에 숫자를 대입하여 조합하는 방식이었죠. 그때 일본의 밀정, 앞잡이가 이런 암호를 찾아서 총독부에 보고했다는 기록도 확인할 수 있습니다.

이후 다양한 통신 수단들이 발명되고 통계학이 발달하면서 이 강의에서 말씀드렸던 것처럼 암호 체계의 수준이 올라가게 됩니다. 몇 년 전부터 세계적으로 상당히 논란이 되었던 에셜론(ECHELON)이라는 이름을 들어 보신 적이 있을 것입니다. 미국이 주도하고 영국, 캐나다 등 세계의 몇 몇 나라가 참여한, 전 세계의 통신을 도청, 감청하는 네트워크입니다. 이런 상황에서, 남의 암호에 접근해서 해독해 내고 자신들의 암호는 어떻게든 방어하려는 국가들의 견제도 치열해졌죠. 다시 한번 말하지만 암호는 현실의 과학이니까요.

공개 키 암호의 등장

앞에서 여러분들은 스테가노그라피, 전치, 치환의 3가지 암호 방식을 배웠습니다. 그런데 암호 방식을 이렇게 생각할 수도 있어요. 같은 편끼리는 동일한 비밀번호를 쓰면 됩니다. 어떤 금고의 열쇠를 이 세상에 딱 두 사람만 갖는 겁니다. 예를 들어서 이 두 사람이 연인 사이라고 할 때, 한 사람이 금고에 '좋아해요.' 라고 쪽지를 넣으면 다른 사람은 생각할 것도 없이 전화해서 어디서 만나자고 하면 되겠죠. 만일 쪽지에 욕이 쓰여 있으면 "당신이 나 욕했어요?"라고 물어 볼 필요도 없이 당장 싸움이 나겠죠. 이렇게 동일한 비밀 키를 사용하므로, 대칭 키(symmetric key)라고 부릅니다.

치열하게 정보 전쟁을 하던 중에, 사람들이 이런저런 생각을 했습니다. 왜 같은 편은 꼭 똑같은 열쇠를 써야 돼? 내가 쓰는 열쇠와 우리 편의 다른 사람이 쓰는 열쇠가 다르면 안 될까? 그것을 비대칭 키(asymmetric key)라고 부르는데, 공개 열쇠 암호라고도 해요. 이 개념은 우체통을 생각하시면 쉽게 이해하실 수 있습니다. 요즘에는 설치된 곳이 많이 줄었는데, 우체통의 구조는 누구나 편지를 넣지만 열쇠를 가진 집배원만 편지를 꺼낼 수 있습니다. 여기서 편지를 넣는 부분에도 모든 사람이 열 수 있는 자물쇠를 단다면 비대칭 키 방식입니다. 메시지를 보내는 비밀 키와 그 메시지를 꺼내는 키가 다르다는 점에서 비대칭 키라고 부르죠. 같은 편에 속하는 사람들이라도 목적에 따라 서로 다른 키를 쓰는 것입니다. 비대칭 키 중에서 누구나 메시지를 보낼 수 있게 해 주는, 우체통에 편지를 넣을 때 사용하는 키를 공개 키(public key)라고 부릅니다. 한 사람만 사용하는 비공개 비밀 키와, 별도로 누구나 사용할 수 있는 공개 키를 분리할 수 있다는 것이 공개 키 암호 개념의 핵심입니다.

공개 키가 왜 필요한지 의문을 제기하실 수도 있겠습니다. 우체통에 편지가 들어가면 다른 사람들은 편지의 내용을 알 수 없고 보낸 사람만 편지 내용을 압니다. 그러면 공개 키를 나눠 주지 않고 잘 알려진 암호 방식을 적용해 편지 자체를 암호문으로 만들면 된다고 생각할 수도 있겠지만, 편지를 받은 사람이 보낸 사람의 도움을 받거나 두 사람이 동일한 비밀 키를 갖고 있어야 하는 문제가 발생합니다. 그것들을 해결해 주는 수단이 바로 공개 키 암호입니다.

공개 키 암호의 개념은 1970년대에 발명됐습니다. 매사추세츠 공과 대학과 스탠퍼드 대학교 같은 곳의 수학자들이 이 개념에 대해 발표하려고 할 때, 미국의 정보기관에서 다양한 압력을 가했다고 해요. 국가에서 독점하던 암호 체계가 노출되고, 정보기관 입장에서는 정보를 수집하기도 더 어려워질 테니까요. 그래서 비대칭 암호를 발표했던 학술 대회장에는 발표 수위가 어느 정도인지 정보기관 요원들까지 와서 감시할 정도였습니다.

비대칭 키 방식과, 이전까지 알려져 있던 대칭 키 방식의 차이점을 한 번 생각해 보죠. 대칭 키 방식이 같은 편은 같은 비밀 키를 쓰는 것이었다면, 비대칭 키는 같은 편의 사람들이 서로 다른 비밀 키를 쓰는 거예요.

예를 들어서 6명의 사람들 A, B, C, D, E, F가 비밀 통신을 한다고 생각해 봅시다. A가 B, C, D, E, F와 비밀 통신을 하려면 비밀 키가 5개 필요합니다. 같은 키를 사용하면 A가 B와 통신하는 내용을 C가 알 수 있으니까요. 그래서 전체적으로는 아래 그림처럼 선분의 개수를 세어 보면 총 15개의 비밀 키가 필요합니다. 고등학교 수학을 빌리면 15=(6×5)/2 라고 설명할 수 있어요. 사용자가 20명이 되면 비밀 키가 190개((20×19)/2) 필요합니다.

그런데 사용자의 숫자가 10만 명만 되어도 벌써 약 50억 개((100,000×99,999)/2) 정도의 비밀 키가 필요해져요. 그래서 방금 봤던 것처럼 사용자마다 각자 자기 집 앞에 우체통을 하나씩 놓으면 효율이 더 좋아지는 것입니다. 각자 자신의 공개 키와 비밀 키, 2개씩만 갖는 거죠. 그러면 사

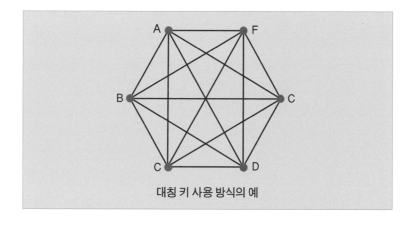

대칭 키 사용 방식의 예

용자가 1000만 명이어도 2000만 개(10,000,000×2)로 해결할 수 있어요.

이렇게 비대칭 키 방식이 보급되어 상대방 홍길동의 공개 키로 '누구나' 홍길동에게 암호문을 보낼 수 있게 된 까닭에, 접속한 사람들의 신원을 드러내는 수단이 필요해졌습니다. 이것이 바로 전자 서명입니다. 메시지를 보내는 사람이 누구인지 증명하는 수단이죠. 서로 믿을 수 있는 가상 사회를 구현하려면 우리가 아는 거의 모든 암호 기술이 하나로 종합되어야 합니다.

보안 모델의 양면성

요즘 한국에서는 정부와 회사를 가리지 않고 해킹만 당하면 북한의 소행이라며, 북한에 거의 전지전능한 해킹 능력이 있는 것처럼 얘기합니다. 그런데 이런 해킹 능력도 2가지가 있습니다. 남의 정보를 잘 빼 오는 능력과, 남들이 정보를 빼 가려는 것을 잘 막는 능력입니다. 그 2가지 능력은 서로 다릅니다. 북한의 해커들은 남의 정보를 빼 오는 것은 굉장히 잘 할지 몰라도, 누군가가 자신들의 정보를 빼 가는 것을 막는 데는 상당히 서투릅니다. 물론 이 2가지를 모두 잘하기는 쉽지 않죠.

보안 모델의 경우도 마찬가지입니다. 모델을 단순하게 가정할수록 안전한 것처럼 보이기는 쉽습니다. 예를 들어 어떤 방에 들어오는 방법이 방문을 여는 것뿐이라고 가정하면, 완벽한 보안이 가능해집니다. 문 앞에 냉장고를 하나 갖다 놓으면 보안성은 100퍼센트겠죠. 하지만 너무나 비현실적인 가정입니다. 그러므로 남의 정보를 쉽게 빼 내면서도, 자기 정보는 빼 가기 어렵게 한다는 식의 자의적인 가정을 받아들이면 허무맹랑한

NSA의 유타 데이터 센터

보안 사기가 횡행하게 됩니다. 무엇보다도 자신의 정보를 빼 내기 어렵게 만들 수 있는 뛰어난 기술력을 가질 정도라면, 굳이 자기보다 못한 남들의 기술을 빼 내려 애쓰지도 않겠죠.

최근 미국은 전 세계의 모든 인터넷 데이터를 1개월씩 보관하겠다는 계획을 세웠습니다. NSA는 "모든 것을 수집하고, 모든 것을 알고, 모든 것을 이용하겠다.(Collect It All. Know It All. Exploit It All.)"라고 의도를 분명히 밝혔죠. 테러를 모의하는 세력이 있다면 사건을 일으킬 때까지 1달 동안이나 연락을 끊고 잠복하지는 않으리라고 예상하는 것입니다. 위의 사진은 유타에 있는 NSA의 데이터 센터입니다. 이런 센터가 미국 전역에 3개가 있다고 해요. 전부 하드 디스크로 채워져 있는데, 소요되는 전기 요금만 1년에 1000억 원 정도 된다고 합니다. 동시에 미국은 자신들이 확보한 전 세계의 모든 암호문을 해독하겠다는 목표로, 대규모 시설을 운영 중입니다. 앞에서 말씀드렸던 에셜론 같은 체제도 그런 계획의 일환인 셈이죠.

엑티브 엑스와 책임 회피

독자 여러분들께서도 2년 전에 방영했던 「별에서 온 그대」라는 드라마를 즐겨 보셨을 텐데요. 한국에서 대통령까지 직접 나서서, 이 드라마에 나오는 이른바 '천송이 코트'를 외국인들이 인터넷 쇼핑 사이트에서 구입할 수 없다며 문제를 해결하라고 지시했던 뉴스도 기억하실 겁니다. 외국 사이트에서는 쉽게 결제를 할 수 있는데, 왜 한국은 그렇지 못하냐는 것이 핵심입니다. 이유는 간단하죠. 한국에서는 구매 과정에서 어떤 문제가 발생해도 판매 회사가 책임을 지려하지 않기 때문이에요. 결제 과정에서 오류나 해킹이 발생했다면 어떻게든 소비자에게 책임 지울 수 있는 부분을 찾아내 피해를 전가하는 경우가 적지 않죠. 그러면 외국은 어떻게 간편한 방식으로도 인터넷 거래가 수월하게 이뤄질까요? 물론 외국에서도 인터넷 거래 중에 우리가 아는 것보다 사고가 자주 발생합니다. 하지만 판매 업체가 피해 비용을 전부 부담합니다. 사고를 대비한 보험을 업체가 미리 들어 두었기 때문이죠.

지금 한국에서 자유로운 인터넷 거래의 막대한 장애물로 지적되는 엑티브 엑스는 업체들이 감당해야 할 보안 비용과 책임을 구매자에게 전가하는 수단입니다. 우리가 병원에서 치료를 받다 의료 사고가 났을 때 전문가인 의사가 자신의 무과실을 증명하지 않고, 비전문가인 환자가 의사의 과실을 찾아내서 본인의 무과실을 증명해야 하는 경우가 여전히 적지 않습니다. 바로 이런 경우에 환자들이 서명한 동의서 등이 의사나 병원이 책임을 회피하는 수단이 되는 것처럼, 엑티브 엑스도 구매자들이 설치에 동의했다는 이유로 거래 과정에서 발생하는 책임까지 부담하게 만들죠. 실제로는 억지로 설치할 수밖에 없었는데도 말입니다.

정보와 소유의 차이

영 지식 증명(zero knowledge proof) 혹은 최소 지식 증명(minimum knowledge proof)이라는 개념이 있어요. 우리가 어떤 정보를 안다는 사실을, 상대방에게 납득시키는 가장 좋은 방법은 바로 그 정보 자체를 전달하는 겁니다. 하지만 이와 달리 자신이 그 정보를 알고 있다는 사실만 상대에게 전달하는 방법도 가능합니다. 먼저 열쇠가 잠긴 금고를 보여 주고 상대의 눈을 띠로 가린 후에 금고를 열어서 보여 준다면, 자신이 열쇠를 가졌다는 사실만 알리고 열쇠의 형태는 감추는 셈이죠. 마찬가지로 그 정보 전체를 직접 전달하지 않더라도, 그 정보를 아는 사람만이 보여 줄 수 있는 단서를 제공하는 겁니다.

여러분들이 수학 책을 보실 때도, 어떤 증명이 도저히 이해는 안 가더라도 어쨌든 그 내용이 맞는 것 같다고 생각하신 경험이 있었을 거예요. 증명을 이해하는 것과 실제로 증명을 하는 것은 완전히 다릅니다. 역시 무엇이 존재한다는 사실과 그 무엇을 우리가 발견할 수 있다는 사실의 의미는 서로 다릅니다. 어떤 정보 자체와 그 정보를 가졌다는 사실이 다른 개념임을 이런 식으로도 확인할 수 있습니다.

온라인의 지문, 해시 함수

해시(hash) 또는 해시 함수라는 단어를 보신 적이 있나요? 온라인에서 문서의 분량이 많으면 서명을 여러 번 붙여야 하는 낭비를 없애기 위해 해시 함수가 등장했습니다. 사람의 DNA 정보가 대단히 많더라도 신원은 대부분 지문으로 확인하듯이, 해시 함수는 이용자의 온라인 지문이라고 말할 수 있습니다. 처음에는 많은 자료를 분류해 쉽게 검색할 목적으로 사용되었는데, 암호학적 기능을 추가해서 지금 우리가 보는 형태가 되었습니다. 해시는 문서의 크기와 무관하게 항상 20글자 정도예요.

부동산 거래처럼 거래 액수가 큰 중요한 문서를 만들 때는 서류의 모든 쪽에 간인을 찍죠. 문서의 사이사이에 도장을 찍어서 이것이 모두 이어지는 하나의 문서라는 사실을 증명합니다. 이와 유사하게 인터넷에서도 문서를 암호화해서 전송할 때 해시값을 문서에 붙이고 그 위에 다시 전자 서명을 해요. 이 문서 전체에 하나하나 전자 서명을 하지 않고, 문서에 남긴 지문인 해시 함수에만 서명을 하는 셈입니다. 이러한 해시 함수는 비트코인이라는 디지털 가상 화폐의 핵심 기술로도 적용되고 있죠.

암호는 사람이 지킨다

이제는 다시 우리가 일상에서 가장 자주 쓰는 암호인 비밀번호의 문제로 돌아가 보겠습니다. 통상적으로 우리가 사용하는 비밀번호의 30퍼센트 정도는 남이 쉽게 찾을 수 있다고 해요. 그중에서는 자기가 비밀번호를 제법 잘 만들었다고 생각하는 사람도 분명히 있을 텐데 말이죠. 하지만 대부분은 남들이 간단히 찾을 수 있을 만큼 부주의하게 비밀번호를 만들었겠죠. 뒤에 실린 표는 스플레시데이터(SplashData)라는 IT 업체가 올해 초에 발표한, 지난해에 제일 흔하게 쓰인 비밀번호의 순위입니다. 이 업체는 유출된 암호들을 분석해서 많이 쓰인 것의 순위를 5년째 발표하고 있습니다. 이렇게 자료가 작성될 정도면 그만큼 비밀번호가 쉽게 노출되는 경우도 많다는 사실까지 충분히 유추할 수 있죠.

　금융 거래에서 쓰는 비밀번호의 경우에는 과거에는 보안 카드가 주로 쓰였고, 요즘에는 건전지를 넣어서 매번 새로운 번호를 생성해 내는 1회용 비밀번호 생성기가 많이 쓰입니다. 하지만 이 암호 방식도 결국 해독됐습니다. 먼저 기술적 측면에서 이유를 살펴보면, 암호의 하드웨어를 제작하는 사람들이 암호 함수를 구현하면서 전문가의 자문을 제대로 받지 않는다는 점이 큰 비중을 차지합니다. 다음이 사용자들의 부주의예요. 아이디와 비밀번호를 같게 설정하는 것은 요즘에는 컴퓨터가 강제로 금지합니다만 아래의 표에서 보이듯이 누구나 아는 번호를 설정하거나, 비밀번호가 담긴 카드나 장비를 부주의하게 관리해 분실하는 경우가 단적인 예입니다. 사용자의 실제 암호 운영은 키 관리가 대부분이므로, 관리

1	123456	14	111111
2	password	15	1qaz2wsx
3	12345678	16	dragon
4	qwerty	17	master
5	12345	18	monkey
6	123456789	19	letmein
7	football	20	login
8	1234	21	princess
9	1234567	22	qwertyuiop
10	baseball	23	solo
11	welcome	24	passw0rd
12	1234567890	25	starwars
13	abc123		

2015년에 가장 많이 쓰인 비밀번호

소홀과 분실은 보안과 관련해 여러 문제를 일으킬 수 있죠. 암호 자체에 투여한 기술력, 비용 못지않게 그것을 쓰는 사람의 주의 역시 중요합니다.

암호의 미래

2015년 8월 NSA는 빠른 시일 안에 현존하는 거의 모든 공개 키 암호를 암호 표준에서 제외하겠다고 발표했습니다. 그 이유로 양자 컴퓨터를 들었습니다. 현재로써는 대략 15년 내에 10억 달러의 비용을 들여서, 적어도 암호 공격에 사용 가능한 양자 컴퓨터가 제작될 것으로 보입니다. 세계 암호학계에 엄청난 충격을 준 양자 계산 이론은 위상 양자 계산을 통해 오류가 발생할 확률을 극도로 줄이는, 양자 컴퓨터의 핵심 원리입니다.

2016년 2월에는 미국 국립 표준 기술 연구소(NIST)가 향후 계획을 공표했는데, 당장 가을부터 새로운 포스트 양자(post quantum) 암호를 공모한다고 밝혔습니다. 여기서 말하는 포스트 양자 암호는 가까운 미래에 양자 컴퓨터가 개발되더라도 보안이 지켜지는 암호를 뜻합니다.

전문가들은 포스트 양자 암호의 후보로 고차원 격자점(lattice), 고차원 부호(code), 다변수 2차 방정식, 해시 함수 등의 4가지 정도를 꼽고 있으며, 아직까지는 널리 사용되지 않는 실정입니다. 비밀번호가 많이 길어지기 때문입니다. 한·중·일 세 나라의 연구자들은 공동으로 이 암호의 개발 공모에 참여하기 위한 협의를 진행 중입니다.

에드워드 스노든과 암호의 역할

2013년에 에드워드 스노든이 NSA의 미국 내 통화 감찰 프로그램과 전 세계를 대상으로 한 감청 및 개인 비밀 정보의 수집과 같은 다양한 불법 사찰 행위를 폭로했습니다. 그는 국가의 전체주의적 감시 아래서 개인들의 사생활이 소멸되는 상황에 반발해 내부 고발을 한 것입니다. 폭로 과정에서 겉보기에는 보안 수준이 양호한 것처럼 보이는 암호 체계 뒤에 정부와 정보기관이 쉽게 암호를 해독해서 감시할 수 있도록 일종의 지름길, 이른바 백도어를 만들어 두었다는 사실까지 드러났습니다. 이에 대해 미국 수학자들이 반발하면서 언론에 보도되기도 했죠. 미국 수학회 회원들이 개인적으로 NSA에 거세게 반발하자 미국 수학회장은 격앙된 수학자들을 무마하기 위해 이 문제를 주제로 토론회를 열었는데, 정보기관을 옹호하는 수학자를 찾지 못해서 결국 전 NSA 직원을 토론자로 내세우기까지 했습니다. 그 결과 2015년에는 NSA를 편파적으로 보호하려는 수학회를 강하게 비난하는 글까지 발표됐죠.

또한 스노든이 공개한 기밀 중에는 NSA가 7970만 달러를 들여 양자 컴퓨터를 연구한다는 것과 타원 곡선 암호의 비밀 키가 아무런 설명이나 검증 없이, NSA가 쉽게 해독할 수 있도록 표준으로 채택되었다는 내용도 있습니다. 간단히 말하자면 $y=f(x)$에서 f와 y가 표준으로 공개되었고 x가 비밀인데, f와 y를 공표해서 이 암호 표준을 만든 NSA나 NIST가 자신들은 x를 모른다고 주장한다는 것이지요.

지난 200여 년 동안은 개인들의 자유가 꾸준히 신장되며 사생활의 영역이 정해졌고 그 중요성도 꾸준히 증대되어 왔습니다. 최근 들어 IT가 우리 생활에 깊숙이 자리 잡으면서, 암호를 비롯한 보안 기술은 새롭게 사생활을 지켜 주는 가장 중요한 수단으로 신뢰받았죠. 하지만 이번 스노든의 폭로로 IT가 우리 삶과 밀접해질수록, 국가가 우리의 사생활을 하나하나 통제, 감시하던 시대로 회귀하는 조짐을 보였다는 사실을 알게 됐습니다. 암호는 국가와 개인의 정보를 함께 지키는 수단으로 인식되었지만, IT와 그에 결합한 암호 기술은 국가의 정보만을 지키고, 국가가 개인의 정보를 손쉽게 열람하는 이중적인 도구에 가까웠던 것입니다. 스노든의 폭로는 앞으로 개인들이 정보를 지키기 위해 구현해야 할, 새로운 암호 체계의 미래를 생각하는 계기가 되었다고 말할 수 있겠죠.

　이제 제가 여러분과 함께했던 암호와 만난 현대 수학에 대한 강의의 내용을 정리하면서 마칠까 합니다. 먼저 글자의 위치를 바꾸거나, 글자를 다른 글자로 바꾸는 암호를 계속 합성하면 보다 해독하기 어려운 암호를 만드는 것이 가능하다는 섀넌의 구상이 있었죠. 그리고 암호를 만드는 키와 원문을 읽는 키를 분리할 수 있는 공개 열쇠 암호의 등장과, 전자 서명을 위해 문서의 지문을 만들어 주는 해시 함수에 대해 말씀드렸습니다. 그리고 양자암호의 개념과 실용성에 대해 일반적으로 오해되고 있는 측면도 짚어 보았죠. 마지막으로는 스노든이 밝힌 것처럼 개인의 사생활을 부정할 조짐을 보이는 IT 기술과 그 핵심 수단이 될 수 있는 암호 기술의 문제에 대해 말씀드렸습니다. 현대 수학과 IT가 만나서 비약적으로 발전하게 된 이 암호 기술이 누구의 정보를 어떻게 지키는 수단이 될지, 우리는 지금 선택의 순간을 앞두고 있습니다.

Q & A

참석자: 지문을 판독할 때 그 속의 꼭짓점과 사선들 사이의 관계로 당사자 여부를 판독한다고 말씀하셨는데, 그 관계에 어떤 특이점이 존재하나요?

한상근: 지문의 특이점은 한가운데에 있는 원형의 무늬나 뾰족하게 각이 진 부분 등을 말씀드릴 수 있겠죠. 그런 부분들 사이의 상대적 위치를 저장했다가, 후에 그 사람이 맞는지 대조한다는 의미입니다.

참석자: 양자 암호, 양자 컴퓨터의 실용성에 현재까지는 한계가 있다고 말씀해 주셨는데, 좀 더 자세한 설명을 부탁드립니다.

한상근: 강의에서 말씀드렸듯 양자 암호의 특성은 비밀번호를 교환하는 방식에 있습니다. 발신자와 수신자가 비밀번호를 교환할 때, 허락받지 않은 제3자가 그것을 감시한다면 바로 알 수 있는 것이 양자 암호인데요. 이 원리라면 다른 사람이 비밀번호를 중간에서 가로챘다면 그 즉시 비밀번호를 교환 가능한 것이 사실입니다. 문제는 제3자가 계속 중간에서 가로채는 행위 자체를 막는 수단이 아니라는 점입니다. 만약 이러한 침입 시도가 멈추지 않는다면 더 이상 비밀리에 통신을 할 수 없죠. 그런 까닭에 지금 단계에서는 양자 암호가 획기적인 암호 기술이라든가, 정보 보안의 혁신을 이룰 것이라고 단정하기는 어렵다고 말씀드리겠습니다.

참석자: 강의 중에 '차분'의 개념을 말씀해 주셨는데, 이해하기가 쉽지 않았습니다. 좀 더 상세히 설명을 해 주실 수 있을까요?

한상근: 고등학교 수학에서 나오는 미분과 유사하다고 생각하시면 됩니다. 변화율을 따지는 것이니까요. 암호화되기 전의 원문에 존재하는 차이들이, 변환된 암호문 속의 차이들과 어떻게 연결되었는지 본다는 의미입니다. 원문 AD, BE, CF, DG, EH의 암호문이 KL, SU, XZ, AC, GJ라고 합시다. 원문에서 2번째 글자는 첫 번째 글자의 3칸 뒤의 글자인데, 암호문에서는 1칸 뒤는 KL, 2칸 뒤는 SU, XZ, AC, 3칸 뒤는 GJ입니다. 즉 2칸 뒤일 확률이 5분의 3으로 높습니다. 그러므로 원문이 FI일 때, 암호문은 DF일 확률이 DG일 확률보다 높죠. 이처럼 원문의 차이를 지정해 놓으면 제법 높은 확률로 암호문의 차이를 알 수 있어요.

비록 암호문이 되었더라도, 원문에 존재한 차이가 암호문에 반영된다면 결국은 해독당할 가능성이 남습니다. 원문에서 자주 쓰인 철자, 단어가 암호화되어서 암호문에 반복되면 이것을 역으로 유추해 원문을 재구성할 수도 있죠. 그러므로 암호문 속의 차이는 원문의 차이보다 더 변동성이 크고 예측 불가능하도록 구성해야 합니다.

참석자: 앞에서 말씀해 주신 '스테가노그래피'에서 검은 점과 흰 부분만으로 구성되어 아주 단순해 보이는 경우에는 해독 난이도가 어느 정도인지 궁금합니다.

한상근: 그렇게 단순해 보이는 암호더라도 실제로 분석해 보기 전에는 해독하기 얼마나 어려운지 알 수 없습니다. 막상 보면 직관과 어긋나는 경우가 종종 있거든요. 그림이 굉장히 복잡해 보여도, 막상 해독을 시도하면 쉽게 풀리는 경우가 얼마든지 존재합니다. 시도해 보기 전에 암호 해독의 난이도를 판단하는 방식은 수학적으로 정리되어 있지 않습니다.

여러분이 친구와 동전 던지기를 할 때, 앞면이나 뒷면이 나올 확률이 2분의 1이라는 보장은 없습니다. 확률이 2분의 1이라 가정해도, 계속 던져보기 전에는 참인지 확인할 방법이 없습니다. 라스베이거스의 카지노에서 쓰는 주사위가 모든 면이 동일한 확률로 나오는지 확인할 방법은 기계로 계속 던져 보는 것뿐이죠. 각 숫자들이 나오는 확률이 어떤 오차 범위 안에 있으면 사용 가능한 공정한 주사위라고 간주하는 겁니다. 이처럼 암호의 표면적인 상태만으로 해독 난이도를 예측하기는 어렵습니다.

참석자: 불규칙한 것에서도 패턴을 분석하려는 건 인간의 본능이라고 말씀하셨는데 어린아이들은 언어를 습득할 때 따로 공부를 하지 않아도 계속 들으면 쉽게 터득할 수 있고, 일정한 나이가 지나면 그런 식으로는 익힐 수 없다고 들었습니다. 그런데 패턴을 분석하는 본능이 있다면, 일정한 나이가 지나더라도 계속 듣는 동안 상황에 따라 반복되는 표현이나 단어 등을 파악하면서 결국은 언어를 습득할 수 있을 것 같거든요. 암호를 해독할 때 패턴을 분석하듯이, 외국어의 패턴을 익힐 수는 없을까요?

한상근: 사실 이 질문은 수학과 교육학의 범주를 넘는 듯합니다만, 일단 가능한 범위에서 말씀드리죠. 우리가 어떤 것을 정보라고 부를 때는, 은연중 그것에 가치가 있다는 판단을 내립니다. 하지만 정보 이론을 다룬 초기 논문에서 가치를 언급하는 부분은 없었습니다. 이 논문들은 한쪽에서 신호가 나올 때 반대쪽에서 얼마나 잘 흉내 낼 수 있는지를 이야기했을 뿐이죠. 신호를 흉내 낸다고만 하면 애매하지만, 예를 들어 주가 지수라는 신호의 움직임을 흉내 낼 수 있다면 재벌이 되겠죠? 또한 어떤 사람의 행동을 모방할 수 있다면 그를 마음대로 조종하는 것도 가능하겠죠. 이런 식으로 인간을 흉내 내는 것이 인공 지능의 개념입니다.

우리는 정보에 어떤 가치가 있다고 당연하게 생각하는 경향이 있지만, 그 관계는 대단히 복잡합니다. 우리가 평소에 사용하는 언어의 의미, 즉 가치는 아주 다양하며 그것들이 복합적으로 관계를 맺기 때문에, 단순히 반복해 패턴을 익히는 방법만으로 언어의 가치와 구조를 파악할 수 있다고 단정하기는 어려울 것입니다.

참석자: 이 강의와는 약간 거리가 있는 질문입니다만, 최근에 멱함수와 임계 상수의 개념에 대한 글을 읽었습니다. 계속 안정적인 상태를 유지하던 모랫더미에 모래를 1알씩 올리다가 결정적인 1알을 올렸을 때 무너지는 사례라던가, 처음에 나무 1그루에서 시작한 불이 걷잡을 수 없는 산불로 확산되는 시뮬레이션 등을 보았는데요. 이런 사례가 단지 우연의 일치거나 일부의 경우인지, 아니면 멱함수가 일반적인 원리인지 말씀을 듣고 싶습니다.

한상근: 멱함수와 임계 상수 이야기는 사회 구조로 치면, 혁명 직전의 사회에서 어느 날 음식점에서 우연히 일어난 싸움이 엄청난 폭동으로 발전해 프랑스 혁명에 이르렀다는 식의 주장에 수식을 덧붙인 것입니다. 경시 대회 문제 등에 자주 나오는 램지 이론(Ramsey theory)에서는 6명의 사람이 모이면 그중의 어떤 3명은 서로 아는 사이거나 서로 모르는 사이라고 말하죠. 그런데 이런 사례에서 어떤 구조가 존재한다고 말하는 것은 다소 어색합니다.

하늘에는 별이 대단히 많은 까닭에, 어디선가 우리가 보고 싶은 모양을 찾아 별자리로 그릴 수 있습니다. 그러한 구조가 처음부터 존재한다기보다는 별 자체의 숫자가 워낙 많은 것이 원인이죠. 모랫더미나 산불의 경우도 이것이 처음부터 어떤 의도에 따라 형성된 흐름인지, 아니면 그저 우리가 보고 싶은 구조를 찾아냈을 뿐인지 좀 더 면밀히 분석할 필요가 있습니다.

참석자: 쉬운 암호를 여러 번 합성하면 어려워진다고 말씀하셨는데요. 함수를 여러 번 합성하더라도, 암호를 해독하려는 사람은 그 개개의 함수를 알 필요가 없이 합

성된 함수 하나만 풀면 되고, 알파벳의 순서를 뒤바꾸는 방식과 같은 기초적인 암호는 여러 번을 합성해도 난이도가 올라갈 것 같지 않습니다. 이처럼 암호 방식을 서로 중첩시키는 경우가 다소 이해하기 어려워서, 좀 더 설명을 해 주셨으면 합니다. 그리고 암호를 합성해 오히려 해독 난이도가 낮아지는 경우는 없는지, 있다면 어떤 경우인지 말씀해 주시면 감사하겠습니다.

한상근: 질문하신 것처럼 원문에서 A부터 Z까지의 알파벳을 각각 다른 철자로 바꿨다가, 그것을 다시 한 번 더 다른 철자로 바꾼다고 생각하면, 결국은 처음 1번 바꿨을 때와 같습니다. 이런 식으로는 합성을 해도 난이도가 올라가지 않아요. 1차 방정식 수준의 암호는 아무리 합성을 거듭해도 결국은 1차식이기 때문입니다.

반면에 합성을 해서 난이도가 확실히 높아지는 방식도 있습니다. 강의에서 말씀드렸던 것처럼 분수가 들어가거나, 숫자를 제곱하는 방식의 암호를 합성하면 복잡도가 급증하므로 해독하기가 더 어려워집니다. 강의에서 말씀드렸던 원문의 글자를 두 글자씩으로 늘리는 방식의 암호도 예가 될 수 있겠죠. 이처럼 암호의 형식에 따라 합성을 하더라도 해독하기 어려워지는 경우가 있고, 그렇지 않은 경우도 있으므로 합성을 하기 전에 이 부분에 먼저 주의를 해야겠죠.

합성해서 오히려 해독이 쉬워지는 경우를 간단히 살펴보죠. 원래 글자를 뒤로 3칸 보내는 카이사르 암호는 x를 $x+3$으로 보냅니다. 알파벳에는 26개의 글자가 있으니, 25에 해당하는 y의 암호는 $25+3=28$, $28-26=2$의 계산을 거쳐 b에 해당하죠. 이런 암호를 복잡하게 만든다고 x를 $3x+4$로 보내는 암호 E와, y를 $9y+19$로 보내는 또 다른 암호 F를 합성하면 어떨까요. $F \circ E$는 x를 $9(3x+4)+19=27x+55=x+3$으로 보내게 되어 처음의 카이사르 암호가 다시 나오게 됩니다.

엄상일

KAIST 수리과학과 교수

최적 경로로
찾아내는
새로운 세계

미 래 를 그 리 는 그 래 프 이 론

엄상일 KAIST 수리과학과 교수

———

　　　　　KAIST 수학과를 졸업하고 컴퓨터 프로그래머로 3년간 회사 생활을 했다. 프린스턴 대학교로 유학을 가서 그래프 이론 전공으로 2005년에 응용 수학 박사 학위를 받았다. 미국 조지아 공과 대학과 캐나다 워털루 대학교의 연구원을 거쳐 2008년 1월 KAIST 수리과학과 교수로 부임했다. 포스코청암재단이 우수 신진 교수를 지원하는 청암 과학 펠로에 선정됐으며, KAIST의 젊고 유망한 교수들을 지원하기 위해 창설된 이원조교수 제도의 첫 선임자가 되었다. 2010년 대한 수학회 논문상, 2012년 대통령상인 젊은과학자상을 수상했다.

1강

모든 사람을 만족시키는 조합

안녕하십니까. KAIST 수리과학과의 엄상일입니다. 본격적인 강의로 들어가기 전에, 먼저 가벼운 이야기를 들려 드리겠습니다. 옛날에 생물학자, 물리학자, 수학자가 한 사람씩 기차를 탔는데 창 밖에 검은 양이 1마리 있더래요. 먼저 생물학자가 "아, 스코틀랜드에 있는 양은 까맣구나." 이렇게 말했습니다. 그래서 물리학자가 얘기했어요. "아니지. 어떤 스코틀랜드의 양은 까만 거지." 이 정도면 충분히 사실에 근접한 것 같죠.

수학자는 그 말을 듣고 나서 "무슨 소리야? 스코틀랜드에는 적어도 한쪽 면이 검은 양이 존재한다고 해야지."라고 얘기했답니다. 기차 안에서 보았으니 양의 반대쪽 면 색은 아직 못 봤잖아요. 그래서 다른 쪽 면의 색깔은 아직 확신할 수 없지만 적어도 "한쪽 면이 검정색인 양은 1마리 이상 존재하더라."라고는 말할 수 있겠죠.

수학자라는 사람들은 왜 이런 식으로 생각할까요? 제 생각엔 일종의 직업적 훈련의 결과입니다. 수학자들은 항상 조금이라도 거짓이 들어갈 수 있는 문장은 얘기하지 않는 훈련을 받다 보니, 저런 반응이 너무나 자연스러운 거예요.

그래서 저도 가끔씩 다른 전공하시는 분들의 강연을 듣다 보면, "과연 저 내용이 정말 다 맞을까?" 싶어서 불안할 때가 종종 있습니다. 다른 전공을 하시는 분들의 강연은 큰 그림을 잘 보여 주셔서 좋지만 과연 저분들이 세부적인 내용까지 100퍼센트 옳은 사실을 얘기하시나 싶어서 말이죠. 반대로 수학하시는 분들의 강연을 듣다 보면 정확성, 엄밀성을 추구하시니까 전반적인 큰 그림을 보여 주지 못하시는 경우가 있습니다. 그래서 이번 강의에서는 최대한 수학적인 정확성을 추구하면서도 앞의 이야기 속 물리학자 정도의 범위에서 재미도 함께 전해 드리려 합니다. 정말 몸통의 절반만 흑색인 양도 아주 드물게 있겠지만 말이죠.

모두가 행복한 자리 배치

이번 강의의 주제는 '짝을 짓기'인데요. 짝을 짓는다고 말씀드리면 교미나 번식을 생각하실 수 있는데 그런 내용이 아니라, 두 사람을 짝으로 만들어 주는 방법에 대한 이야기입니다.

가장 간단한 예부터 시작해 볼까요. 어느 학교에 남학생이 9명, 여학생이 9명이 있다고 합시다. 남학생과 여학생을 1명씩 짝지어 앉도록 하는데요. 학생들 사이에는 같이 앉고 싶어 하는 사이도 있을 테고, 사이가 안 좋아서 같이 앉기 싫은 사이도 있겠죠. 그런 정보를 다 안다고 가정할 때, 과연 어떤 경우에 모든 사람들이 행복하도록 짝을 지어 줄 수 있을까. 그런 문제를 생각하는 거예요.

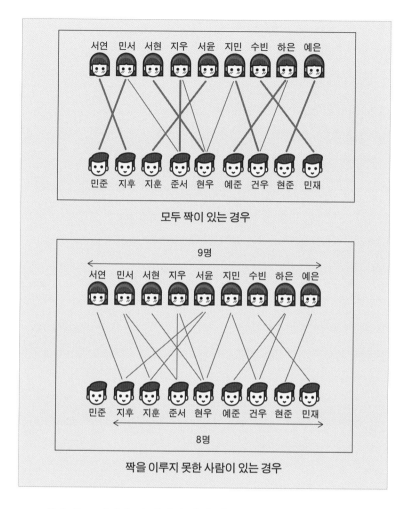

모두 짝이 있는 경우

짝을 이루지 못한 사람이 있는 경우

그래서 위 그림처럼 두 사람이 같이 앉을 수 있다면 선으로 연결해 봅시다. 그림 속에서 굵은 선으로 이어진 것만 보면 이 경우에는 모두 짝을 잘 지어 줄 수 있어요.

그러면 짝이 이루어지지 않는 경우도 한번 볼까요? 다음 그림의 경우에서는 어째서 항상 짝을 찾지 못하고 남는 사람이 있을까요? 이유는 간단해요. 민준과 같이 앉고 싶다는 사람이 없어서 이어진 선이 없잖아요.

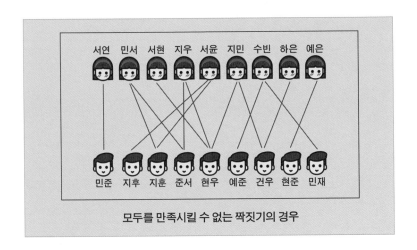

서연 민서 서현 지우 서윤 지민 수빈 하은 예은

민준 지후 지훈 준서 현우 예준 건우 현준 민재

모두를 만족시킬 수 없는 짝짓기의 경우

모두가 짝을 찾으려면 여자 9명이 남자 9명이 모두 서로 이어져야 합니다. 그런데 한 사람이 남기 때문에 절대 불가능한 상황이죠. 이런 경우에는 모두를 짝짓는 방법이 없다는 걸 알 수 있죠. 이 내용을 아래와 같은 간단한 관찰 결과로 정리해 봅시다.

> 전체 여자 수보다 그 여자들이 앉고 싶어 하는 남자의 수가 적다면 완전히 짝지을 수 있는 방법이 없다.

하지만 저 조건을 만족시킨다고 해서 항상 짝을 지을 수 있는 건 아니겠죠. 위의 그림을 보시죠.

9명 모두가 선이 이어진 건 맞지만, 이 경우에도 모두 짝을 만들 수는 없습니다. 왜 그럴까요? 여기 여학생 쪽에 서현, 지민, 하은을 봤더니 이 3명이 앉고 싶어 하는 남학생은 현우, 건우 2명밖에 없군요. 그러니까 전체 9명을 모두 고려하지 않고 일부인 서현, 지민, 하은만 봤더니 그들이 같이 앉으려는 남학생 수가 이 3명 보다 적다면 무슨 수를 써도 이 사람들을 모두 만족시킬 수 없어요.

그래서 이처럼 n명의 사람만 보았을 때 그들이 택한 상대의 수가 n명 보다 적다면 절대 모두를 만족시키며 짝지을 수 **없겠죠**. 모두가 자기 짝을 찾아야 한다면, 이런 상황은 없어야 합니다. 여기서 더 흥미로운 사실이 하나 나오는데요. 바로 이러한 상황만 없다면, 모두를 만족시키며 짝지어 주는 방법이 항상 있다는 겁니다. 이 사실이 수학적으로 증명돼 있어요. 정리의 이름도 내용과 어울리게 '결혼 정리'인데요. 1935년에 영국의 수학자인 필립 홀(Philip Hall)이 했습니다. 먼저 모든 n에 대해 n명의 사람이 있을 때, 그들이 같이 앉고 싶어 하는 짝의 수가 n보다 적은 경우가 없다는 조건을 충족하면, 모든 사람들을 만족시키도록 짝을 찾아 줄 방법이 존재한다는 사실을 증명한 거예요.

지하철 노선도도 그래프다

제가 전공한 그래프 이론에 이런 내용이 나옵니다. 보통은 남자, 여자 대신에 점 혹은 꼭짓점이라고 표현하고요, 두 사람이 같이 앉고 싶어 한다는 말 대신, "꼭짓점과 꼭짓점 사이의 선이 있다, 없다."라고 이야기합니다. 꼭짓점과 그것들을 잇는 선들의 집합을 보통 '그래프'라고 불러요.

예전에 미국에 갔는데 공항에서 입국 심사관이 "당신 뭐하는 사람이냐?"라고 물어보는 거예요. 그래서 "수학을 한다."고 답하니 "아, 수학 중에서 뭐하냐?" 그러기에 "그래프 이론을 한다."고 말했고 "아, 나도 학교 다닐 때 $y=x$ 같은 그래프를 배웠어."라고 하더군요. 그 말을 듣고 그냥

**지하철 노선도는 꼭짓점 사이의 연결 관계를
나타내는 그래프로 이해할 수 있다.**

그게 맞다고 해야 될지, 아니면 시간을 들여서 다르다고 해야 할지 고민했던 기억이 나네요. 하여튼 그 그래프와는 다릅니다. 제가 연구하는 그래프는 점과 점 사이의 관계를 나타냅니다. 지하철 노선도를 보면 지하철역이 꼭짓점이 되고, 역 사이에 노선이 놓여 있으면 선을 잇는 방식으로 그림을 그리죠. 이것이 그래프의 한 예입니다. 그래프 이론에서는 그래프의 여러 성질을 연구합니다. 결혼 정리가 단적인 예에요. 모든 사람들을 짝지어 주려면 어떤 조건이 만족되어야 하는지 증명한 것이죠.

이런 짝을 만드는 연구를 어디에 활용할 수 있을지가 첫 강의의 주제입니다. 짝을 짓는 동시에 이 관계를 좀 더 안정적으로 유지하는 방법에 관해서 함께 이야기하려고 합니다.

안정적인 짝을 짓기

「사랑과 전쟁」이라는 TV 프로그램을 많은 독자분들이 아실 텐데요. 이 프로그램이 제일 흔하게 다루는 주제 중 하나는 역시 배우자의 불륜이죠. 이제 우리는 짝을 잘 지어서, 이 프로그램과는 반대로 현재의 짝을 버리고 다른 사람에게 가는 경우를 줄여 보려고 합니다.

먼저 짝지은 관계가 깨지기 쉬운 상황을 설명해 볼까요. 예를 들어 갑돌이와 갑순이가 현재 짝이고 철수와 철순이가 현재 짝인데, 사실 갑순이는 철수가 좋고, 철수도 갑순이가 좋다면, 갑순이와 철수는 각자 새로운 짝을 찾는 것이 좋겠죠. 이런 상황이라면 이 2쌍은 지속되기 어려우니까요. 그래서 안정적인 상황이 아닙니다.

안정적인 짝을 짓기(stable matching)는 현재 짝지어진 1쌍이 어떤 다른 1쌍을 보더라도, 동시에 현재의 짝을 버리고 다른 쌍과 맺어지려는 상황이 생기지 않는다는 뜻입니다. 아까는 어떻게 하면 많은 짝을 맺을 수 있을지 고민했죠? 이제는 어떻게 하면 안정적으로 짝지을 수 있을까 생각

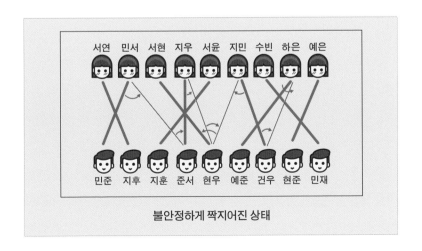

불안정하게 짝지어진 상태

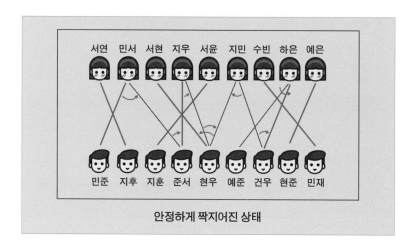

서연 민서 서현 지우 서윤 지민 수빈 하은 예은

민준 지후 지훈 준서 현우 예준 건우 현준 민재

안정하게 짝지어진 상태

하는 겁니다.

예를 한번 들어 보겠습니다. 앞쪽의 그림에 서로 누구를 더 선호하는
지 순서를 표시하기 위해 화살표를 넣었습니다. 화살표가 향하는 방향에
있는 사람을 더 좋아한다는 뜻입니다. 왜 이 경우는 안정된 짝짓기 방법
이 아닐까요? 여기서 건우를 보면 현재의 짝인 지민보다 하은을 더 좋아
하죠. 하은 역시 건우를 현재 짝인 예준보다 더 좋아합니다. 이 둘은 현재
의 짝을 버리고 새로운 짝으로 바꿀 수 있겠죠. 따라서 이 방법은 전체적
으로 불안정합니다.

만약 이 두 사람이 기존 짝을 버리고 새 사람과 이어지면 상황이 달라
집니다. 모든 사람을 짝지어 주는 건 포기하는 거예요. 그래서 예준과 지
민은 짝이 없죠. 하지만 일단 짝이 지어진 쌍들을 살펴보면, 내 현재 짝보
다 더 마음에 드는 사람은 그들이 더 좋아하는 사람과 이미 짝이어서 더
이상 바뀔 수 없는 상태입니다. 따라서 위 그림의 짝지은 방법은 안정적이
라고 말할 수 있죠. 예를 들어 민서는 현재 짝인 민준보다 준서를 더 좋아
하지만, 당사자인 준서는 자기가 더 좋아하는 지우와 짝이어서 바꿀 의사

가 없는 거죠.

그러므로 모든 사람이 자기가 가장 선호하는 사람과 짝지어진 것은 아니더라도, 현재의 짝지어진 전체 쌍이 더 이상 바뀔 수는 없어요. 만약 내가 지금의 짝보다 더 선호하는 사람이 있더라도, 그 사람은 내가 아닌 자신이 더 선호하는 사람과 짝지어진 상태이기 때문입니다. 이런 안정적인 짝짓기 방법을 찾는 문제도 생각해 볼 수 있습니다.

고백과 선택의 라운드

1962년에 수학자 데이비드 게일(David Gale)과 로이드 샤플리(Lloyd Shapley)가 논문을 하나 썼어요. 이 논문이 수학과 대학생들도 많이 보는, 읽기 쉬운 수학 저널 중 하나인 《아메리칸 매스매티컬 먼슬리(*American Mathematical Monthly*)》에 실렸습니다. 이들의 논문은 안정적인 짝짓기에 대한 문제와 그렇게 짝지을 수 있는 알고리즘을 밝혔습니다.

알고리즘 자체는 상당히 간단합니다. 먼저 현재 짝이 없는 모든 남자들은 자신이 거절당한 적 없는 여자 중에 가장 좋아하는 사람에게 사귀자고 말합니다. 그게 1라운드입니다. 이제 각 여자들에게는 사귀자고 고백해 온 남자들과, 이미 그 전부터 사귀던 사람이 있을 수 있습니다. 2라운드에서는 각 여자들이 현재 짝이 있다면 지금 사귀자고 한 남자들까지 동시에 비교해서 그중 제일 선호하는 사람과 사귀고, 나머지는 모두 거절합니다. 만약 1라운드에서 사귀자고 한 남자 중에 원래의 짝보다 더 선호하는 사람이 있다면 짝을 바꾸겠죠. 3라운드에서는 현재 짝이 없는 남자들이 각자 거절당한 적이 없는 여자들 중 가장 선호하는 사람에게 사귀자고 말합니다. 여기서 중요한 조건이 있습니다. 한번이라도 고백했다가 거절당했거나, 짝이었다가 다른 더 좋은 남자에게로 떠난 여자에게는 다시 사귀자고 할 수 없어요. 4라운드에서는 여자들이 현재 짝과 3라운드에서 사귀자고 말해 온 남자들을 비교해서 그중 제일 좋아하는 사람으로 짝을 바꿉니다. 이런 식으로 남자들이 고백하는 라운드와 여자들이 선택하는 라운드를, 더 이상 짝이 바뀌지 않을 때까지 계속 반복합니다.

결국 더 이상 짝이 바뀌지 않는 상황에 이르렀다면, 이 결과는 무슨 뜻일까요? 짝짓는 방법이 안정적이라는 의미입니다. 내가 현재 짝보다 더 좋아하는 사람은 이미 그가 좋아하는 사람과 짝이어서 나에게 관심이 없으니까요. 이렇게 짝짓는 방법을 찾는 것을 '게일과 샤플리의 방법'이라고 합니다. 여기에 무슨 수학적인 증명이 필요한지 의문을 품는 분도 계실 텐데요. 가만히 생각해 보면 어느 순간부터 짝이 더 이상 바뀌지 않고 멈춰야 할지 궁금하실 거예요. 매우 간단해 보이지만, 멈추지 않고 짝이 무한히 바뀔 가능성은 과연 없는지 수학적 증명을 해야 합니다. 바로 게일과 샤플리의 논문에 계속 짝이 바뀌는 상황이 생기지 않는다는 증명이 들어 있습니다. 그래서 항상 안정적으로 짝지을 수 있다는 사실이 증명됐죠. 모든 사람에게 짝을 정해줄 수는 없더라도, 안정적으로 짝을 맺는 건 가능하다는 거예요. 그런 까닭에 무척 간단해 보이는 내용인데다 대학생들이 읽는 수준의 수학 저널에 실렸지만, 현재까지 많이 인용, 사용되는 논문이 됐죠.

　이 증명이 응용된 대표적인 사례가 미국의 내셔널 레지던트 매칭 프로
그램(National Resident Matching Program, NRMP)입니다. 이 프로그램에
대해 좀 설명해 볼게요. 미국에서도 의과 대학생들이 졸업을 하면 수련의
(레지던트) 과정을 밟기 위해 병원에 배치됩니다. 일단 의대 졸업생들은 각
자 선호하는 병원이, 각 병원은 수련의로 받고 싶은 학생들이 있겠죠. 이
럴 때 의대생들을 병원에 배정해 주는 프로그램이에요. NRMP가 게일과
샤플리의 방법으로 중앙에서 수련의와 병원을 짝지어 줍니다. 예를 들어
A라는 병원이 B라는 수련의를 받았는데, 사실 병원에서는 C라는 수련의
를 더 선호했다고 가정해 보죠. 그런데 C라는 수련의도 자신이 배정된 D
병원보다 A병원을 더 선호하는 겁니다. 이렇게 되면 동시에 2쌍의 배정이
파기될 위험성이 있죠.

　중앙에서 배정을 하더라도 병원과 수련의가 서로 다른 수련의와 병원
을 선호한다면 무용지물입니다. NRMP의 장점은 저런 일이 생기지 않게
끔 배정해서 파기될 위험을 최소화시켜 준다는 거예요. 미국 전역을 대상
으로 하기 때문에 이 프로그램은 대단히 규모가 큽니다. 매년 3월 19일마
다 배정하는데 2009년에는 신청자가 총 2만 9890명이었다고 합니다. 그
렇게 해서 배정된 수련의가 무려 2만 1000명입니다. 이 중 미국 내에서 의
대를 졸업한 지원자의 경우, 신청 1순위 병원에 배정된 수련의가 53퍼센
트에 달했습니다. 이 프로그램의 홈페이지(http://www.nrmp.org/)에 접속
하시면 더 다양한 통계 자료를 보실 수 있습니다.

서울의 고등학교 배정

외국의 배정 프로그램을 보다가 관심이 생겨서, 우리나라의 경우도 비슷한 사례가 있는지 조사해 봤어요. 서울에서 중학생들을 어떻게 고등학교로 배정하는지 알아보니 상당히 복잡하더군요. 독자 여러분 중에 고등학생이거나 학부형이신 분들은 더 잘 아실 텐데요. 최근의 절차를 간단히 설명해 보면 먼저 과학 중점 학급에 신청을 한 다음, 탈락했거나 신청하지 않은 학생들은 일반계 고등학교와 자율형 공립 고등학교에 신청하는데 1단계로 서울 전역에서 2개 학교에 신청하고 거기서 다시 탈락하면 2단계 신청을 한 후에, 배정받지 못하면 교육청에서 임의로 고등학교를 배정해 주는 시스템입니다. 각 단계에서는 신청을 받은 학교들이 무작위로 학생들을 선발하는 것으로 되어 있습니다.

서울 시의 고등학교가 200여 개고, 신입생 수는 대략 10만 명에 달하니, 이것은 앞에서 본 미국의 NRMP보다도 훨씬 큰 규모죠. 그런 만큼 복잡한 이슈도 많을 수밖에 없고, 그것들이 이 전형 과정에 반영되면서 복잡한 배정 절차가 구성됐을 거예요.

뉴욕의 고등학교 배정

미국의 뉴욕 시도 같은 문제를 고민했습니다. 2003년에 뉴욕 시 교육 당국은 고등학교의 신입생 배정 방식을 개선하기 위해, 하버드 대학교의 엘빈 로스(Alvin Roth)를 중심으로 한 연구 팀에 연구를 의뢰했습니다. 그 결과 2004년부터 고등학생의 학교 배정에 게일과 샤플리 방법을 응용한 방법이 사용되고 있어요.

뉴욕 시에서는 매년 8만 명 정도의 학생이 고등학교에 진학합니다. 각 학교는 1개 이상의 학생 선발 프로그램을 제공하는데, 뉴욕 시 전체에 선발 프로그램의 수가 700여 개라고 하네요. 지원서에는 신입생들이 희망하는 프로그램을 12개까지 선호 순서대로 적습니다. 학생들이 신청하면 시에서 학생을 학교에 배정해 줍니다. 2014년의 뉴욕 시 고교 신입생 배정에서는 전체 12개 신청 순위 중 1순위 신청 프로그램에 배정된 학생이 약 45퍼센트, 5순위 이내에서 배정된 학생은 84퍼센트에 이르렀으며, 신청한 12개 프로그램 중 하나에 배정된 학생은 총 90퍼센트였습니다.

나머지 10퍼센트의 학생은 별도의 2차 지원 과정을 거쳐 배정됩니다. 학생들이 신청한 프로그램은 각 고교별로 다양한 기준에 따라 선발합니다. 학교 근처 지역의 학생들을 우대하기도 하고, 자기 고교의 입학 설명회에 참석한 사람에게 가산점을 주는 학교 등 다양합니다.

2003년 이전의 배정 방식에서는 학생들이 각각 5개 학교를 선호 순위에 따라 신청했고, 각 학교들은 어떤 학생이 자기 학교를 몇 순위로 적어 냈는지 알 수 있었어요. 이를테면 학교들이 1순위로 신청하지 않은 학생들에게 불이익을 줄 가능성도 존재했죠. 지금은 학생들의 선호 순위가 고교들과 공유되지 않을뿐더러, 눈치 보지 않고 정말 원하는 순서대로 지원해야 본인에게도 유리하게끔 제도가 바뀌었죠.

학교에 따라 뽑고 싶은 학생의 우선순위가 모두 다르기 때문에 학생들도 신청하기 전에 이 점을 충분히 고려합니다. 학교와 학생 모두 선호 순위가 있는 까닭에, 이에 따라 게일과 샤플리의 방법을 적용할 수 있는 것이죠. 이제 양쪽의 선호 기준을 놓고 컴퓨터로 배정하는데, 방식은 다음과 같습니다.

현재 학교가 배정되지 않은 학생이 신청한 선호 순위 중에서 가장 높은 학교에 지망하면, 그 학교는 현재까지 자신들에게 지망해서 선정해 두었던 학생들과 이 학생을 비교해 수락 여부를 결정합니다. 이런 방식으로 입학 정원만큼만 남고 나머지 학생은 탈락하겠죠? 게일과 샤플리 방법을 따르면, 잠정적으로 선발됐던 학생일지라도 다음 단계에서 학교의 기준에 더 부합하는 학생이 지원하면 밀려나는 거예요. 이 과정을 반복하면 언젠가는 더 이상 선발해 둔 학생이 바뀌지 않는 단계가 됩니다. 학생 배정이 완성된 상태죠.

서울과 뉴욕의 차이점

여기까지 보시면 뉴욕과 서울의 고교 신입생 배정 방식에는 차이점이 있습니다. 일단 뉴욕의 경우에는 이런 방식을 적용해서, 학생 자신의 선호 순위를 그대로 신청하는 것이 자신에게 최선의 이득이 된다는 신뢰성이 확보되죠.

서울에서는 1차에 2개 학교에만 신청하는데, 1차에서 정말 가고 싶은 학교로만 적어 냈다가 떨어지면 2차에서는 미달된 학교에 지원하겠죠. 그런데 2차 지망을 받은 학교 중에서도 이 학생이 1차에서 선발한 학생보다 더 기준에 부합하지만 정원이 초과되어 못 받을 수도 있어요.

이렇게 되면 학교와 학생 모두 불만이 생길 수밖에 없습니다. 더 좋은 학생이 나중에 지원해도 이미 선발한 학생들이 있어서 입학할 수 없으니까요. 뉴욕의 배정 방법은 짝을 짓는 과정에서 발생할 수 있는 불만을 최대한 줄이는 것이 핵심 목적이라는 사실을 기억해야 합니다.

노벨상을 안겨 준 알고리즘

짝짓기 알고리즘의 개발에 공헌한 게일과 샤플리 중 게일은 2008년에 86세로 세상을 떠났습니다. 캘리포니아 대학교 버클리의 수학과 교수였던 게일이 별세했을 때, 《뉴욕 타임스(The New York Times)》의 부고 기사에서는 "결혼 알고리즘을 만든 데이비드 게일, 86세로 눈을 감다."라고 썼어요. 그런데 몇 년이 지나, 조금만 더 살아계셨다면 좋았으리라고 아쉬워하게 만드는 일이 생겼어요.

바로 이 알고리즘을 개발한 업적으로 2012년에 샤플리가 노벨 경제학상을 받았거든요. 알고리즘이 처음 실린 논문의 공동 저자 중에서 샤플리는 상을 받았지만, 게일은 이미 사망한 후여서 받지 못하고 알고리즘을 이용해 뉴욕 시의 고교 신입생 배정뿐만 아니라, 다양한 관련 프로젝트를 이끌었던 하버드 대학교의 로스가 공동 수상을 했습니다.

장기 이식의 알고리즘

장기 이식에 대한 이야기로 넘어가 보겠습니다. 2012년에 노벨 경제학상을 샤플리와 로스에게 수여할 때도 언급된 중요한 공헌 중에 하나로 장기 이식 프로그램의 효율성을 높였다는 사실을 언급했었죠. 예를 들어 우리 몸의 장기 중 하나인 신장을 이식하는 데, 수학 이론이 어떻게 쓰일 수 있을까요? 한국의 질병 관리 본부 산하에 있는 기관인 장기 이식 관리 센터 홈페이지를 보면 1만 4000여 명의 신부전증 환자들이 신장 이식을 기다리는 중입니다. 신장 이식을 받으려면 일단 혈액형이 맞아야 합니다.

O형 환자에게는 O형 기증자의 신장만 이식할 수 있고, AB형에게는 모든 혈액형의 신장을 가져올 수 있고, A형에게는 A형, O형, B형에게는 B형, O형의 신장만 이식할 수 있죠. 사람마다 다른 단백질 종류에 따른 추가적인 기준도 있습니다만, 우선 가장 중요한 것은 혈액형입니다.

통계를 살펴보니 장기 이식을 기다리는 환자 중에 신장 이식의 대기자가 간장, 췌장, 심장을 다 합한 것보다 훨씬 많았습니다. 신장은 다른 장기에 비해 이식하기가 상당히 용이한 편이죠. 사람마다 2개씩 있어서 하나를 다른 사람에게 이식해 주더라도 큰 문제는 없으므로, 생존자에게서도 이식받을 수 있기 때문입니다. 그래서 2013년에 시행된 신장 이식 수술의 통계를 보면 뇌사자로부터 이식된 경우가 약 750건, 생존자로부터 이식된 경우가 약 1,000건이라고 합니다. 수술이 필요한 환자는 1만 명이 넘는데 실제 이식을 받은 환자는 그 10퍼센트 정도에 불과한 셈이죠.

신장은 주로 어떻게 이식받을까요? 2년 전의 통계처럼 뇌사자는 매우 드물기 때문에 가족 간에 신장을 이식하는 경우가 많습니다. 혈액형만 잘 맞으면 부부끼리, 형제끼리 이식하는 등 가족 간에 수술을 하는 경우가 많습니다. 그런데 가족 간에 혈액형이 안 맞으면 문제가 발생하죠. 예를 들어 A씨 가족의 남편과 아내의 혈액형이 맞지 않아서 이식할 수 없고, B씨 가족도 같은 문제가 있다고 가정해 봅시다. 이런 경우에 A씨 가족 중 건강한 사람의 신장을 B씨 가족의 환자에게 이식해 주고, B씨 가족에서 건강한 사람의 신장을 A씨 가족의 환자한테 준다면 양쪽 모두 좋겠죠. 실제로 2005년에 우리나라에서 두 가족 사이에 신장을 교환해서 이식한 사례가 보도되기도 했습니다. 이런 것을 맞교환 이식이라고 합니다.

이제 어떻게 하면 최대한 많이 두 가족씩 맞교환 이식을 할 수 있을지 생각해 보죠. 예를 들어 각각 1명씩 신장 이식이 필요한 환자가 있는 다

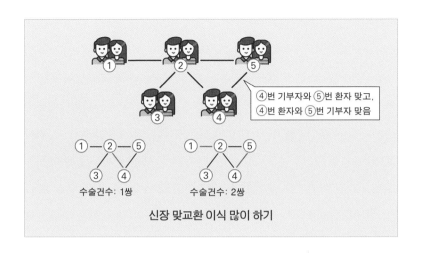

④번 기부자와 ⑤번 환자 맞고,
④번 환자와 ⑤번 기부자 맞음

수술건수: 1쌍

수술건수: 2쌍

신장 맞교환 이식 많이 하기

섯 가족을 생각해 봅시다. 4번 가족의 건강한 사람의 신장을 5번 가족에게 줄 수 있고, 5번 가족의 건강한 사람의 신장을 4번 가족에 줄 수 있는 식으로, 맞교환으로 이식이 가능한 가족들 사이에 위의 그림처럼 선을 그었어요. 그 결과로 위의 그림이 나왔습니다. 이런 전체적인 상황을 모르는 상태에서 무턱대고 수술하면 어떻게 될까요? 위 그림의 좌측 하단처럼 2, 4번 가족끼리 먼저 맞교환 이식을 한다면, 남은 가족들은 더 이상 이식 수술을 할 수 없겠죠. 그렇지만 1, 2번과 4, 5번 가족끼리 맞교환 이식을 하면 총 2쌍의 가족들이 수술을 받게 됩니다. 총 4명이 건강을 회복할 수 있죠. 2명만 신장을 이식받는 경우보다 훨씬 더 이득이 큽니다.

이식 수술의 순서만 잘 정해도 사람이 몇 명 더 죽고 살게 되죠. 그래서 효율적인 이식 순서를 어떻게 찾을지가 대단히 중요합니다. 현재 신장 이식 수술의 경우에만 약 1만 4000명의 환자가 대기하고 있다고 말씀드렸죠. 이 많은 사람들 중에서 어떻게 가장 크고 효과적인 짝짓기 방법을 찾을 수 있는지, 수천, 수만 명을 대상으로 가장 크게 짝짓는 방법을 찾는 문제가 사회적, 의학적 현안으로 대두된 것입니다.

점과 선만으로 짝을 짓기

문제는 다시 수학의 짝짓기로 돌아갑니다. 처음에 보여 드렸던 짝짓기에서는 서로 다른 성별끼리 짝을 이루었는데, 신장 이식에 대한 그래프에서는 이런 구분이 없습니다. 성별이 나뉘지 않고 점과 선만 있는 그림이 되므로 이 경우가 더 복잡해요. 일단 먼저 좀 더 쉬운 문제부터 생각해 봅시다. 최대한 짝을 짓는 문제가 아니라, 어떤 경우에 모든 사람이 짝을 짓는 게 가능한지부터 알아보는 거죠. 이제는 남녀와 같은 구분이 없으므로 홀의 결혼 정리를 적용할 수 없습니다. 예를 들어 아래 그림과 같은 상황을 봅시다. 여기서는 모든 사람을 짝짓는 것이 가능할까요?

정답부터 말씀드리면, 모든 사람을 짝짓기가 불가능합니다. 가운데 사람을 연결해 봤더니 5명, 즉 홀수의 사람으로 구성된 조각이 3조각이나 생겼습니다. 만일 모두 짝지을 수 있다면 홀수인 조각의 사람 중 적어도 1명은 가운데 사람과 짝지어져야겠죠. 그런데 홀수로 구성된 조각이 3개

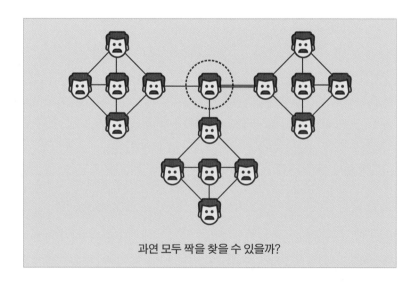

과연 모두 짝을 찾을 수 있을까?

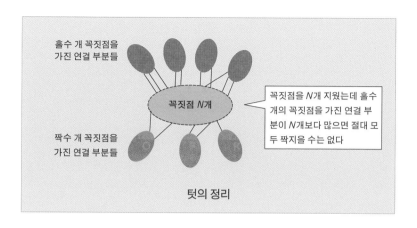

홀수 개 꼭짓점을 가진 연결 부분들

꼭짓점 N개

꼭짓점을 N개 지웠는데 홀수 개의 꼭짓점을 가진 연결 부분이 N개보다 많으면 절대 모두 짝지을 수는 없다

짝수 개 꼭짓점을 가진 연결 부분들

텃의 정리

나 있으니, 가운데의 사람이 누구와 짝이 되더라도, 홀수로 구성된 조각이 남기 때문에 모두를 짝지을 수는 없는 거죠.

그러면 여러 명을 함께 빼면 어떨까요? n명을 빼면 홀수 명이 모인 조각도 있고, 짝수 명이 모인 조각도 있겠죠. 그런데 짝수 명이 모인 조각은 어쩌면 모두 짝지어질 수도 있습니다. 홀수 명이 모인 조각 안에서는 절대 자기들끼리 모두 짝을 만들 수 없죠. 그러므로 만일 n명을 지우고 남은 그래프에서 홀수 명이 모인 조각의 수가 n보다 많다면, 이 n명을 어떻게 짝을 짓더라도 어딘가에는 홀수 명의 조각이 남겠죠? 이렇게 되면 모두가 짝짓기는 불가능합니다. 그런데 신기하게도 이런 일이 안 생기면, 항상 모두 짝을 만들 수 있다는 사실이 증명됐어요. 이것을 1947년에 증명한 수학자가 바로 빌 텃(Bill Tutte)인데요. "아무렇게나 꼭짓점을 여러 개지웠을 때, 꼭짓점이 홀수인 연결된 조각의 수가 이렇게 지운 꼭짓점의 수보다 적다면 모두 짝지을 수 있다."라는 것이 '텃의 정리'입니다.

얼마나 많은 쌍이 맺어지는가?

지금까지 모든 사람을 짝짓는 방법이 있는지에 대해 이야기했습니다. 처음에 우리가 알고자 한 건, 최대한 많은 사람을 짝짓는 방법이었죠. 모든 사람을 짝지을 수 있는 경우에 대한 정리는 1947년에 나왔지만, 최대한 많은 사람을 짝짓는 방법에서 가능한 짝의 수를 구하는 공식은 1958년에 찾았습니다. 이 공식을 텃-베지 공식(Tutte-Berge formula)이라고 부르는데 이렇게 생겼습니다.

짝을 짓고 남는 사람의 최솟값=odd(G-X)-|X|의 최댓값

자세히 아실 필요는 없으니 간단히 설명해 보죠. X는 전체 사람들 집합의 부분 집합이며, odd(G-X)는 X에 있는 사람들을 뺐을 때 생기는 홀수 명으로 구성돼 연결된 부분들의 수, |X|는 X에 속한 사람의 수입니다. 짝짓고 남은 사람의 최솟값은, 전체 사람 수에서 최대로 짝을 지었을 때 생긴 쌍의 개수의 2배를 뺀 것입니다. 이 공식을 이용하면, 가장 많이 짝을 짓는 방법의 수를 m이라 할 때 "(사람수)-2m=odd(G-X)-|X|의 최댓값"이라는 것을 알게 됩니다.

전체 사람 수는 15명이며 그중 몇 명이 아무렇게나 빠져 나가서 그 사람들을 지웠을 때 생긴 홀수의 사람들로 이뤄진 조각의 개수로부터, 빠진 사람의 수를 뺀 최댓값이 5라고 합시다. 그렇다면 아까 말한 방식에 따라서 어떻게 짝지어도 최소 5명은 짝 없이 남는 거예요. 다르게 말하면 이 공식은 정확히 5명만 남는, 짝짓는 방법이 있음을 보여 줍니다.

그런데 이 방식에도 문제가 있어요. 총 인원의 수가 100명이라고 가정하고 이 공식을 이용해 최대의 짝짓기 수를 찾는다면, 100명에서 몇 명이 빠졌을 때, 홀수 명으로 구성된 조각이 몇 개 나오는지 전부 세어야 합니다. 이런 식으로 계산하면 전체 조각의 수는 2^{100}입니다. 너무나도 큰 수죠. 그러므로 전체 인원이 100명 정도 되면 이 공식으로는 값을 구하기가 너무 힘들어집니다. 그래도 이때까지 수학자들은 그래도 유한한 수이니다 계산해 보면 된다고 생각했습니다.

다항식 시간 알고리즘

잭 에드먼즈(Jack Edmonds)라는 수학자가 1965년에 최적의 짝짓기 수를 찾는 효율적인 방법을 제시합니다. 에드먼즈는 이 연구를 하면서 다항식 시간 알고리즘이라는 개념을 만들었어요. 이 개념은 컴퓨터 알고리즘을 얘기할 때 좋은 알고리즘을 구분하는 척도로, 그것의 수행 시간이 입력 길이에 관한 다항식 시간인지를 제시한 것입니다. 기존의 텃-베지 공식보다 본인이 만든 방법이 더 좋은 이유를 설명한 거죠.

전체 N명으로 구성된 그래프에서 최대로 짝짓는 방법을 찾기 위해 2^N가지의 사람을 뽑는 방법을 모두 고려해야 했던 텃-베지 공식에 비해, N^3만 사용한 에드먼즈의 방식이 더 효율적이죠. 예를 들어 N^3이 100이면 100^3이 2^{100}보다 훨씬 작으니까요. 그러니까 N이 커지면 수행 시간이 다항식인 알고리즘이 지수 함수보다 훨씬 빠르다는 사실을 보이기 위해, 다항식 시간 알고리즘이라는 용어를 개발한 거예요.

1쌍이 구한 여러 쌍의 삶

실제 병원에서 수술하는 요즘의 의사들이 장기 이식하는 환자들을 어떻게 짝지어서 맞교환 이식을 해야 할지 고민할 때, 1960년대의 에드먼즈가 어떤 연구를 했는지까지 알 수는 없었겠죠. 그런 까닭에 이 두 문제 사이의 관련성은 오랫동안 알려지지 않았습니다.

여기서 한 부부가 등장합니다. 응용 수학을 전공해 박사 학위를 받고 지금은 아나폴리스에 있는 미국 해군 사관학교의 교수로 재직 중인 소머 젠트리(Sommer Gentry)와 존스 홉킨스 대학교 병원의 장기 이식 수술 전문의인 도리 세게브(Dorry Segev)인데요. 여담이지만 이 부부는 스윙 댄스 대회에서 처음 만나서 사귀어 결혼까지 했다고 하더군요.

어느 날 남편인 세게브가 아내인 젠트리에게 이런 질문을 했습니다. "우리 병원에서 신장 이식 수술을 받을 환자들을 정하는 데 경우의 수가 너무 많아서 힘들어. 이럴 때 쓸 수 있는 좋은 방법이 있을까?"

그래서 젠트리는 어떤 식으로 수술 대상자를 조합하고 있냐고 물어봤겠죠. 세게브가 들려 준 방식은 대략 이랬다고 해요. 간호사가 수술 대상자들의 차트를 들고서 신부전증 환자들과 그 가족들의 혈액형 등 관련 정보를 적은 조각들을 이리저리 붙여 보면서 어떤 식으로 조합해야 좋을지 고민하고 있었습니다. 이렇게 환자들을 관리하며 누가 누구에게 신장을 이식하고 어떤 순서로 이식 수술을 집도할지 정하고 있었던 거예요. 말 그대로 주먹구구죠.

젠트리가 세게브의 이야기를 들어 보니, 바로 예전에 에드먼즈가 생각해 낸 공식을 적용하면 좋겠다는 생각이 든 거죠. 그래서 이 알고리즘을 신장 이식 수술에 적용해 큰 성공을 거두었고 이것이 2005년에《타임

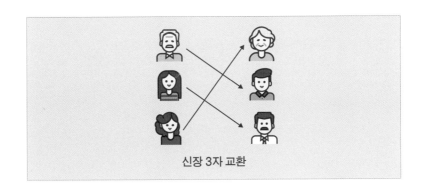

신장 3자 교환

《*Time*》에도 소개됐습니다. 그 후에도 이 부부는 서로 다른 환자와 가족들 간의 맞교환 이식이 합법화될 수 있도록 정부와 의회에 청원하는 시민 활동을 조직했고, 이러한 이식을 체계화하기 위해 장기를 이식받을 환자와 가족들의 관련 정보를 등록하는 데이터베이스를 구축하는 데도 큰 역할을 했습니다.

문제를 좀 더 발전시키면, 꼭 2쌍의 가족끼리만 장기를 교환하는 것이 아니라, 3쌍이 동시에 교환하는 경우까지 생각해 볼 수 있습니다. 2쌍만으로 장기를 이식할 수 없을 때는 위의 그림과 같이 3쌍이 함께 장기를 이식하는 것도 가능하겠죠. 이렇게 생각하면 꼭 3쌍이 아니라, 훨씬 더 많은 쌍끼리 짝을 짓는 경우도 생각해 볼 수 있어요. 사실은 이런 접근의 연구가 젠트리, 세게브 부부의 장기 이식 아이디어보다 먼저 이루어졌습니다.

사람과 집을 이어 주기

다음으로는 이런 문제를 생각해 보죠. 100명의 사람이 100채의 서로

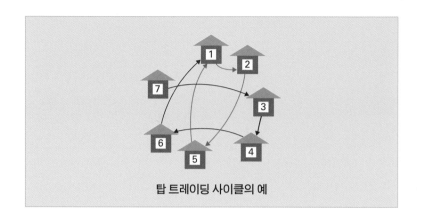

탑 트레이딩 사이클의 예

다른 집에서 살고 있는데, 모두가 자신의 집이 마음에 들지 않고 남의 집이 더 마음에 듭니다. A는 C가 사는 집으로, C는 F가 사는 집으로, 서로 다른 사람이 사는 집에 이사하고 싶은 거죠. 이렇게 하다 보면 모든 사람들이 1바퀴 돌 수 있겠죠? 돈을 쓰지 않고 원하는 집으로 이사하는 사람들이 계속 이어지는 거죠. 앞에서 말한 샤플리와 허버트 스카프(Herbert Scarf)가 이런 내용의 논문을 1974년에 발표했습니다.

자세한 내용은 이렇습니다. 모든 사람들이 자신이 이사 가고 싶은 집을 정해서 옮기다 보면, 전체 인원은 유한하므로 같은 집이나 사람의 차례가 되돌아오겠죠. 그러면 이미 이사한 사람들의 집을 빼고 아직 옮기지 못하고 남은 사람끼리, 이사하고 싶은 집을 고르면서 이 과정을 반복합니다. 그러면 대부분의 사람이 원하는 집으로 이사할 수 있겠죠? 이 아이디어를 탑 트레이딩 사이클(top trading cycle)이라고 부릅니다.

이번 강의의 마지막 문제에 이르렀는데요. 마지막 주제는 온라인 광고입니다. 구글, 네이버를 비롯한 검색 엔진 사이트에서는 이용자들에게 어떤 식으로 광고를 보여 줘야 할지 많은 고민을 합니다. 사이트의 배치 위치에 따라서, 예를 들어 500만 원부터 1000만 원까지 다양한 가격을 책정하고 원하는 회사들이 그 자리를 사서 광고하죠. 문제는 이 사이트에 접속한 이용자가 과연 이런 광고에 관심이 있느냐는 것입니다. 전혀 관심이 없다면 사용자는 이용에 불편만 느끼고, 광고주는 비용을 들여서 광고할 가치가 없겠죠. 소비자 입장에서도 필요한 광고가 안 뜨면 불편한 점이 있고요.

그래서 다양한 연구를 하게 됐습니다. 검색 엔진 업체들은 나이, 성별, 지역, 검색 기록 등에 따른 사용자별 관심사에 대한 정보를 갖고 있죠. 그것을 이용해 각 사용자들이 가장 흥미를 느낄 정보, 즉 광고를 보여 주자는 겁니다. 검색어를 치면 검색 결과와 그에 따른 광고가 함께 뜨는 키워드 광고도 그 예입니다. 사용자의 관심사를 계산해서 그에 맞는 광고를 띄운다면 광고주와 사용자 모두에게 대단히 효율적이겠죠. 광고주가 광고를 클릭한 사용자 수에 따라서 검색 엔진 업체에 광고비를 지불하면 어떨까요? 광고를 본 사용자 수가 아니라 실제로 클릭한 사용자 수에 따라 비용을 지불한다면, 검색 엔진 업체는 확실히 클릭할 사람에게만 광고를 보여 줘야겠죠. 그렇다면 누가 클릭할지 연구해야 합니다. 예를 들어 A라는 키워드를 검색한 사람이 B에 대한 광고를 누를 확률을 계산하는 거죠.

사용자 정보에 따라 어떤 광고를 선호할지의 확률이 정해져 있다고 가정하고, 광고를 어떻게 배정할지 생각해 보겠습니다. 광고주도 예산의 한

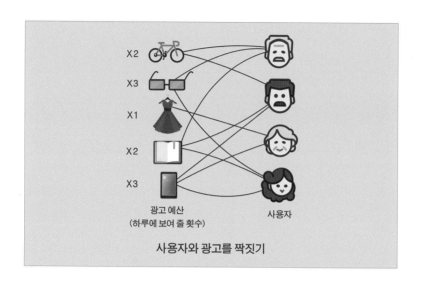

X2

X3

X1

X2

X3

광고 예산
(하루에 보여 줄 횟수)

사용자

사용자와 광고를 짝짓기

계가 있으므로 무한정 광고비를 지불할 수는 없어서, 하루에 보여 줄 인원을 제한하게 됩니다. 위의 그림을 보시면 자전거를 파는 광고주는 광고를 하루에 2번 보여 줄 예산이 있고, 안경 업체는 3번, 의류 업체는 1번을 보여 줄 예산이 있다고 합니다.

그렇다면 이것을 어떻게 짝짓기 문제로 바꿀 수 있을까요. 광고를 3번 내보낼 예산이 있다면 그것을 사람 3명이라고 합시다. 이 상황에서는 자전거가 2명, 안경이 3명, 의류가 1명의 사람들로 각각 바뀌겠죠. 오른쪽의 사람들은 이 광고와 짝지어질 사용자들이죠. 그러면 최대한 많은 짝을 지어서, 그 개수만큼 광고를 보여 주면 됩니다. 검색 업체 입장에서도 가장 이득이 되는 방향이죠.

그런데 문제가 있어요. 이 검색 사이트에 사용자들이 어떤 순서로 들어올지 모릅니다. 아주 불확실한 상황에서 광고가 이뤄지는 셈이죠. 광고는 모두 정해진 상태에서, 사용자는 따로따로 접속합니다. 예를 들어 책과 안경 광고를 각 1회씩 보내기로 정해진 상태에서, 책과 안경 광고를 모두 누를 수 있는 사람이 접속해서 안경 광고를 보여 줬는데, 그 다음에는 안경 광고만 누를 사람이 접속하면 보여 줄 광고가 없어서 검색 업체는 광고비를 1번 밖에 못 받습니다. 이때 책 광고를 보여 줬다면, 다음에 안경 광고를 쓸 수 있으므로 2배의 수익이 발생했겠죠. 광고 순서가 이익에 직결되는 겁니다.

광고 문제를 사람들끼리 짝짓는 문제로 생각하면, 예를 들어 사람들이 어떤 순서로 도착할지 모르는 상황에서, 1명이 올 때마다 적당한 짝을 바로 정해 줘야 하고 한번 정한 짝은 바꿀 수 없는 거죠. 이런 상황에서 광고와 사용자를 최대한 많이 짝지어 줄 수 있는 방법은 무엇일까요?

1990년대의 연구에서는 주사위 같은 난수를 사용하지 않고 미리 결정된 방법으로 짝지으면, 어떠한 방법을 쓰더라도 모두가 짝지어지는 최적의 경우에 비해 절반 이상 짝이 없는 경우가 반드시 존재한다는 사실을 증명했습니다. 즉 앞의 광고처럼 2쌍이 만들어질 수도 있지만, 사용자가 도착하는 순서에 따라 1쌍밖에 짝지어지지 않는 경우가 생기는 거죠.

구글의 광고 노출 정책

그런데 최적인 경우와 비교해, 절반 이상을 짝지어 준다고 보장해 주는 방법이 있습니다. 어떤 사용자가 접속하면 남은 광고 중 그 사람에게 맞는 첫 번째 광고를 무조건 보여 주는 거예요. 이런 방법은 나중에 도착할 사용자들을 모두 안다고 가정할 때 기대되는 최고 수익의 절반 이상을 항상 보장해 줍니다. 예를 들어 앞으로 올 사용자를 전부 알고 있을 때 검색 엔진 업체가 총 100달러의 수익을 내는 광고 노출 방법이 있다면, 누가 올지 모르는 상황에서 무작위로 광고를 노출시키지 않고서도 최소한 50달러 이상은 벌 수 있는 방법이 존재한다는 뜻이죠.

주사위 같은 것을 이용해 확률적으로 광고를 노출시키면 어떻게 될까요? 사용자가 접속할 때마다 남은 광고들 중 하나를 똑같은 확률로 뽑아서 보여 줄 수 있겠죠. 이 사람에게 보여 줄 수 있는 광고가 6개라면 6분의 1의 확률로 하나를 고르는 거죠. 그렇게 해도 기댓값이 2분의 1밖에 안 된다는 사실은 증명되어 있어요.

그런데 신기하게도 50퍼센트가 아닌 63퍼센트까지 수익률을 높이는 방법이 존재한다는 거예요. 리처드 칩(Richard Karp)과 우메쉬 바지라니(Umesh Vazirani), 비자이 바지라니(Vijay Vazirani)가 이 방법을 증명했습니다. 기존 방식에서는 사용자가 한 사람씩 접속할 때마다 남은 광고 중에서 아무거나 보여 줬습니다. 반면에 이들의 방식에서는 모든 광고에 무작위로 번호를 부여해서 임의로 순서를 정한 후에, 사용자가 접속할 때마다 남은 광고 중에서 가장 낮은 번호가 부여된 광고를 보여 줍니다. 이 방식으로 얻을 수 있는 수익의 기댓값은, 최적값의 최소 63퍼센트 이상이라고 증명되었습니다. 63퍼센트는 어떤 수일까요? 자연대수 $e=2.78\cdots\cdots$이라는 수를 혹시 들어 보신 적이 있으신가요? 63퍼센트는 바로 $1-1/e$의 근삿값입니다.

실제로 구글에서는 이런 내용의 연구를 진행해, 그 결과를 적용해서 광고 정책을 결정, 집행하고 있습니다. 실제로 구글에서 근무하는 분이 집필한 광고 정책을 다룬 논문이 2007년에 발표되기도 했습니다. 우리가 늘 사용하는 인터넷 서비스에서도 짝을 짓는 문제가 실제 수익을 좌우하는 핵심적인 아이디어로 사용된다는 사실을 확인시켜 주는 사례입니다.

이번 강의에서는 그래프 이론에서 나온 짝짓는 방법에 관한 다양한 사실들이 사회 각 분야의 자원 배분을 돕는 중요한 수단으로 활용되는 사례 중심으로 말씀드렸습니다. IT 사회가 급속도로 발전해 나가면서 우리가 풀어야 할 문제들이 더욱 많아지고, 이를 해결하기 위해 보다 정확한 수학적 도구들에 대한 수요가 나날이 확대되고 있습니다. 그래프 이론의 사회적 역할이 증대되는 추세는 앞으로도 지속되리라 생각합니다.

컴퓨터와 함께 진화하는 수학

2번째 시간에는 '잘 칠하기'에 대해서 이야기해 보려고 합니다. 「용의자 X 의 헌신」이라는 일본 영화가 있습니다. 히가시노 게이고(東野圭吾)의 소설 을 원작으로 만든 영화인데, 수학자가 주인공입니다. 이 영화에서 등장하 는 수학 문제가 바로 '4색 문제'인데요. 오늘 강의의 절반 정도는 이 문제 에 대해 말씀드리려고 합니다.

이 영화가 아니더라도 4색 문제에 대해서 들어 보신 분이 적지 않으실 텐데요. 흥미로운 점들이 여전히 많습니다. 먼저 이 문제의 의미를 간단 히 말씀드리죠. 지도에서 이웃한 영역은 서로 다른 색으로 칠하려고 하 는데, 지도 제작 업자의 입장에서 생각하면 사용하는 색의 숫자가 적을 수록 인쇄가 용이하므로 이 수를 최소로 하고 싶겠죠. 그래서 지도의 이 웃한 영역을 서로 다른 색으로 칠하려면 필요한 색이 최소 몇 개인지 찾 는 것입니다. 1800년대에는 국경선이 워낙 빈번히 바뀌어서 지도를 자주 새로 만들어야 했대요. 색깔을 최대 몇 개나 준비해야, 어떻게 국경이 바꾸어도 항상 지도를 찍을 수 있을지 생각하게 됐죠. 이렇게 유서 깊은 문제인 덕분에 지금까지 이 문제와 관련해 재미있는 일들도 많았습니다. 그 이야기들도 같이 나눠 보도록 하죠.

그래프 이론과 4색 문제

제 전공이 그래프 이론이라고 말씀드렸는데, 먼저 4색 문제와 그래프 이론의 관계를 잠시 이야기해 보겠습니다. 지도를 색칠하는 문제가 어째서 그래프 문제가 될까요? 예를 들어 지도에서 각 나라를 꼭짓점으로 바꾸고 두 나라가 이웃해 있으면 그 사이에 선을 이어서 그래프로 바꾸는 것이 가능하겠죠.

지도에서는 영역에 색칠을 했다면, 그래프에서는 꼭짓점들에 색을 칠합니다. 꼭짓점에 색을 칠할 때 이웃한 꼭짓점들은 서로 다른 색이어야 하는 것이 그래프로 바꿨을 때의 문제입니다. 꼭짓점과 선으로 구성된 그래프에서 사용하는 색깔의 수의 최솟값을 그래프의 채색 수(chromatic number)라고 부릅니다. 평면 위에 두 선이 꼭짓점 외에는 교차하지 않도록 그릴 수 있는 그래프를 평면 그래프라고 하는데, 평면 그래프를 항상 최대 4개의 색깔로 칠할 수 있느냐는 것이 4색 문제죠.

4색 문제의 출발점

4색 문제는 그 시작이 잘 알려져 있다는 점부터 특이합니다. 1852년의

오거스터스 드모르간과 윌리엄 로언 해밀턴

프랜시스 거스리(Francis Guthrie)라는 학생이 시작이예요. 당시 그는 20살이었는데 어느 날 지도를 보다가 4색 문제의 내용을 떠올립니다. 그런데 왜 4개의 색깔이면 항상 이웃한 점에 서로 다른 색을 칠할 수 있는지 그 이유는 몰랐죠. 동생인 프레드릭 거스리(Frederick Guthrie)에게 물어봤더니 역시 잘 몰라서 대학교에서 수학을 가르치시던 교수에게 질문을 했답니다. 그 교수가 바로 오거스터스 드모르간(Augustus De Morgan)이에요. 고등학교 수학 시간에 한번쯤 들어 보셨을 '드모르간의 법칙'의 그 사람이죠.

드모르간이 거스리의 얘기를 들어 보니 그럴듯해서, 평소 빈번히 편지를 주고받던 동료 수학자인 윌리엄 로언 해밀턴(William Rowan Hamilton)에게 1852년 10월 23일에 편지를 보내 이 문제에 대한 의견을 묻습니다. 해밀턴 역시 여러분이 고등학교 때 행렬과 함께 배우셨을 '케일리-해밀턴 정리'의 그 사람입니다. 이들의 편지를 보고서 4색 문제가 등장한 시기를 정확히 알 수 있는 것입니다.

　편지를 받은 해밀턴의 반응은 좀 신통치 않았어요. 1852년 10월 26일에 보낸 답장에서 그는 "네가 보내 준 4색 문제를 가까운 시일 안에 시도할 것 같지는 않다."라고 말했습니다. 실은 관심이 없다는 말을 아주 정중하게 돌려서 한 것이죠. 그래서 이 문제는 그 후로도 사람들이 잘 몰랐어요. 그러던 4색 문제가 다시 주목받게 된 계기가 있습니다. 잠깐 케일리-해밀턴 정리를 언급했는데, 아서 케일리(Arthur Cayley)도 당대의 유명한 수학자였습니다. 26년이 지난 1878년에 이르러 케일리가 런던 수학회에서 이 문제를 꺼낸 거예요. "이런 문제가 있는데 내가 못 풀겠다."라고 말이죠. 그러면서 4색 문제에 대한 2쪽짜리 소논문을 발표합니다. 재밌는 점은 수학 저널이 아니라 지리학 저널에 냈다는 거예요. 아마 지리학자들이 흥미가 있으리라고 생각했던 모양입니다.

　당대에 손꼽히는 수학자인 케일리가 풀지 못한 문제라고 하자, 여러 수학자들이 나섭니다. 무척 재미있어 보이는데다 케일리도 못 풀었다고 하니까 해결하면 유명해질 수 있겠다는 생각에 사람들이 나선 거죠. 바로 다음 해인 1879년에 앨프리드 켐페(Alfred Kempe)가 4색 문제를 증명한 논문을 《미국 수학 저널(*American Journal of Mathematics*)》에 발표했습니다. 켐페는 케임브리지 대학교를 졸업한 변호사였는데 그 후에도 취미로 수학을 연구해 왔고, 이 증명 덕분인지 같은 해에 케일리 등의 추천으로 영국의 왕립 학회 회원으로 선출돼 이 학회의 재무까지 담당하는 등 활발하게 활동했습니다. 그런데 이렇게 중요한 업적을 남겼는데도, 켐페가 1922년에 죽었을 때 신문의 부고 기사를 보면 4색 문제 증명에 대한 언급은 찾아볼 수 없습니다. 틀렸다는 사실이 생전에 이미 밝혀졌기 때문이죠.

켐페의 틀린 '증명'

이 증명의 오류는 어떻게 알려졌을까요? 1890년에 퍼시 히우드(Percy Heawood)가 켐페의 논문을 검토하다 오류를 발견합니다. 히우드는 켐페의 아이디어를 수정해서, 모든 지도에서 인접한 나라를 서로 다른 색으로 칠할 때 항상 최대 5개의 색으로 칠할 수 있다는 사실을 증명합니다. 켐페의 오류가 밝혀지기까지 11년 동안 그의 증명이 틀렸다는 사실을 아무도 몰랐던 거예요.

이제 켐페가 어떻게 4색 문제를 풀었다고 생각했는지 소개해 드릴게요. 만일 4색으로 칠할 수 없는 지도가 있다면, 그중 나라의 숫자가 제일 적은 지도를 생각해 보죠. 그 지도에서 나라를 더 줄이면 4개의 색으로 칠할 수 있겠죠. 그런데 "(점의 개수)−(선의 개수)+(면의 개수)=일정하다."라는 오일러의 공식을 잘 사용하면, 모든 지도에는 이웃한 나라의 수가 5개 이하인 경우가 반드시 존재한다는 사실을 증명할 수 있습니다. 이건 이미 알고 있다고 가정하기로 해요.

따라서 아래 그림처럼 주변에 이웃한 나라의 수가 5개 이하인 어떤 나라 A가 있습니다. 예를 들어 아래의 첫 번째 경우와 같이 A라는 나라와 이웃한 나라 수가 2개라고 해 봅시다. 지도에서 A를 빼면, 가정상 전체 지

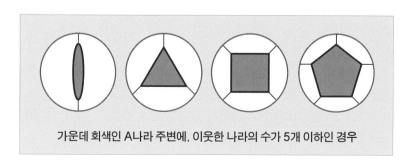

가운데 회색인 A나라 주변에, 이웃한 나라의 수가 5개 이하인 경우

도를 4개 이하로 색칠할 수 있잖아요? 그렇게 되면 A의 주변국에 쓰인 색이 많아야 2개이니 4색 중에 아직 안 쓰인 색으로 A를 칠하면 모든 나라를 5개 이하의 색으로 잘 칠한 것이 돼요. 그런데 이 지도는 4개 이하의 색으로 칠할 수 없다고 했으니 모순입니다. A와 이웃한 나라의 수가 3개일 때도, A를 뺀 후에 지도를 색칠할 때 A의 주변 나라에 사용하지 않는 색으로 A를 칠할 수 있어서 모순이죠. 이제 A에 이웃한 나라의 수가 4~5개인 경우가 남습니다. 이 두 경우를 해결하기 위해 켐페는 '켐페 체인'이라고 불린 새로운 아이디어를 낸 것입니다.

먼저 4개인 경우를 살펴보죠. A 주변의 나라를 시계 방향으로 1, 2, 3, 4로 이름을 붙입니다. 가정상 A를 지웠을 때 나머지 나라들 전체를 4개 이하의 색으로 칠할 수 있죠. 만일 주변국에 4개 색이 모두 사용되지 않았다면 A를 그 색으로 칠할 수 있게 되기 때문에, 주변국에는 전체 4개 색이 모두 사용되어야 합니다. 1번 나라에는 적색, 2번 나라는 청색, 3번 나라는 녹색, 4번 나라는 황색으로 칠했습니다. 제가 만일 1번 나라의 색을

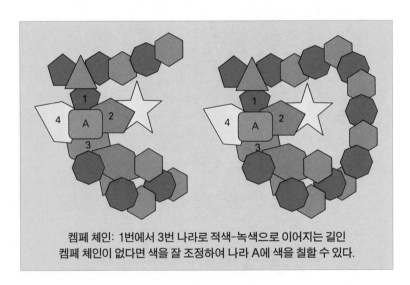

켐페 체인: 1번에서 3번 나라로 적색-녹색으로 이어지는 길인 켐페 체인이 없다면 색을 잘 조정하여 나라 A에 색을 칠할 수 있다.

녹색으로 바꾼다면 A를 적색으로 칠할 수 있겠죠? 1번 나라를 녹색으로 바꿀 수 없다는 이야기는, 1번 나라 주변에 이미 녹색으로 칠한 나라가 있다는 이야기죠.

1번 나라에서 시작해서 1번은 녹색으로 바꾸고, 거기에 연결된 녹색 나라는 모두 적색으로 바꾸고, 다시 거기에 연결된 적색 나라는 녹색으로 모두 바꾸는 식의 과정을 반복하면 어떻게 될까요? 결국 1번에서 시작해서 적색-녹색으로 이어지는 모든 나라의 색이 뒤집히겠죠. 이렇게 해서 A 주변에 적색이 없어지면 A를 적색으로 칠할 수 있으므로 모순이 됩니다.

이건 무슨 뜻일까요? 1번부터 시작해서 적색-녹색-적색-녹색으로 이어지는 나라들의 순서가 있어서, 결국 3번 나라의 색깔이 적색으로 바뀐다는 말입니다. 1번에서 시작해 적색과 녹색만 거쳐 3번 나라에 도착할 수 있어야 합니다. 이런 경로를 1번에서 3번으로 가는 켐페 체인이라고 부릅니다. 마찬가지로 2번에서 시작하면 청색과 황색만 지나서 4번 나라에 도착할 수 있어야 합니다. 그런데 적색-녹색을 잇는 길로 둘러싸였으므로 2번에서 시작하면 청색, 황색만 거쳐서는 4번까지 갈 수 없죠? 그러면 2번 나라를 황색으로 바꿔 A를 청색으로 칠할 수 있게 되므로, 4색 이하로는 칠할 수 없다는 가정과 모순됩니다. 이처럼 둘러싼 나라가 4개일 때는 해결 가능해요.

이제 주변에 나라가 5개인 경우만 남았습니다. A를 빼면 또 4색 이하로 칠할 수 있죠. A와 이웃한 나라들을 시계 방향으로 1, 2, 3, 4, 5라고 부릅시다. 이 5개 나라가 사용하지 않은 색이 있다면 그 색으로 A를 칠하면 될 테니, 4가지 색을 모두 씁니다. 2번과 5번 나라는 같은 청색이어도 되겠죠. 1, 3, 4번 나라의 색은 각각 적색, 녹색, 황색이라고 합시다.

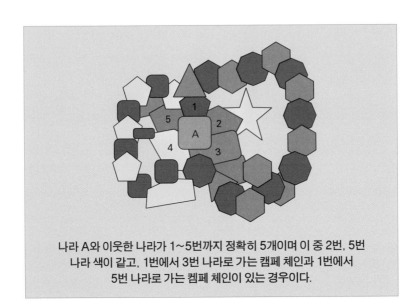

나라 A와 이웃한 나라가 1~5번까지 정확히 5개이며 이 중 2번, 5번 나라 색이 같고, 1번에서 3번 나라로 가는 캠페 체인과 1번에서 5번 나라로 가는 캠페 체인이 있는 경우이다.

앞에서와 같은 논리로 캠페 체인은 1번에서 3번으로 가는 적색, 녹색만 칠한 것과 1번에서 4번으로 가는 적색, 황색만 쓴 것이 있습니다. 이제 2번에서 4번으로 가는 캠페 체인을 찾아보죠. 1번에서 3번으로 가는 체인이 적색과 황색으로 막아서 2번에서 4번으로 청색, 황색만 써서는 갈 수가 없죠? 4번의 황색에 영향을 주지 않고 2번을 황색으로 바꿀 수 있어요. 마찬가지로 5번에서 3번으로 청색과 녹색만 쓰는 캠페 체인이 있습니까? 1번에서 4번으로 가는 적색과 황색만 있는 캠페 체인에 둘러싸여 빠져나갈 수 없군요. 따라서 5번을 녹색으로 바꿀 수 있습니다. 이제 주변국의 청색이 모두 없어져서 A를 청색으로 칠하면 모든 나라를 4개 이하의 색으로 칠한 셈이 되므로, 모순을 찾게 되어 증명이 완성됩니다. 이것이 11년 동안 틀린 점을 찾지 못한, 1879년에 캠페가 증명한 내용입니다. 이 증명이 틀린 이유까지는 말씀드리지 않겠습니다.

4색 문제의 증명

1890년에 히우드가 켐페의 오류를 밝히고 80여 년이 지난 1976년이 되어서야 케네스 아펠(Kenneth Appel)과 볼프강 하켄(Wolfgang Haken)이 4색 문제의 정리에 성공했습니다. 그들이 4색 문제를 증명한 논문의 첫 번째 페이지에는 특이한 구절이 있어요. 보통 논문의 첫 페이지에는 이 논문에 연구비를 지원해 준 기관에 감사하다는 인사를 적는 경우가 많은데, "아민 하켄(Armin Haken)과 도로테아 하켄(Dorothea Haken)에게 감사한다."라는 말이 적혀 있거든요. 성을 보시면 짐작하시겠지만, 이 둘은 당시 고등학생, 대학생이던 하켄의 아들과 딸들입니다. 이 논문은 손으로 일일이 확인할 수 없을 만큼 많은 경우를 찾아야 하기 때문에 컴퓨터를 사용해 작성됐습니다. 그래서 컴퓨터가 혹시 오류가 있는지, 컴퓨터의 방식대로 아이들에게 손으로 확인해 보라고 했던 겁니다. 고마워할 만하죠.

켐페의 틀린 '증명'은 지도의 어떤 부분의 모습이 특정한 형태라면 그 부분의 나라 수를 적당히 줄여 4색으로 칠함으로써, 원래 형태도 4색으로 채색할 수 있다는 식으로 구성됐습니다. 이러한 특정 형태를 '축소 가능한 부분(reducible configuration)'이라고 부릅니다. 아펠과 하켄의 증명 또한 축소 가능한 부분을 활용합니다.

아펠과 하켄은 4색으로 칠해지지 않는 지도 중 가장 나라의 수가 작은 경우에는, 1,936개 유형의 축소 가능한 부분 중 적어도 하나가 반드시 있다는 사실을 증명했습니다. 축소 가능한 부분이 있고 그것을 줄인 후에는 4색으로 칠해지면, 원래 지도 또한 4색으로 칠해집니다. 따라서 모순이 생겨 4색 정리가 증명되지요. 그러므로 이 1,900여 개의 유형 각각이 모두 축소 가능하다는 사실을 증명하고, 반례인 나라의 수가 가장 작은 지도에 이 유형 중 하나가 반드시 있다는 사실까지 증명해야 합니다. 그런데 이 축소 가능한 유형의 개수가 너무 많아서 증명의 분량이 너무 길다는 점이 문제였습니다. 이걸 일일이 손으로 증명해 나갔다면 너무나 힘들었을 겁니다.

이 증명을 할 때에 아펠과 하켄이 근무한 일리노이 대학교는, 1970년대로서는 세계 최고 수준인 슈퍼컴퓨터를 보유하고 있었어요. 방대한 경우를 다루는 증명을 하기 위해, 이 슈퍼컴퓨터를 사용했죠. 물론 지금 수준에 비하면 매우 느렸어요. 어쨌든 컴퓨터를 이용해서 나라 수가 최소인 반례의 지도에 1,936개의 축소 가능한 부분 중 적어도 하나는 나타난다는 사실을 증명했습니다. 또한 1,936개의 유형이 모두 축소 가능한 부분이라는 사실을 증명하는 데도 컴퓨터를 이용했어요. 자녀들에게는 그중 몇 개를 시켜 본 거죠.

컴퓨터 속의 수학자

컴퓨터를 적극적으로 사용해 얻어 낸 증명에 대한 여러 철학적 논의가 있었습니다. 그때까지 사람들은 수학에서의 증명이란 수학자가 읽고, 맞고 틀림을 확인해야 한다고 생각했기 때문입니다. 반면에 이 논문은 증명 방식을 소개한 다음, 실제 증명은 컴퓨터 프로그램을 돌려서 수행했습니다. 이 증명을 어디까지 신뢰해야 하는지, 정말 4색 문제가 증명됐는지 당시의 수학자들은 고민했죠. 인간인 수학자가 점검할 수 없는데 증명이라고 불러도 되는지, 수학에서 증명의 개념이 무엇인지와 같은 철학적 논의가 일어난 겁니다. 또한 컴퓨터의 작동 과정에서 하드웨어나 소프트웨어상의 오류가 있었을지 모른다는 우려도 있었죠.

1997년에 닐 로버트슨(Neil Robertson), 대니얼 샌더스(Daniel Sanders), 폴 시머(Paul Seymour), 로빈 토머스(Robin Thomas)의 네 수학자가 이 증명을 좀 더 간단하게 정리한 새로운 증명을 발표하기도 했습니다. 축소 가능한 부분을 636개로 줄이고 증명도 좀 간단하게 했습니다만 여전히 컴퓨터를 이용했습니다.

1976년의 증명이나 1997년의 증명은 4색 문제만을 위해 새로 개발한 소프트웨어를 컴퓨터로 돌려서 얻은 결과였습니다. 2005년에 마이크로소프트 연구소(MSR)-프랑스 국립 정보 자동화 연구소(INRIA) 합동 센터의 조지 곤티에르(George Gonthier) 박사는, 1997년의 증명을 컴퓨터가 읽고 검증할 수 있게끔 변환하는 데 성공했습니다. 코크(Coq)라는 범용의 증명 검증 소프트웨어로 4색 정리가 맞는지 확인이 되어 신뢰성이 더 올라갔죠. 이러한 범용의 증명 검증 도구는 전산학자들도 많은 관심을 보이고 있습니다. 소프트웨어의 버그를 없애는 문제가 점점 중요해지면서, 프로그램에 버그가 없다는 사실을 수학적으로 증명하려는 시도를 하게 됐어요.

버그가 없음을 증명해 내는 프로그램의 개발이 전산학자들의 연구 주제 중 하나입니다. 이런 목적으로 개발된 코크 같은 소프트웨어들이 다양하게 출시됐고, 수학의 증명뿐 아니라 프로그램이나 CPU 칩의 설계에서 버그 존재 여부를 증명하는 등의 용도에도 활용됩니다.

처음에는 4색 정리로 시작했지만, 관련한 최근의 여러 이슈까지 아울러서 여기까지 말씀드렸어요. 아직도 4색 정리는 모든 사람들이 완전히 만족하는 증명이 나오지는 않았습니다. 만약에 30페이지 정도의 증명을 읽고 이해할 수 있으면 얼마나 좋겠어요? 현재까지는 컴퓨터 프로그램을 돌려서 증명하기 때문에 여전히 만족하지 않는 사람들이 남아 있습니다.

이제 다른 주제에 대해서 좀 더 이야기를 나눠 보죠. 4색 정리는 평면의 그래프였죠? 이번에는 어떤 그래프나 꼭짓점마다 색깔을 부여하고, 선으로 연결된 꼭짓점들은 서로 다른 색깔을 칠할 때, 필요한 색의 최솟값인 채색 수를 어떻게 알 수 있고, 이것을 어디에 사용하는지 한번 얘기해 볼게요.

일반적으로 그래프의 채색 수를 구하는 문제는 NP-완전이라는 어려운 문제로 알려져 있습니다. 이 값을 효율적으로 구하는 법이 있다면 P와 NP가 같아져서, 클레이 재단에서 발표한 7대 난제 중 하나를 해결한 셈이 되어 상금 100만 달러까지 받을 수 있습니다. 보통 사람들이 어떤 문제를 보고 이 문제를 푸는 효율적인 알고리즘은 존재하지 않을 것이라고 얘기할 때, NP-완전이라는 점을 증명하거든요.

어떤 평면 그래프로 입력을 제한한 후, 4개 이하의 색으로 칠할 수 있는지 물어보면 4색 문제가 해결됐으므로 무조건 예라고 답하면 맞기 때문에, 알고리즘으로는 쉬운 문제입니다. 하지만 평면 그래프를 3개 이하의 색으로 칠할 수 있는지 물어보면, 이 질문에 답하는 것은 NP-완전이라 매우 어렵다고 증명되어 있어요. 신기하게도 3과 4는 차이가 1에 불과한데도, 주어진 평면 위의 지도를 3개 이하의 색으로 칠할 수 있는지와 4개 이하의 색으로 칠할 수 있는지의 답을 구하는 난이도는 하늘과 땅 차이입니다.

이제부터는 그래프 색칠 문제가 어디에 활용되는지 살펴보죠. 먼저 비행기의 운항 일정을 짜는 문제인데요. 어느 항공사에서 보유한 항공기를 활용해 동시에 여러 노선을 운항하는 시간표를 결정하려고 합니다. 예를

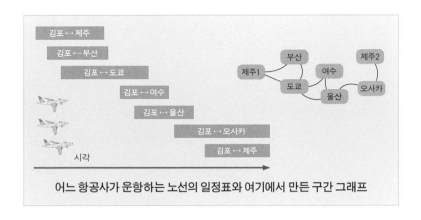

어느 항공사가 운항하는 노선의 일정표와 여기에서 만든 구간 그래프

들어 김포에서 아침 9시에 김포와 제주를 왕복하는 항공편, 9시 반에는 김포와 부산을 왕복하는 항공편, 10시에는 김포와 도쿄를 왕복하는 항공편이 떠납니다. 이렇게 일정이 정해졌을 때 이 항공사에 최소한 몇 대의 항공기가 필요한지 알아보려는 거예요. 이 문제를 그래프로 만들 수 있습니다. 제주행, 부산행, 도쿄행 등의 노선별로 꼭짓점을 하나씩 그리고, 두 노선에 시간이 겹쳐서 같은 비행기를 사용할 수 없으면 그 사이에 선을 잇는 그래프죠.

도쿄와 부산은 같은 시간에 운항하기 때문에 동일한 비행기를 사용할 수가 없으므로 둘 사이에 선을 그었어요. 오사카와 여수는 운항 시간이 다르니까 사이에 선이 없죠. 이렇게 원래 주어진 시간표에서 그래프를 만들어 낼 수 있어요. 그러면 이웃한 꼭짓점끼리 다른 색이 되도록 모든 꼭짓점들을 칠할 때 그 색깔 각각이 서로 다른 비행기에 대응되죠. 이웃한 꼭짓점은 다른 색이 되므로 같은 비행기를 시간이 겹치는 노선에 사용하지 않는 겁니다. 그래서 이 그래프에 필요한 최소의 색깔 수가 필요한 항공기의 최소 대수입니다.

수직선 위에 여러 구간이 있을 때, 각각의 구간을 꼭짓점으로 삼아서

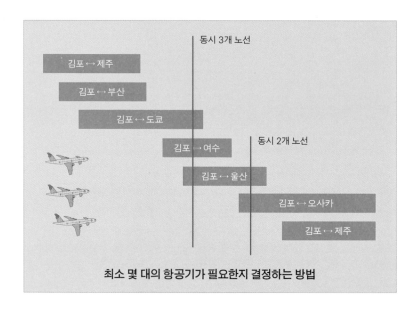

최소 몇 대의 항공기가 필요한지 결정하는 방법

두 구간이 겹치면 대응되는 꼭짓점을 잇는 그래프를 구간 그래프(interval graph)라고 부릅니다. 각 항공기가 비행하는 시간이 수직선 위의 구간이라면, 앞에서 얻은 그래프는 이 구간들이 만드는 구간 그래프가 되겠죠.

구간 그래프의 효율성

그래프의 색칠 문제로 바꾸는 것이 문제를 푸는 데 도움이 될까요? 앞에서 그래프의 채색 수를 계산하는 것이 일반적으로는 NP-완전이라 어렵다고 얘기했는데, 그래프 형태로 문제를 바꾸면 더 어렵게 만든 것 아니냐고 생각할 수도 있습니다. 그런데 일반적인 그래프가 아닌, 특정한 성질을 갖는 그래프로 대상을 제한하면 채색 수가 쉽게 구해지는 경우가 있어요. 어떻게 하는지 살펴볼까요?

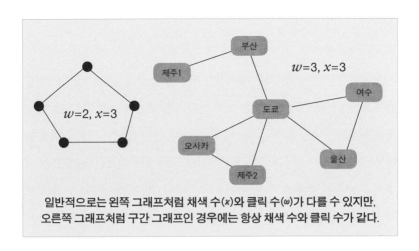

일반적으로는 왼쪽 그래프처럼 채색 수(x)와 클릭 수(ω)가 다를 수 있지만, 오른쪽 그래프처럼 구간 그래프인 경우에는 항상 채색 수와 클릭 수가 같다.

같은 시간에 겹치는 구간이 2개일 때를 항공사의 문제로 바꿔 보면, 같은 시간에 2개 노선이 운항되므로 적어도 2대의 비행기가 필요합니다. 같은 지점에서 3개의 구간이 겹친다면 적어도 3개의 색깔이 있어야 채색이 가능하죠. 그런데 신기하게도 구간 그래프는 어떤 시점에 겹친 구간 수의 최댓값만큼 색깔을 쓸 수 있으면, 모두 칠할 수 있다는 사실이 증명됐습니다.

항공사 이야기로 돌아가면, 같은 시점에 가장 많이 운항되는 노선의 수가, 필요한 비행기의 최소 대수와 같다는 말입니다. 만일 최대 3개의 노선이 동시에 운항된다면, 비행기는 3대만 있으면 가능하다는 결론이 나옵니다. 그래서 구간 그래프는 최대로 동시에 겹치는 지점과 그 개수만 찾으면 되므로, 채색 수를 구하는 문제는 효율적으로 풀 수 있게 됩니다.

둘씩 연결된 꼭짓점들의 집단 중에서 가장 큰 집단에 포함된 꼭짓점의 전체 수를, 보통 클릭 수(clique number)라고 부르며 기호로 ω라고 씁니다. 구간 그래프에서는 채색 수와 클릭 수가 항상 같죠.

완벽 그래프란 무엇인가

 일반적으로는 채색 수와 클릭 수가 같지 않습니다. 앞의 그림에서처럼 길이가 5인 1바퀴 도는 그림을 보면 클릭 수는 2인데 채색 수는 3입니다. 채색 수가 2가 아닌 이유를 알기는 쉽습니다. 만일 색깔을 2가지, 예를 들어 적색과 청색으로 칠할 때 한 꼭짓점을 적색으로 시작하면, 옆으로 가면서 청, 적, 청, 적으로 색깔이 바뀌어야 하니 1바퀴 돌면 적색이 이웃하게 되어 문제가 생깁니다.

 그럼 어떤 그래프에서 채색 수와 클릭 수가 항상 같냐고 질문할 수 있죠. 구간 그래프처럼 꼭짓점을 어떻게 지워도 항상 채색 수와 클릭 수가 같은 그래프를 완벽 그래프(perfect graph)라고 부릅니다. 1960년대부터 어떤 그래프가 완벽 그래프이고 그 조건이 무엇인지 추측해 왔는데, 2003년이 되어서야 의문이 풀렸습니다.

 꼭 완벽 그래프여야 하는 이유와, 이 그래프의 장점은 무엇일까요? 1981년에 마르틴 그뢰셸(Martin Grötschel), 라슬로 로바스(László Lovász), 알렉산더 슈라이버(Alexander Schrijver)는 완벽 그래프에서는 채색 수를 정확하게 구하는 효율적인 알고리즘이 있다는 사실을 증명했습니다. 앞에서 본 구간 그래프도 완벽 그래프이기 때문에, 채색 수를 효율적으로 구하는 알고리즘이 있습니다.

 그 증명에 1970년대에 로바스가 만든 세타 함수라는 걸 씁니다. 세타 함수는 효율적으로 근삿값을 구할 수 있으면서도, 항상 클릭 수보다 크거나 같고 채색 수보다 작거나 같습니다. 그래서 완벽 그래프라면 세타 함숫값이 채색 수와 클릭 수 사이에 끼어 있으므로 정수값이 될 테니, 오차 0.1 범위로 세타 함숫값을 구하면 채색 수와 클릭 수까지 정확히 구한 것이 되어 완벽 그래프의 채색 수를 효율적으로 구하게 됩니다. 이 방법 외에 완벽 그래프의 채색 수를 구하는 다른 효율적인 방법은 알려지지 않았어요. 그래서 수학자들은 세타 함수를 안 쓰고도, 구하는 방법이 없을지 여전히 궁금해 합니다.

5거리의 신호 주기

이제 신호 주기 문제에 대해 살펴볼 거예요. 아래 그림과 같은 5거리를 생각해 보죠. 유성 온천 방향 A, 대전 시청 방향 B, KAIST 방향 C, 충남대 방향 D, 월드컵 경기장 방향 E 이렇게 5개의 방향이 있습니다.

문제를 간단하게 만들기 위해 A에서 C, B에서 D, C에서 E, D에서 A, E에서 B 이렇게 총 5가지 차량 흐름이 있다고 가정해서, 각 방향으로 30초씩 시간을 주는 신호 주기를 정하고 싶어요. 이럴 때 어떻게 신호등을 잘 설정해야 신호 주기를 최소로 할 수 있을까요?

항공사 문제와 유사한 발상이 가능합니다. 예를 들어 D에서 A, A에서 C로 동시에 차를 보내는 데는 아무 문제가 없습니다. 하지만 A에서 C로, B에서 D로 가는 차량 흐름은 동시에 진행할 수 없어요. 그래서 총 5가지의 차량 흐름을 꼭짓점으로 하고, 동시에 진행될 수 없는 두 흐름의 꼭짓점 사이를 잇는 그래프를 만들어 볼 수 있겠죠. 이 그래프를 충돌 그래프라고 부릅시다.

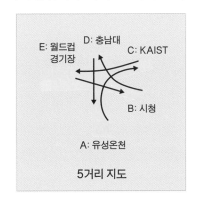

5거리 지도

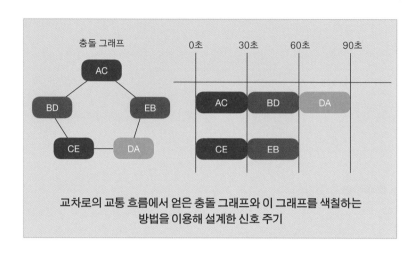

교차로의 교통 흐름에서 얻은 충돌 그래프와 이 그래프를 색칠하는
방법을 이용해 설계한 신호 주기

충돌 그래프를 최소의 채색 수로 칠해서, 각 색깔별로 30초씩 그 색에
해당하는 방향으로 차가 지나가게 만들면 어떨까요? 예를 들어 위의 그
래프를 보면 1번, 2번, 3번, 총 3개의 색으로 칠할 수 있습니다. 그러면 첫
30초는 A-C, C-E 흐름에 녹색 신호를 주고, 그 다음 30초는 B-D와 E-B
흐름에, 마지막 30초는 D-A 흐름에 준다면 충돌 없이 최소 시간만 쓸 수
있겠죠? 충돌 그래프의 채색 수를 알고, 거기에 30초를 곱하면 한 주기의
시간입니다. 여기서는 90초죠. 어떤 교차로의 신호 체계를 설계할 때, 최
소의 신호 주기를 설정하기 위해 이런 아이디어를 활용할 수도 있습니다.

그렇다면 이 방식이 최적일까요? 더 좋은 아이디어도 가능해요. 지금
이 그래프에서 약간 아쉬운 부분이 60초에서 90초 구간에 차량 흐름이
한 방향 밖에 없다는 거예요. 좀 아깝죠. 어떻게 하면 1주기의 소요 시간
을 90초에서 더 줄일 수 있을지 생각해 볼까요?

1주기를 75초로 하는 방법을 보여 드릴게요. 오른쪽의 그림처럼 시간
을 15초 단위로 끊어서 0~30초까지는 A-C 흐름을 진행시키면서 동시에
15~45초는 C-E 흐름으로 차를 보냅니다. 다음으로 30~60초는 E-B 흐

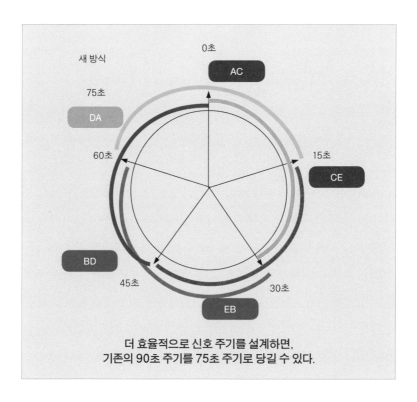

**더 효율적으로 신호 주기를 설계하면,
기존의 90초 주기를 75초 주기로 당길 수 있다.**

름, 45초~75초는 B-D 흐름을 진행합니다. 60~75초와 0~15초에는 D-A 흐름을 진행시킵니다. 이렇게 75초 주기로 돌리면 항상 2개 흐름이 동시에 이동하며, 각 흐름에 주어진 시간은 30초여도 신호는 15초 단위로 바뀌죠. 앞의 방법과 달리, D-A가 진행할 때도 다른 방향으로 차량이 이동해서 더 효율적이죠. 전체 신호 주기도 90초에서 75초로 단축되었습니다.

그래프 채색을 집중적으로 연구하는 수학자들도 있습니다. 그래프 이론 연구자들의 학회를 가면 채색 방식의 수많은 변형과 현실적 유용성에 대해 논의하는 모습을 볼 수 있죠.

주파수 배정하기

무선 통신에서 혼선이 발생하지 않도록 주파수 혹은 채널을 정할 때도 채색 수를 활용할 수 있어요. 휴대폰이 기지국과 교신할 때 어떤 채널을 거칠지 결정해야 하는데, 그래프에 채색하는 알고리즘을 사용해서 필요한 전체 채널의 수를 줄이는 겁니다.

아주 간단한 상황을 생각해 봅시다. 라디오 방송의 송신소가 여러 곳 있다고 생각해 보죠. 서로 거리가 가까운 송신소는 혼선이 일어나기 때문에, 같은 주파수를 사용할 수 없습니다. 반대로 멀리 떨어진 송신소들은 같은 주파수를 쓸수록 좋겠죠. 정부에게서 낙찰을 받아야 하는 주파수는 상당히 비싼 자원이므로, 먼 송신소끼리는 같은 주파수를, 가까운 송신소끼리는 다른 주파수를 써서 최대한 적은 주파수로 송신소를 운영하려 합니다. 이러한 주파수의 특성을 고려해서, 각 송신소들의 주파수를 어떻게 정할 수 있을까요? 거리가 100킬로미터 이내인 송신소들은 같은 주파수를 쓰지 않기로 해 봅시다. 각 송신소를 중심으로 반지름 50킬

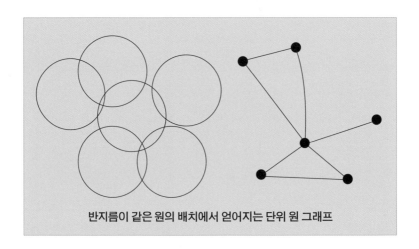

반지름이 같은 원의 배치에서 얻어지는 단위 원 그래프

로미터의 원을 그려서, 이 원들이 만나면 서로 다른 주파수를 써야 하고, 만나지 않으면 같은 주파수를 써도 된다고 얘기할 수 있겠죠.

이 문제를 그래프 문제로 바꿔 봅시다. 원을 꼭짓점으로 하고, 두 원이 만나면 대응하는 꼭짓점들을 선으로 잇는 그래프죠. 이와 같이 반지름이 같은 평면 위의 원들로 만드는 그래프를 단위 원 그래프(unit disk graph)라고 부릅니다. 이 단위 원 그래프를 3개의 색깔로 칠할 수 있다면, 총 3개의 주파수만 있어도 된다는 뜻이죠. 그래프의 채색 수를 구하는 문제가, 최소로 필요한 주파수의 수를 구하는 원래의 문제로 연결됩니다.

실제 답에 가까운 값을 효율적으로 찾기

단위 원 그래프가 평면에서 시작했으므로 이것도 평면 그래프이며, 따라서 4색으로 칠하는 것이 가능하다고 착각하실 수 있지만 사실은 그렇지 않습니다.

예를 들면 평면에 5개의 원을 서로 만나게 그릴 수 있는데 여기서 나온 단위 원 그래프는 5개 꼭짓점이 모두가 서로 이어진 그래프이고, 이것은 평면 그래프가 아닙니다. 그렇다면 이런 단위 원 그래프의 채색 수를 효율적으로 구하는 방법이 존재할까요? 이미 1980년대에 단위 원 그래프의 채색 수를 구하는 문제가 NP-완전이라는 사실이 증명됐으므로, 효율적인 방법은 없으리라고 생각할 수 있습니다.

P와 NP가 같지 않다면 효율적으로 풀 수 없다는 것이 사실이지만, 단위 원 그래프에서 '채색 수≤$3\omega-2$'라는 부등식은 어렵지 않게 증명할 수 있습니다. 앞에서 로바스의 세타 함수를 이야기했죠? 세타 함수는 항상

ω 이상이며 채색 수 이하이므로, 세타 함숫값을 구하면 채색 수를 오차 범위의 3배 이내에서 알게 됩니다. 세타 함수는 효율적으로 근사할 수 있으므로, 채색 수가 오차의 3배 내에서 효율적으로 구해집니다. 이렇게 특정 종류의 그래프에서 몇 배 이내로 채색 수를 근사할 수 있느냐 하는 문제도 요즘 연구 중입니다.

이번 강의에서 말씀드린 내용을 정리해 보겠습니다. 컴퓨터의 발전에 힘입어서 수학 증명에 컴퓨터가 사용되었고, 뿐만 아니라 컴퓨터가 검증한 증명도 수학의 연구 주제로 다뤄지는 시대가 되었습니다.

4색 문제와 그래프의 채색 수 문제를 수학자들이 오랫동안 연구하며 얻은 통찰력을 적용해, 사회 각 분야에서 발생하는 다양한 문제에 현대 수학이 접근하게 됐죠. 그 결과 공학, IT 분야 등에서 활용할 수 있는 도구들을 개발했습니다.

역으로 부호 분할 다중 접속(CDMA) 네트워크에서의 주파수 배정과 같이 IT 분야가 발전하는 과정에서 수학이 해결해야 할 새로운 문제가 속속 등장하는 중입니다. 오늘날의 수학은 첨단 IT 분야를 비롯한 외부의 다양한 학문, 주제들과 영향을 주고받으며, 과거와는 비교할 수 없는 속도와 방식으로 발전 중입니다.

세상 모든 것의 최적 경로

그래프 이론을 바탕으로 현대 수학의 다양한 면모를 말씀드리는 제 강의 중 마지막 시간입니다. 오늘 주제는 좀 더 좋은 길을 찾아가는 방법을 이야기해 보죠.

이번 강의는 '쾨니히스베르크의 다리'로 유명한 레온하르트 오일러 (Leonhard Euler)의 한붓그리기 문제에서 시작하겠습니다. 제가 학생일 때는 중학교 교과서에 나왔던 내용으로 기억하는데, 요즘은 고등학교 수학1 교과서에 나오더라고요. 그런데 교과서에서는 "모든 다리를 중복하지 않고 1번씩만 지나서 제자리로 돌아오는 방법이 없다고 오일러가 증명했다."라고만 서술하고 이유는 설명해 주지 않았습니다. 집에서 초등학생인 제 아이가 푸는 문제집을 우연히 봤더니 더 어려운 내용까지 포함해 이 문제를 설명하고 있었습니다. 요즘 초등학생 참고서 난이도가 꽤 높은 것 같아요.

쾨니히스베르크의 다리

아래의 왼쪽 그림이 쾨니히스베르크의 지도입니다. 가운데에 섬이 2개 있고 강 양쪽은 땅이 있으며, 다리는 7개입니다. 사람들이 도시의 모든 다리를 정확히 1번씩 지나고 제자리에 돌아올 수 있는지 알고 싶어 했는데, 1736년에 오일러가 그렇게 이동할 수 없다는 사실을 증명한 거죠.

이 이야기는 독자 여러분들도 잘 아시는 분이 많으시리라 생각합니다. 모든 다리를 1번씩 지나면서 되돌아오는 경로가 있다면 각 지점별로 들어오는 횟수와 나가는 횟수가 똑같기 때문에, 결국 각 지점에 연결된 다리가 짝수 개여야만 합니다. 간단한 원리죠. 그런데 저 그림을 그래프로 바꿔 보면 3개씩 연결된 곳이 4군데나 있습니다. 그러므로 모든 다리를 정확히 1번씩만 지나고 제자리에 돌아오기는 불가능하죠.

이것은 사람들이 흔히 말하는 위상 수학의 시초이기도 합니다. 옛날에는 그림을 다른 형태로 바꿔서 풀어도 된다는 생각을 못했어요. 이 문제를 보면서 정확한 위치 같은 것이 아니라, 연결 관계가 중요하다는 사실을 비로소 깨닫게 됐죠. 그런 까닭에 이 지도는 그래프 이론의 시초이기도 합니다.

수학 용어 중에서 번역이 안 된 것이 많아서 불편할 때가 자주 있는데, 한붓그리기라는 말은 참 마음에 듭니다. 한번 붓을 들면 떼지 않고 떼지 않고 그리는 것을 한붓그리기라고 합니다. 언제 한붓그리기가 될까요? 시작점과 끝점이 같을 때는 모든 점에 연결된 다리가 짝수 개여야 할 것이고, 시작점과 끝점이 다를 때는 모든 점에 연결된 선이 짝수 개지만, 시작점과 끝점은 홀수 개씩 연결되어야 합니다.

그런데 오일러의 편지를 보면 정확하게 한쪽 방향으로만 증명을 했대

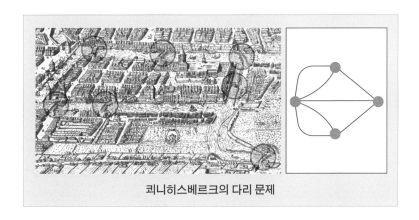

쾨니히스베르크의 다리 문제

요. 그러니까 홀수로 연결된 점이 0개 또는 2개가 아니면 한붓그리기가 불가능하다는 사실만 증명한 것입니다. 하지만 홀수 점이 0개거나 2개인 경우에 한붓그리기가 가능하다는 부분은 제대로 증명하지 않았다고 합니다. 18세기 정도만 해도 아직 수학에서 오늘날처럼 엄밀한 연구는 이뤄지지 않았고, 이후의 수학자들이 더 깔끔하게 정돈한 경우가 많죠.

청소차의 이동 경로

제대로 된 형태의 반대 방향 증명이 나온 것은 오일러의 첫 증명으로부터 시간이 꽤 흐른 1871년입니다. 이 정도로 오일러 문제의 역사는 오래됐는데, 이와 관련된 매우 흥미로운 문제가 비교적 최근에야 알려진 경우도 있습니다. 이제부터 이야기할 내용입니다.

청소차에 대한 문제인데요. 어느 도시의 모든 도로를 청소차가 지나가면서 청소할 때, 어떤 경로로 이동하면 제일 좋을지 생각해 봅시다. 예를 들어 어느 구청에서 출발한 청소차가 이 구의 모든 길을 적어도 1번씩은

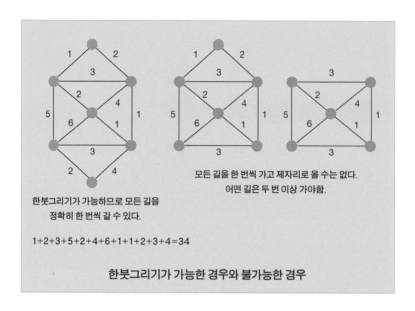

모든 길을 한 번씩 가고 제자리로 올 수는 없다.
어떤 길은 두 번 이상 가야함.

한붓그리기가 가능하므로 모든 길을
정확히 한 번씩 갈 수 있다.

1+2+3+5+2+4+6+1+1+2+3+4=34

한붓그리기가 가능한 경우와 불가능한 경우

모두 청소하고서 구청으로 돌아오는 경로를 알고 싶은 거죠. 모든 길을 정확히 1번씩 돌고 올 수 있는 경우도 있겠죠? 모든 점에 연결된 길이 짝수 개라면 오일러의 방식으로 해결 가능합니다.

만일 홀수 개의 길과 연결된 점들이 있다면 1번씩만 청소할 방법이 존재하지 않으므로, 어떤 길은 2번 이상 지나가야 할 것입니다. 이때 도시의 모든 길을 도는 최적의 방법을 생각해 보아야 합니다.

문제를 좀 더 현실적으로 만들어 볼까요? 각 도로 혹은 선마다 이동에 걸리는 시간을 정한 다음, 전체 도로를 모두 돌고 올 때 걸리는 총 시간이 가장 짧은 경로를 찾는 거예요. 먼저 위의 첫 번째 그림은 모든 점이 짝수 개의 선과 연결되어 있으므로 한붓그리기가 가능하며 각 선에 적힌 숫자들의 합이 34이므로, 34분이 걸리는 방법이라고 할 수 있겠죠. 이 경우는 상대적으로 쉽습니다.

나머지 그림은 어떨까요? 한붓그리기가 되지 않는 경우입니다. 왼쪽 중

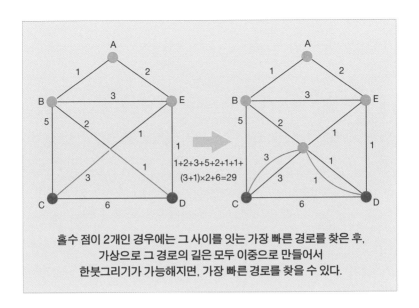

1+2+3+5+2+1+1+
(3+1)×2+6=29

**홀수 점이 2개인 경우에는 그 사이를 잇는 가장 빠른 경로를 찾은 후,
가상으로 그 경로의 길은 모두 이중으로 만들어서
한붓그리기가 가능해지면, 가장 빠른 경로를 찾을 수 있다.**

앞의 그림처럼 홀수 점이 딱 2개뿐인 경우에는 어떻게 할까요? 홀수 점이 있다면 청소차가 그 지점으로 들어갔다가 다시 나와야겠죠. 즉 홀수 점에 연결된 선 중 적어도 하나는 반드시 2번 이상 사용해야 합니다. 홀수 점이 있을 때마다 그 점에 이어진 선 중의 하나는 2번 이상 사용됩니다.

위와 같이 홀수 점이 정확히 2개인 경우에는 두 점을 연결하는 경로 중에서 소요 시간이 가장 적은 것을 찾아보려고 합니다. C에서 D로 바로 이동하면 6분이 걸리지만, 위로 거쳐서 가면 3+1이므로 4분이 걸립니다. B와 가운데 점을 거치면 5+2+1이어서 8분이 걸리므로 4분이 걸리는 경로가 최적입니다. 이런 식으로 홀수 점 2개를 연결하는 가장 빠른 경로를 찾아서, 그 경로와 평행한 길이 하나 더 있다고 가정하는 거예요. 새 길을 추가하면 모든 점이 짝수점이 되어 이 그림은 오일러가 말했던 한붓그리기가 가능한 그림이 됩니다. 바뀐 그림에서 청소차를 돌리는 시간은, 경유한 숫자의 합에 4를 더한 것이 되겠죠.

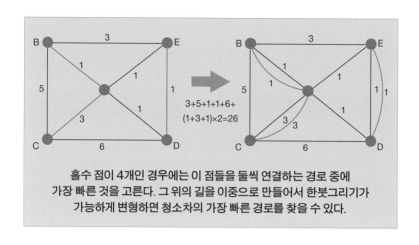

3+5+1+1+6+
(1+3+1)×2=26

홀수 점이 4개인 경우에는 이 점들을 둘씩 연결하는 경로 중에
가장 빠른 것을 고른다. 그 위의 길을 이중으로 만들어서 한붓그리기가
가능하게 변형하면 청소차의 가장 빠른 경로를 찾을 수 있다.

그래서 홀수 점이 2개인 경우에는 한붓그리기를 활용해서 가장 빨리
돌아오는 길을 찾을 수 있습니다. 이 방식이 제일 간편한 이유는 어렵지
않아요. 모든 길을 어차피 1번씩은 경유해야 하니 각 길의 소요 시간의 합
은 고정되고, 두 홀수 점을 잇는 가장 빠른 경로가 추가되었기 때문에 최
적의 답인 것입니다.

홀수 점이 4개인 경우는 어떻게 풀까요? 홀수 점이 2개일 때 적용한 방
법과 유사하게 생각할 수 있습니다. 즉 4개의 홀수 점을 둘씩 연결하는
경로 중에 가장 빠른 것을 찾으면 되겠죠. 이 경우에는 C와 D, B와 E를
연결시키거나 B와 C, D와 E를 연결시킬 수 있습니다. CD와 BE로 하는
경우 4+2, 즉 6분이 추가되고 BC와 DE를 연결시키면 4+1, 즉 5분이 추
가됩니다. 5분에 속하는 경로의 선마다 평행한 선을 하나씩 추가하면, 모
든 점이 전부 짝수 개의 선과 연결되므로 오일러의 한붓그리기 방법으로
진행 가능한 경로가 나옵니다. 모든 값의 합에 방금 찾은 5를 더하면 이
경로에 소요되는 시간입니다. 이런 방식으로 홀수 점이 3개 이상인 경우
에는 모든 길을 1번 이상 지나는 최적의 방법을 항상 찾을 수 있죠.

중국인의 집배원 문제

오일러가 살던 시대에는 최적화 문제를 생각할 필요가 없었지만, 이제는 최적화라는 관점에서 접근하는 것이 매우 자연스럽습니다. 1960년에 중국의 수학자 콴 메이코(Kwan Mei-Ko)가 중국어로 저술한 논문에서 경로의 최적화 문제를 처음 제시했어요. 1962년쯤에 영어로 번역돼 중국의 어느 저널에 실렸는데, 앞의 강의에서 말씀드렸던 미국의 수학자 에드먼즈가 보게 됩니다. 그가 이 문제를 주변 사람들에게 소개하고 논문을 쓰면서 "중국인의 집배원 문제"라고 이름 붙였으며, 논문 제목까지 그렇게 지었죠. 집배원들은 매일 같은 경로로 도시의 모든 길에 놓인 우편함에 1번씩 들러 편지를 배달해야 하기 때문입니다.

저는 이 문제의 이름을 처음 들었을 때, 고대부터 중국에서 전해 내려온 역사적인 문제인 줄 알았는데, 그게 아니더라고요. 수학에는 이런 사례가 종종 있답니다. 요즘 수학의 연구 주제 중 열대 기하학(tropical geometry)이 있어서 왜 그런 이름인지 궁금했거든요. 알고 보니 처음에 연구를 시작했던 사람들이 브라질의 수학자들이고, 브라질이 열대 지역에 속해서 그런 이름이 붙은 거였어요.

기존 문제들은 어떤 경로의 유무만 따졌는데, 집배원 문제는 최적화 문제여서 비용이 가장 낮은 방법을 찾아야 합니다. 앞에서 이야기한 방법으로 중국인의 집배원 문제를 풀려면, 홀수 개의 선이 지나는 점의 집합을 T라고 합니다. T에 속한 점은 홀수 번 연결하고 아닌 점은 짝수 번 연결하는 선의 집합 중에서 비용이 제일 낮은 것을 찾아야 하는 거죠. T가 주어졌을 때 그런 조건을 만족하는 선의 집합을 T조인(T-join)이라고 부릅니다. T조인 중에서 최저 비용의 노선을 효율적으로 찾으면 좋겠죠.

예를 들어 T에 점이 2개밖에 없으면, T조인 중에 최저 비용의 경로는 그 두 점을 잇는 최단 경로일 거예요. T가 점 4개로 구성된 경우는 4개의 점을 2개씩 잘 짝지어서 그 점끼리 잇는 최단 경로의 비용을 더했을 때 값이 가장 작은 경우가 최선의 T조인이겠죠. T가 점 6개인 경우에는 6개의 점을 2개씩 잘 짝짓는 방법 중에서 짝끼리 이은 최단 경로를 모두 더했을 때, 비용이 최소인 경로겠죠. 그 후 원래 그림에서 모든 선의 시간과 가장 좋은 T조인의 시간을 합하면 청소차가 모든 길을 1번 이상 지날 때 소요될 최소 시간이 됩니다.

여기까지의 아이디어는 앞에서 말씀드린 콴 메이코의 논문에 있습니다만 이 T조인을 효율적으로 찾는 방법은 없었습니다. 1960년대에는 아직 다항식 시간 알고리즘이라는 개념이 연구되기 전이어서, 효율적인 알고리즘에 대한 개념이 정립되지 않았거든요. 예를 들어 10개의 점이 주어질 때 짝을 짓는 방법은 어차피 유한하므로, 느리지만 손으로 전부 확인하면 된다고 생각했던 거죠. 1973년에 에드먼즈와 존슨은 가장 좋은 T조인을 효율적으로, 즉 다항식 시간 이내에서 찾는 알고리즘을 개발했습니다. 그 결과 콴 메이코도 세계적인 명성을 얻어 중국의 몇몇 대학에서 학장, 총장을 역임하고 지금은 호주 로열 멜버른 공과 대학의 교수로 재직 중입니다.

T조인 찾기 문제를 풀 수 있으면 이어서 해결되는 여러 문제가 있습니다. 예를 들어 모든 점이 T라고 하면 T조인은 1강에서 말씀드린 완전히 짝을 짓는 문제와 동일해 집니다. 모든 점들이 2개씩 만나야 하니까요. 즉 모든 사람을 완전히 짝짓는 퍼펙트 매칭(perfect matching) 중에서 비용이 최소인 방법을 찾는 것과 같습니다. T에 들어간 점이 2개뿐이라면 점 사이를 제일 빠른 길로 연결할 방법을 찾는 것과 마찬가지죠. 완전히 짝을

짓는 방법과 가장 적은 비용이 드는 경로를 찾는 문제가 조합적 최적화 분야에서 모두 중요한데, T조인 찾기는 이 두 문제를 동시에 다룹니다.

가장 빠른 길을 찾아라

이제 두 점 사이를 가장 빠르게 이동하는 최단 경로를 찾는 문제로 주제를 바꿔 보죠. 예전에 홍릉에서 용산까지 운전을 한 적이 있는데 차와 스마트폰의 네비게이션이 각각 남산 2호 터널과 을지로로 가라고 다른 말을 해서 혼란스러웠습니다. 네비게이션 기기를 위해서도 좋은 알고리즘이 필요합니다.

최단 경로를 찾는 문제의 역사도 상당히 오래됐습니다. 사냥이나 채집을 하던 선사 시대부터 이동하는 지점 사이의 최단 경로 찾기가 중요했을 테니까요. 1800년대 후반에는 여러 가지 미로에서 빠져 나오는 방법을 어떻게 찾는지 연구했고, 미국의 벨 연구소(Bell Labs)에서는 장거리 전화의 회선을 연결할 최적 경로를 연구하기도 했습니다. 일상생활에서도 지하철을 탈 때 몇 호선을 타고 어디서 환승할지 보는 것처럼 자주 접하는 문제가 최단 경로를 찾는 문제로 표현될 수 있습니다.

1950년대 초반만 해도 그래프가 주어졌을 때, 어떤 두 점 사이의 가장 빠른 길을 찾는 효율적인 방법이 잘 알려지지 않았습니다. 1956년경에 2가지 방법이 등장합니다. 에츠허르 비버 데이크스트라(Edsger Wybe Dijkstra)가 고안한 방법과 리처드 어니스트 벨먼(Richard Ernest Bellman)과 레스터 랜돌프 포드 주니어(Lester Randolph Ford, Jr.)가 고안한 방법이 있는데요. 먼저 그래프의 각 선별로 이동 방향, 소요 비용도 정해져 있다고 가정합니다.

데이크스트라의 방법은 각 선의 소요 비용이 음수가 아닌 경우에만 사용 가능한데요. 간략히 설명하면 다음과 같습니다. 출발 지점에서 이동 가능한 지점들을 보면서 가장 저렴한 선으로 연결된 곳을 찾습니다. 위 그림에서는 비용이 2로 연결된 선이 가장 저렴하므로 그 선에 연결된 점까지 가는 최소 비용이 2라고 정해집니다. 즉 출발점은 0, 이 점은 2라는 것이 벌써 정해진 셈이죠. 이 두 점에 대해서는 정확한 최소 비용을 아는 것입니다.

최소 비용을 아는 점들의 적당한 집합 X가 있을 때 어떻게 그 크기를 늘릴지 생각해 보기로 합시다. 먼저 X 안에 있는 v를 바깥의 w로 연결하는 선의 비용과 v까지 가는 최소 비용을 합했을 때 최솟값이 되는 w를 찾습니다. 그 비용의 합이 정확히 w로 가는 최소 비용이라는 사실을 쉽게 증명할 수 있으므로 w를 X에 넣을 수 있습니다. 이 과정을 반복하면 모든 점까지 가는 최소 비용을 정확히 구할 수 있게 됩니다. 간단하죠? 이게 1956년에 발견된 데이크스트라의 방법입니다. 워낙 빠른 알고리즘인 덕분에 우리는 편리하게 네비게이션을 사용할 수 있죠.

데이크스트라 방법에도 문제점은 있습니다. 모든 선의 비용이 0 이상이라고 생각한다는 점입니다. 어떤 선의 비용이 음수일 경우에는 사용할 수 없어요. 보통 거리를 따질 때는 음수가 나올 일이 없으니까 별 문제가 없긴 해요. 하지만 벨먼과 포드가 고안한 방법은 어떤 선의 비용이 음수라도 가능합니다.

데이크스트라의 방법에서는 최소 비용을 정확히 아는 점을 하나씩 늘려가면서 경로들을 관리, 확대했습니다. 이와 달리 벨먼과 포드가 고안한 방법은 각 점에 현재까지 아는 최소 비용을 기록해 두는데, 앞으로 나중

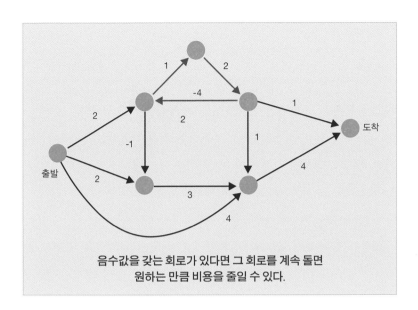

음수값을 갖는 회로가 있다면 그 회로를 계속 돌면
원하는 만큼 비용을 줄일 수 있다.

에라도 비용을 더 줄일 가능성을 생각하며 진행합니다. 선을 하나 볼 때
마다 이 선으로 최소 비용이 줄어드는 점이 있는지 확인해서, 그런 경우
에는 값을 조정합니다. 이런 식으로 값을 계속 줄이다 보면 어느 순간이
되면 더 이상 값이 바뀌지 않게 됩니다. 이때 각 점에 적힌 값들이 그 점에
이르는 최소 비용임을 벨먼과 포드가 증명했습니다.

이 방법은 비용이 음수여도 잘 작동합니다. 만약에 그림의 어떤 부분
에 비용의 합이 음수가 되게끔 1바퀴 도는 방법이 있다면 1바퀴 돌 때마
다 비용을 줄여서 무한정 값을 줄여 갈 수 있습니다. 벨먼과 포드의 알고
리즘은 최소 비용의 경로나, 이처럼 비용의 합이 음수가 되는 회로를 효
율적으로 찾아냅니다.

비용의 합이 음수가 되는 경로를 탐색해서 경제적 이득을 얻을 수도 있습니다. 예를 들어 한국 돈으로 1000만 원이 있다고 합시다. 그런데 이 1000만 원을 먼저 달러로 환전하고 이어서 위안, 파운드, 유로로 차례차례 바꾼 다음에 다시 원화로 환전했더니 돈이 원래의 1000만 원에서 더 늘어날 수도 있지 않을까요? 여러 나라의 돈이 거래되는 외환 시장의 상황에 따라서는 이런 경우도 가능하겠죠?

예를 들어 처음에 1000만 원을 가지고 달러, 위안, 파운드, 유로로 환전을 거듭했더니 1000만 원 하고도 1,106원이 남는다고 합시다. 이렇게 이익을 낸다면 자본을 투입할수록 더 많은 이득을 올릴 수 있겠죠? 금융에서는 아비트라지 혹은 무위험 수익이라고 부릅니다. 무위험 수익이 가능한 순간이 발생하면, 바로 외환 시장에 자금을 투입할 헤지 펀드가 실제로 매우 많습니다. 그런 까닭에 헤지 펀드 회사들은 항상 외환 시장의 동향을 모니터링하며 이런 상황이 생기는지 주시하죠. 여러 화폐 사이의 환율을 알고서, 이익의 발생 여부를 실시간으로 신속히 계산해야 자동으로 외환을 사고팔아 돈을 벌 수 있겠죠.

여기서 벨먼과 포드의 방법이 활용됩니다. 환율은 원래 곱해지는 비율인데, 환율에 로그를 취한 값을 구한 후, 이 값들을 더해 나가면서 여러 번 환전했을 때 원금의 몇 배가 되는지 로그값을 알 수 있습니다. 로그값이 0보다 작으면 원래 값이 1보다 작다는 뜻이죠.

이제 그래프를 만드는데, 그 방향으로 환전할 때 원금이 x배가 되는 선이 있다면 $-\log x$, 즉 x의 로그값에 -1을 곱한 값을 선의 '비용'이라고 적은 후, 벨먼과 포드의 방법으로 비용의 합이 음수가 되는 회로를 찾습

$$-\log r_1-\log r_2-\log r_3-\log r_4-\log r_5$$
$$=-\log r_1r_2r_3r_4r_5 < 0$$
$$\Leftrightarrow r_1r_2r_3r_4r_5 > 1$$

환전을 해서 $r_1, r_2, ... r_5$배가 된다고 할 때, 이것을 그래프로 바꿔 각 선에
$-\log r_1$과 같은 값을 비용으로 넣어서 생각한다. 이렇게 하면 비용의 합이
음수가 되는 회로를 찾는 것과 환전을 하고 돌아온 후 원금보다
돈이 늘어나게 하는 방법을 찾는 것이 같아진다.

니다. 만일 비용의 합이 음수가 되는 회로를 찾게 된다면 로그를 취한 값
에 −1을 곱한 수들의 합이므로, 원금의 배율이 1보다 커져서 이익이 나
는 상황이죠.

가장 효율적으로 미국을 순회하는 방법

이제 주제를 다시 바꿔 볼까 합니다. 4색 문제 다음으로 그래프 이론에
서 유명한 문제입니다. 외판원 문제(traveling salesman problem)라고 들어
보셨나요? 도시가 여러 개 있는데 모든 도시를 1번씩 모두 방문하고 돌아

올 때, 최대한 빨리 돌아올 수 있는 방법을 찾는 것입니다.

아래 그림에서는 지도 위의 점들이 미국의 여러 도시들을 나타냅니다. 이 도시들을 모두 정확히 1번씩 들러서 출발했던 곳으로 되돌아오는 가장 짧은 경로를 찾을 수 있을까요? 거리 자체가 짧은 경로를 찾을 수도 있지만, 거리 대신 이동에 걸리는 시간이나 비용 등 여러 가지 기준으로 바꾸는 것도 가능해요.

1962년에 P&G라는 회사에서 미국의 33개 도시를 최단 거리에 순회하는 법을 찾는 사람에게 상금을 주겠다는 경품 행사를 열었습니다. 저 그림은 당시의 행사를 알리는 포스터인데, 1등에는 그때로선 거금이었던 1만 달러를 상금으로 걸었고 그 다음 54명에게는 1,000달러를 상금으로 준다고 알렸습니다.

P&G의 미국 33개 도시 순회 행사 포스터

33개 도시를 모두 1번씩 방문하고 돌아오는 방법의 수는 32!, 즉 32부터 1까지 자연수를 모두 곱한 것과 같아요. 이 모든 경우를 다 계산해서 가장 짧은 길을 찾는다면 시간이 너무나 오래 걸릴 거예요. 그 당시에 최적 경로를 찾은 사람은 한 사람이 아니었고, 그중에는 카네기 멜런 대학교의 어느 수학자도 있었다고 해요.

공장과 천문대의 최적 경로

최적 경로의 탐색은 실제 산업 현장에서 응용되기도 하는데요. 공장에서 인쇄 회로 기판(PCB)을 만들 때 IC칩 같은 것을 꽂기 위한 구멍을 뚫죠. 드릴이 구멍 하나를 뚫으면 모터를 움직여서 다음 위치로 이동해야 합니다. 비효율적으로 순서를 정하면 시간이 오래 걸리겠죠. 만프레트 파트베르크(Manfred Padberg)와 조반니 리날디(Giovanni Rinaldi)는 전자 회사인 텍트로닉스(Tektronics)의 공장에서 인쇄 회로 기판에 2,392개의 구멍을 뚫는 순서를 확인하고 그보다 소요 시간을 10퍼센트 이상 절약할 수 있는 방법을 찾아냈습니다. 이 문제를 다룬 1987년의 논문에서는 최적 경로를 계산하는 데, 당시 컴퓨터로 27시간 20분이 걸렸다고 나옵니다. 일단 경로를 찾으면 계속 활용할 수 있으므로, 대단히 유용하죠.

최적 경로 문제는 천문대에서도 활용된다고 합니다. 예를 들어 200개의 별들을 모두 매일매일 찍고 싶은데 천체 망원경을 최대한 적게 움직이면서 빠른 시간 내에 찍으려면 어떤 경로로 촬영해야 할까요? 외판원 문제의 해결 방식을 적용해서 망원경을 구동하는 소프트웨어가 촬영 경로를 최적화해 주는 것이죠.

구매와 배송의 최적 경로

일상생활에서는 어떤 사례가 있을까요? 사과, 라면, 세제, 휴지, 김밥을 사려고 대형 마트를 갔다면 어느 순서로 사는지에 따라 소요 시간이 상당히 차이가 나겠죠. 아무렇게나 왔다 갔다 하는 것과 순서를 잘 정해서 이동하는 쇼핑 사이의 시간 차이는 아주 클 거예요. 개인적인 문제처럼 보이지만 사실은 물류 창고를 이용하는 산업계에서도 적용될 수 있는 매우 중요한 주제입니다.

좀 더 들어가 보죠. 예를 들어 쇼핑 사이트인 아마존에 주문이 들어오면 물류 창고의 직원들이 책을 뽑아 포장하는데, 어떤 고객이 책을 5권 주문했을 때 찾는 순서를 잘못 정하면 창고의 끝에서 끝까지 여러 번 왕복할 수도 있겠죠. 그러므로 창고의 직원들이 책을 뽑아 오는 순서를 잘 정하는 것은 전체 생산성에 매우 큰 영향을 미칩니다. 직원들의 업무를 지원하는 소프트웨어가 더 최적화된 경로를 구성하기 위해 항상 노력할 수밖에 없어요.

피라미드의 순서를 찾아서

조금 색다르지만 고고학에서도 유용하게 활용된 사례가 있습니다. 이집트 피라미드의 건립 순서를 추정하는 데 사용되었습니다. 현대적인 고고학의 정립에 큰 역할을 했으며 고대 이집트 연구로 명성이 높은 플린더스 페트리(Flinders Petrie)라는 고고학자가 있습니다. 이 사람이 활동하던 19세기 말~20세기 초에 700여 개의 피라미드가 발굴되었는데 이것들의

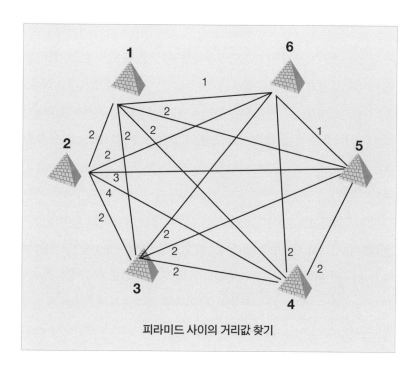

피라미드 사이의 거리값 찾기

건립 순서와 연대를 정리하는 것이 어려운 과제였습니다. 페트리는 당대의 다른 사람들은 유물로 주목하지 않았던, 피라미드에서 발견된 도자기의 형태를 비교해 피라미드 간의 순서를 추정할 수 있다는 가설을 세웁니다. 비슷한 도자기가 발굴됐다면 피라미드들의 건립 연대도 비슷하리라고 생각한 거죠. 만일 피라미드가 지어진 시기가 다르면, 출토되는 도자기 형태도 많이 달라지겠죠?

페트리가 1901년에 발표한 논문은 피라미드들에서 발굴된 도자기들을 B, P, F, C, N, W, D, R, L라는 총 9개의 유형과 각 유형의 세부적인 특성에 따라 부여한 코드로 정리하고, 700여 개의 피라미드별로 각각 발굴된 도자기를 모두 기록했습니다. 도자기들을 정리한 후에 어떤 두 피라미드가 건립된 연대의 근원 관계를 구분하는 숫자를 만들어 보았죠.

예를 들어 1과 2라는 두 피라미드가 있는데 B 유형의 도자기가 1에서는 나오고 2에서는 안 나오면, 두 피라미드의 거리에 숫자 1을 더합니다. 즉 각각의 도자기 유형별로 한쪽에서만 나오는 도자기가 있으면 거리에 1을 더해요. 그렇게 얻은 값들을 모두 더하면 1과 2라는 두 피라미드 사이의 시간적 거리가 되겠죠. 저 숫자가 크면 피라미드들은 시기적으로 많이 떨어진 것이고, 작다면 근접한 시기에 지어졌을 가능성이 높다고 추측한 거예요.

이렇게 피라미드 사이의 거리값을 구한 후에는 피라미드 사이의 순서를 정해야 합니다. 1~6번의 피라미드가 있다고 할 때, 1과 2 사이, 2와 3 사이 등 이웃한 피라미드 사이의 거리의 합이 최소가 되도록 순서를 정하자는 아이디어를, 페트리가 제안했어요. 외판원 문제에서 출발점과 도착점만 다를 뿐, 문제의 형식 자체는 같습니다. 컴퓨터가 없던 시대에 700개의 피라미드를 검토해서 거리의 정확한 최솟값을 구하기는 불가능했을 것입니다. 하지만 페트리는 위와 같은 방식으로 정리한 후, 자신의 고유한 방법으로 적당한 순서를 구했습니다.

외판원 문제와 NP 완전

외판원 문제와 관련된 사례가 곳곳에 다양한데, 이 문제를 효율적으로 푸는 방법이 과연 있을까요? 이 질문에 관한 영화도 나온 적이 있습니다. 3년 전에 개봉했던 「트레블링 세일즈맨(Travelling Salesman)」이라는 제목의 작품인데 상당히 재미있습니다. 몇 명의 수학자가 외판원 문제의 해법을 발견합니다. 그러자 정부 기관에서 이 방법이 공개되면 모든 암호가 풀릴 수 있기 때문에, 국가 기밀을 지키려고 이 수학자들을 납치합니다. 이러면서 우리가 상상하는 스파이 장르의 온갖 상황들이 전개되죠.

어쨌든 외판원 문제는 해결이 어렵습니다. "P=NP인가?"라는 문제는 강의에서 자주 언급했죠. 어떤 문제가 'NP 완전'이라는 말은 이 문제를 효율적으로 풀 수 있으면, NP인 다른 모든 문제도 효율적으로 해결 가능하다는 뜻입니다. 즉 NP 문제 중에 가장 어려운 문제입니다. "P≠NP"라는 추측이 옳다면 이 문제들은 다항식 시간에 풀 수 없는 문제죠.

1970년대에 게리와 존슨이 처음으로 NP 완전 문제를 모아서 출간한 책에 아주 유명한 그림이 있습니다. 상사가 "너 이 문제 풀어."라고 말하는데 직원이 "못 풀겠습니다." 라고 답하는 거예요. "왜 못 푸냐?"라고 물으니, 그 직원이 "저 유명한 사람들도 다 못 풀었어요."라고 답했죠. NP 완전 문제를 풀어 보라고 하면 현재까지의 이론적인 답은 이런 식이에요. 외판원 문제도 대표적인 NP 완전 문제여서, 효율적으로 푼다면 다른 NP 문제들도 그렇게 해결되므로, 대단히 어렵다고 생각하는 것입니다.

외판원 문제는 NP 완전임이 증명되어 있으니 어렵다는 사실은 알겠는데, 그렇다면 외판원 문제를 푸는 방법은 모든 순서를 다 고려하는 것뿐일까요? 물론 그렇지 않습니다. 마이클 헬드(Michael Held)와 리처드 카프(Richard Karp)가 $2^n \times n$에 비례하는 시간이면 n개 도시에 대한 외판원 문제를 풀 수 있는 방법을 보였습니다. 물론 2^n도 매우 큰 수이므로 n이 조금만 커져도 계산하기가 쉽지 않죠. 그러므로 상황에 따라 적당한 근사치를 찾는 등 여러 아이디어들이 사용됩니다. 물론 정확한 값을 어떻게 구할지는 여전히 중요한 관심사입니다. 우리가 풀 수 있는 도시의 수는 몇 개쯤이 한계일까요?

어떤 외판원 문제를 풀었다고 이야기하려면, 단순히 순서만 찾아서는 곤란합니다. 왜 그것이 최적인지 증명 가능해야 정확하게 풀었다고 할 수 있습니다. 1954년에 처음으로 42개 도시에 대해 외판원 문제를 정확히 푼 기록이 있습니다. 수학적 접근 없이 모든 경우를 다 확인하려 했다면 42개 도시도 몇 세대가 걸려야 겨우 찾았을 텐데, 탁상용 전자계산기로 풀었으니 대단하죠? 이 문제를 풀기 위해 부등식을 사용합니다. 42개의 도시 사이에 모든 가능한 경로가 있다고 할 때, 사용 여부에 따라 변수를 하나씩 만듭니다. 변수가 1이면 사용한 선이고 0이면 사용하지 않은 선입니다. 도시가 42개이면 변수는 42×41÷2, 즉 861가지가 나옵니다.

그 후 이 변수들이 만족시킬 등식과 부등식을 최대한 많이 찾습니다. 예를 들어 어떤 도시에 연결된 선 41개 중에서 그 도시로 들어올 때 1번, 나갈 때 1번씩 선을 써야 하니 정확히 2개만 써야 합니다. 따라서 대응되는 변수 41개의 합이 정확히 2가 된다는 등식을 세울 수 있죠. 전체 도시를 두 그룹으로 나누었을 때 두 그룹 사이를 잇는 선 중에서 적어도 2개 이상은 반드시 써야 하므로 해당하는 변수들의 합이 2 이상이라는 부등식도 성립합니다. 이런 식으로 부등식을 많이 만든 후에, 이 식을 모두 만족시키면서 선을 최소한으로 쓴 경우를 찾아내서 문제를 해결합니다. 아울러 각 변수는 0 이상 1 이하라는 부등식도 만족시킵니다. 이제까지 언급한 부등식들은 다행히도 선형 부등식(linear inequality)이라 다루기가 간단합니다.

선형 계획법

선형 부등식들이 여러 개 주어졌을 때 이것을 만족하는 변수 중에서 최적의 값을 찾는 문제가 선형 계획법(linear programming)입니다. 제2차 세계 대전과 냉전 시기에 병력, 무기, 군수품의 효율적 배치를 위해 많은 연구가 이루어진 분야이기도 합니다.

하지만 여기서 최적 변수값을 찾더라도 바로 외판원 문제의 경로가 되지는 않습니다. 경로는 항상 0과 1뿐인데, 선형 계획법으로 풀면 변수값으로 0과 1 사이의 아무 값이나 나올 수 있거든요. 그 사이를 좁히기 위해 온갖 기술이 동원됩니다. 0일 경우와 1일 경우로 나눠서 따로 풀기도 하고, 다른 부등식을 찾아서 추가한 후에 새로 푸는 등 많은 노력을 거친 후에 얻은 최솟값이, 우리가 찾아 놓은 순서의 비용과 일치할 때 드디어 그 순서가 최적임이 증명되는 거죠. 이런 방식을 써서 9개 도시를 손으로 푸는 데, 대략 3시간이 걸렸다는 기록이 있으니 1950년대에 42개 도시에 대해 외판원 문제를 풀 때는 훨씬 더 많은 시간을 썼을 것입니다.

최적 경로 탐색법의 발전

선형 계획법과 관련해 소개해 드릴 수학자가 있는데 바로 조지 단치히(George Danzig)입니다. 선형 계획법의 아버지라고도 불리는 인물로, 선형 계획법 문제를 잘 풀어내는 심플렉스 방법을 개발했습니다. 대학원생 시절, 강의에 늦게 들어갔다가 칠판에 적힌 오랜 미해결 문제를 그저 숙제인 줄 알고 풀어 냈다는 전설적인 일화를 가진 분이기도 합니다.

외판원 문제에 대해 현재까지 알려진 대부분의 해법은 심플렉스 방법에서 출발합니다. 어떻게 더 좋은 부등식을 빨리 찾을지, 어떤 새로운 아이디어를 추가할지에 대한 연구가 활발히 이뤄지고 있습니다. 1950년대

VLSI 칩을 만들 때 풀어야 했던 7,397개 지점을 지나는
외판원 문제에서, 1994년에 찾은 최적 경로이다.

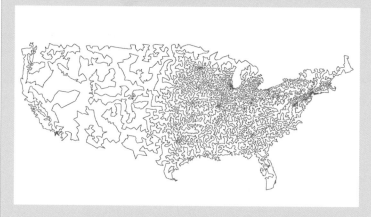

1998년에 찾은 미국의 1만 3509개 도시를 지나는 최적 경로

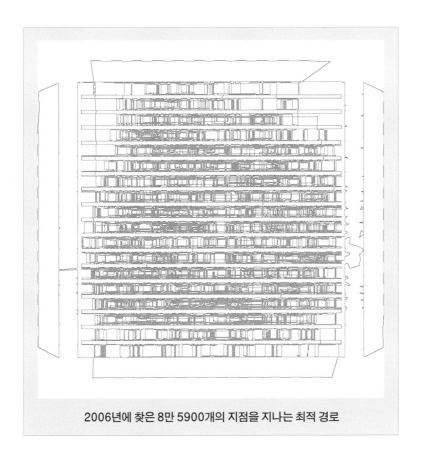

2006년에 찾은 8만 5900개의 지점을 지나는 최적 경로

에 42개 도시를 풀었는데 20년이 지난 1977년에는 서독의 120개 도시들을 지나가는 최소 경로를 컴퓨터로 찾는 수준까지 진척됐죠.

　1994년에는 7,397개의 도시를 놓고서 외판원 문제를 풀었습니다. 이 문제는 1980년대에 벨 연구소에서 초고밀도 집적 회로(VLSI)를 만들 때 레이저를 어느 경로로 조작하며 사용할지 결정하는 과정에서 나왔어요.

　이어서 1998년에는 미국에 있는 1만 3500개의 도시를 어떤 순서로 돌면 좋을지 계산해서 위와 같이 최적 경로를 구하기도 했습니다. 2001년에는 1만 5000개 도시의 외판원 문제까지 정확히 풀었죠.

현재까지 풀어낸 가장 큰 규모의 외판원 문제는 2006년에 성공한 8만 5000개입니다. 7,397개 도시 문제처럼 벨 연구소에서 VLSI 생산 방법을 연구할 때 나왔습니다. 그때 저는 이 문제를 해결한 프로그램의 개발자 중 한 사람인 빌 쿡(Bill Cook) 교수가 재직 중인 조지아 공과 대학에 있었습니다. 이 대학은 256대의 컴퓨터를 동시에 가동시키는 클러스터를 보유해서 여러 컴퓨터들이 동시에 모든 문제들을 나눠서 풀었죠. 이 계산을 컴퓨터 1대에서 돌렸다면 136년이 걸렸을 거라고 하니 계산량이 어마어마하죠. 사실 최적 경로는 2년 전인 2004년에 찾았지만, 이것이 가장 좋은 경로라고 확신할 수 없는 상태였습니다. 136년이 소요될 계산을 해서 이 경로가 실제로 최적이라는 사실까지 증명한 거죠. 이런 거대한 문제를 해결하기 위한 노력 덕분에 수많은 최적화 문제를 효율적으로 해결할 수 있는 기반이 마련되는 중입니다.

우리와 더 가까워질 수학의 미래

여기서 제가 독자 여러분과 함께한 3번의 강의를 마칠까 합니다. 이번 강의에서는 그래프 이론의 시초라고 하는 오일러의 문제로 시작해 청소차 문제, 최단 거리 문제, 외판원 문제 등 다양한 이야기를 했어요. 단순한 퍼즐처럼 보이는 문제에서 시작한 수학이 이젠 현실 속의 각종 산업에 활용되어 생산성 향상에 기여할 수 있다는 점까지 보여 드렸습니다.

이렇게 지난 세기 동안 급변하면서 현재처럼 다양한 역할을 하게 된 수학 연구가 수십 년 후에 어디까지, 어떻게 발전할지는 누구도 알지 못합니다. 다만 미래의 수학은 우리가 지금 보는 것보다도 훨씬 더 밀접하게 현실 사회와 결합하리라고 말씀드릴 수 있습니다. 이번 강의가 독자 여러분께서 앞으로 어떤 일을 하시거나, 낯선 변화의 추세를 이해해야 할 때에, 수학적인 접근이 중요하다는 사실을 이해하는 계기가 되셨기를 바라며 마치겠습니다. 감사합니다.

Q & A

참석자: 잘 짝짓기에 대해 재밌게 말씀해 주셔서 잘 들었습니다. 짝을 찾는 과정을 반복할 때, 사람들은 평균적으로 몇 번째 단계에서 원하는 짝과 만나게 되나요?

엄상일: 일단 그것은 사람들이 어떤 경우에, 어떤 짝을 원하느냐에 따라 다를 거예요. 앞에서 뉴욕 시의 고등학생 배정 시스템을 말씀드릴 때 40퍼센트 정도가 5순위 이내에서 원하는 학교에 진학했다고 말씀드렸습니다. 그런데 학생들에게 도저히 갈 수 없는 학교는 가고 싶더라도 지원하지 말라고 사전에 교육하기도 합니다. 약 40퍼센트의 학생들이 원서에 지망한 학교 중에서 5순위 이내에 갔지만, 정말 학생들의 5번째로 바란 학교는 아닐 수도 있다는 말이죠.

그러므로 평균적으로 사람들이 몇 번째 순위 내에서 원하는 짝과 이어질지는 상황마다 다릅니다. 대신 이 과정을 몇 번이나 돌려야 모든 구성원이 전부 짝을 찾을 수 있는지와 이 과정이 무한히 반복되지 않는다는 사실은 증명할 수 있습니다. 사람 수가 n명일 때 n^2회정도까지는 짝을 찾는 과정을 반복해야 합니다. 물론 사람 수가 많다면 매우 여러 번 해야겠지만, 말씀드렸듯이 짝을 짓는 알고리즘 자체는 워낙 간단해서 어렵지 않습니다.

참석자: 4색 정리에 대해 설명해 주시면서, 방전 테크닉을 사용했다고 말씀하셨는데, 그 개념에 대해서 좀 더 자세히 설명해 주실 수 있을까요?

엄상일: 나라 수가 최소이면서 4색으로 칠할 수 없는 지도에는, 항상 특정한 형태의 부분이 존재한다는 것을 증명해야 하는데요. 그때 방전 테크닉을 씁니다. 지도의 점, 선, 면마다 적당한 수를 부여해서 합이 항상 음수가 돼야 합니다. 이렇게 수를

부여하는 것을 충전한다고 표현하고요, 그 점, 선, 면이 가진 수를 전하라고 적기도 합니다. 그 후 '방전 규칙'이라고 부르는 규칙을 잘 만들어서 전하를 잘 분배합니다. 예를 들어 주변에 나라가 7개 이상이면 각각에서 전하를 1/3씩 뺏어 오라는 규칙을 만드는 거죠. 이어서 특정한 형태의 부분이 없는 경우에는 모든 점, 선, 면이 가진 수가 0 이상이 되므로 원래 합이 음수였던 것과 모순이라는 사실을 증명합니다. 이런 기술을 방전 테크닉이라고 부릅니다.

참석자: 4색 문제의 증명 과정에 컴퓨터를 이용한 것이 철학 논문 주제가 될 정도로 폭넓게 주목받았다고 말씀해 주셨는데, 그 대략적인 내용을 설명해 주시면 감사하겠습니다.

엄상일: 무엇을 수학적인 증명으로 받아들여야 하는가가 논의의 대상입니다. 수학자가 읽고 수긍할 수 있는 것만을 증명이라고 생각해 오다가, 컴퓨터가 수행했으며, 사람이 모두 확인할 수 없는 결과물을 기존의 수학적 증명과 같다고 인정할지의 여부가 핵심이죠. 컴퓨터가 이 문제를 풀어내는 모든 과정에서 버그가 없었다는 사실을 현실적으로 수학자가 일일이 검증할 수 없는데도, 컴퓨터가 출력한 결과만을 신뢰해서 증명이라고 정의할 수 있느냐는 것이었습니다. 지금처럼 컴퓨터가 널리 수용, 활용되기 이전에는 분명히 논쟁의 가치가 있는 주제였겠죠.

정담(鼎談)

이창옥, 한상근, 엄상일, 김상연

현대 수학은 어떻게
사회를 바꾸고
있는가?

김상연_ 안녕하세요. 저는 이번 수학 정담의 사회를 맡은《과학 동아》의 편집장 김상연입니다. 이번 KAIST 명강 3기가 '세상 모든 비밀을 푸는 수학'이라는 멋진 제목으로 시작해서 9번의 열띤 강연을 마치고 마지막 정담에 이르렀습니다. 아무래도 수학을 어렵게 여기는 일반 독자들에게 강의하시는 것이 세 교수님들 모두에게 색다른 경험이자, 쉽지만은 않은 시간이셨을 것 같습니다. 먼저 소회를 좀 들어 보도록 할까요.

한상근_ 수학과의 3~4학년 정도의 학생들에게 암호에 대해서 한 학기 강의를 해 보면 "수학은 현실의 문제들과는 별개"라고 생각하는 경우를 자주 봅니다. 하지만 암호는 어떻게든 상대방의 정보를 얻어 내고 우리의 정보는 지키는 것이 목적인 매우 현실적인 문제입니다.

  이번 강의에서도 암호를 매개로 해 수학이 우리의 삶과 얼마나 밀접하게 결합한 학문인지 여러분께 보여 드리고자 했습니다. 제가 생각했던 것보다도 강의에 집중해 주시고, 적극적으로 관심을 보여 주셔서 즐겁게 강의할 수 있었습니다. 제 강의로 암호에 대한 고정 관념이 바뀌고, 수학의 새로운 면모를 알아 나가는 계기가 되었으면 하는 바람입니다.

이창옥_ 처음에 KAIST 명강을 제의받았을 때는 일단 수락했는데, 시간이 다가올수록 고민이 깊어졌어요. 예전에 사이언스 앰배서더를 맡아서 중, 고등학생들을 대상으로 수학 강연을 한 적은 종종 있었습니다. 그때는 주로 영재반이나, 수학반처럼 수학에 관심이 큰 학생들을 대상으로, 어떻게 접근하면 수학이 재미있는지, 수학이 어떻게 실용적인 학문인지를 소개하는 특강이었죠. 50분짜리 1회 강연에, 청중들도 이런 주제에 관심이 있는 학생들이었지만, 일반 독자를 상대로 한 이번의 3회 강연은 그때에 비하면 부담도 많이 되었습니다. 짧지 않은 시간이었던 만큼, 다양한 방식으로 최근에도 끊임없이 변화, 발달하고 있는 새로운 수학의 모습을 많이 보여 드리려고 노력했는데 만족스러운 경험이 되셨기를 바랍니다.

엄상일_ 먼저 이렇게 10회의 강의를 잘 마칠 수 있어서 기분이 좋습니다. KAIST에서 수학과 학생들에게 강의할 때는 칠판 앞에서 이론적인 증명을 하는 것이 주된 방식이기 때문에, 이번 강의에서처럼 증명들이 응용되는 다양한 경우들을 세세히 소개하는 경우는 거의 없습니다. 이번 강의를 준비하면서, 새로 알게 된 수학과 기술의 결합이나, 그것이 가져 온 변화의 사례도 적지 않았고요.

바꿔 말하면 제게 익숙한 방식으로 진행하지 않은 대중 강연이었기 때문에, 어떻게 눈높이를 맞춰야할지 고민도 많았습니다. 그랬던 만큼 막상 여러분과 함께해 보니 생각지 못했던 보람도 여러모로 컸고요.

암호와 정치의 관계

김상연_ 이제 강연 내용을 바탕으로 교수님들께 각각 질문을 드려 보도록 하겠습니다. 먼저 한상근 교수님께 여쭤 볼게요. 사람들이 암호라고 하면 인터넷 사이트의 패스워드나 국가 기밀과 같은 것을 주로 떠올리는데요. 사람들은 암호의 중요성은 알더라도, 그 수학적인 원리는 생각하지 못하는 경우가 많거든요.

강의에서 다양한 내용을 들었는데, 교수님께서 수학의 여러 분야 중에서도 특별히 암호를 전공하신 계기에 대해 말씀해 주셨으면 합니다.

한상근_ 좋아해서 좀 잘했었는지, 좀 잘하니까 좋아하게 됐는지까지는 모르겠습니다만, 원래부터 수학을 좋아했어요. 1987년에 정수론으로 박사 학위를 받았습니다. 그전에도 정수론이 암호의 제작이나 해독에 쓰인다는 사실은 알고 있었습니다. 학위를 받고 마음에 여유가 생겨서 이것저것 뒤적거리다가 그 무렵에 공개 열쇠 암호와 관련해서 미국의 정보기관과 수학자들 사이에 갈등이 있었음을 알게 됐어요. 공개 열쇠 암호란 정보를 보내는 암호 제작 방법은 모두에게 공개되지만, 보낸 정보를 읽을 수 있는 암호의 복호화 방법은 정해진 사용자만 갖는 비대칭 암호입니다.

미국 수학회에 갔을 때도 강연 시간을 기다리던 중에 다른 학자들이 삼삼오오 모여서 대화하는 내용을 들어 보니, 다들 어떤 연사가 강연을 하러 올 수 있을지 걱정하더라고요. 미국의 정보기관인 NSA에서 그 수학 논문이 암호 정책에 중요한 영향을 미친다며 발표 철회를 종용하고 있었던 것입니다. 연사인 마틴 헬만(Martin Hellman) 본인이 반드시 발표하러 온다고 직접 말했다며 걱정하지 말라는 사람이 있었는가 하면, 정보기관에서 공항까지 쫓아온다는 말을 들었다며 걱정하는 사람도 있었지만 결국 헬만은 논문을 발표했습니다. 그는 오랜 기간 인권과 안전한 암호의 중요성, 비밀번호의 강제 위탁에 대한 반대를 강력히 주장한 수학자였어요. 수학계의 현장에서 암호와 현실 정치의 팽팽한 긴장 관계를 확인하면서 이 분야에 더 깊이 관심을 갖게 되었죠.

그 밖에 엄상일 교수도 강의하셨던 지도의 채색 문제 같은 P≠NP 문제도 암호 해독과 거의 동일해서, 박사 학위를 받은 후에 관련 연구들을 다양하게 접하면서 암호에 대한 관심을 더욱 심화할 수 있었죠.

변화하는 수학의 한가운데서

김상연_ 4색 문제는 그래프 이론을 주제로 한 엄상일 교수님 강연에서도 중요한 주제였는데, 이 문제들이 암호로도 연결된다니 역시 흥미롭네요. 이제 다양한 시각 매체들과 현대 수학이 어떻게 결합할 수 있는지를 말씀해 주셨던 이창옥 교수님께 질문을 드리고 싶습니다. 우리의 감탄을 불러오는 여러 창작물에서 수학이 얼마나 중요한 역할을 하는지 알려 주셨습니다. 한편으로는 수학과 예술, 특히 영화와 같은 시각 예술 사이의 경계가 점점 희미해진다는 인상도 받았습니다.

특히 영상을 다루는 예술 분야에서 활동하는 사람들은 이제 수학적 메커니즘에 대해 어느 정도 소양이 필요하겠다는 생각이 들었어요. 앞으로 변화할 수학과 예술의 경계와, 앞으로 수학과 가까워질 새로운 분야는 무엇이 있을지 말씀해 주셨으면 합니다.

이창옥_ 쉽지는 않은 질문이지만 한번 말씀드려 보겠습니다. 제 강의의 주제 중 하나가 일종의 가상 현실, 즉 버추얼 리얼리티(virtual reality)의 구현 방법이었어요. 우리가 보통 생각하는 자연 과학이란 현실 속의 자연을 이해하는 방법을 탐구하는 것입니다. 이해를 한다는 건, 우리가 재현할 수 있다는 의미이며 그 재현 수단이 바로 방정식이죠.

과거에는 자연을 방정식으로 모방하거나 풀어서 자연을 이해하는 수준에 머물렀다면, 이제는 방정식으로 자연과 동일한 가상의 현실을 구현하는 것이 목표가 되었어요. 자연을 똑같이 만들어 봄으로써 여기서 일어나는 수많은 상호 작용을 비롯해 미처 알지 못했던 다른 부분들을 더 이해할 수 있을 것이라고 보기 때문입니다.

이런 관점에서 보면 현재의 수학은 과거보다 더 많은 역할을 하는 중이에요. 가상 현실도 영화를 비롯한 예술, 영상 산업뿐만 아니라 의료 분야와 같이 광범위한 영역에서 문제를 해결할 수 있는 수학의 성과입니다. 과거의 수학이 공학의 일부로써 산업체에 접근했다면 이제는 보다 직접적으로 관계를 맺기 시작한 만큼, 앞으로 실용적인 측면에서 수학자들의 역할이 더 커지게 되겠죠.

제가 대학교에서부터 수학을 전공하면서 하게 된 생각이 있었습니다. 수학보다도, 수학자의 삶이 매력적이라는 거였어요. 그때만 해도 수학이라면 혼자 조용히 앉아서 증명을 해내고, 칠판에 죽 풀어서 설명하는 고고한 학자의 모습에 가까웠기 때문입니다. 그런 삶이 여러모로 위안이 되기도 했고, 지금처럼 여러 사람들과 상호 작용하며 연구하는 모습은 상상하기 어려웠죠. 요즘 제가 하는 수학은 그때와 전혀 다릅니다. 다양한 분야의 사람들과 항상 접촉하고 그들의 의견을 받아들여서 방정식을 응용하는 나날이죠. 이것은 수학이 산업들과 직접 소통하며 근본적으로 학문의 인터페이스가 대단히 확장되었다는 뜻입니다.

그러므로 영화나 의료와 같은 외부 분야의 종사자들이 수학을 알아야 할 필요성도 나날이 커지겠지만, 수학자들 역시 기존의 수학적 소양에 자신만의 예술적, 인문학적 관점도 갖춰야만 하겠죠. 수학과 수학자의 역할이 함께 바뀌어 나가는 만큼 수학을 만나게 된 외부의 종사자들뿐만 아니라 수학자에게도 보다 폭넓은 소양이 필요하다고 생각해요.

김상연_ 이어서 질문을 하나 더 드리겠습니다. 강의 중에 특수 효과 장면 등 영화에 대해 종종 언급하셨는데, 응용 수학의 접점 중에서 특별히 영화에 관심을 가지신 이유를 듣고 싶습니다. 그리고 실제로 영화를 보시면서 수학적으로 구현하기 어려워서 감탄하신 장면이 있으셨는지도 함께 말씀해 주시면 감사하겠습니다.

이창옥_ 원래 제 전공은 수치 해석입니다. 방정식이 주어지면 그것을 컴퓨터로 어떻게 풀어낼지 고민해서 방법을 찾고, 해결 성능을 비교하는 분야입니다. 한동안은 방정식이 주어지면 해결 방법만 구성하고, 어떤 가치가 있는지는 크게 고민하지 않고 논문을 쓰며 연구해 온 시기도 있었죠.

그러던 중에 2001년쯤에 정보 통신부에서 연구 과제 공모를 했는데, 대학 IT센터 사업이라는 것이었습니다. 그때는 제가 과에서 가장 젊은 교수여서, 사업 신청을 떠맡아 고민하기 시작했습니다. 전공 분야를 어떻게 대학 IT센터와 연결시킬지 말이죠. 그전까지 저는 일단 방정식을 해결하는 수학자였지 IT와는 관련이 거의 없다고 생각했었거든요. 그래도 맡은 일이니까 해외 동향을 살피다 보니 당시 막 성장하기 시작한 영상 산업 분야의 짧은 애니메이션들이 눈에 띄더군요. 2008년 아카데미상 시상식에서 기술 공로상까지 수상한 수학자인 페드큐가 제작한 초기 수준의 영상이었습니다. 유리컵에 물을 붓는 간단한 장면이었는데, 인터넷에서 보고 큰 충격을 받았어요. 투명한 컵에 액체가 흘러 들어와서 차오르는 과정을, 수학이 방정식을 이용해서 시각적으로 구현할 수 있다는 사실을 확인했으니까요. 그래서 저도 이런 걸 한번 해 보자고, 할 수 있겠다고 마음먹었죠.

김상연_ 조합적 최적화라는 낯선 개념을 쉽고 다양한 주제로 나눠서 설명해 주신 엄상일 교수님께 질문을 드리겠습니다. 특히 인상적이었던 부분이 인터넷 사이트에서 네티즌과 그에 맞는 광고를 짝짓는 방법이었습니다. 구글이 최적화 방법을 연구해서 각 사용자들이 관심을 가질 만한 광고를 보여 주고, 아마존 같은 사이트에서도 이전에 구매한 제품들을 참조해서 유사한 패턴으로 구매한 다른 사용자들이 선호한 제품을 권유하는 식의 마케팅을 하더군요.

그렇다면 한국의 IT 기업들은 이런 수학적인 최적화 방식을 어떻게, 얼마나 도입해서 운영되고 있는지, 그 수준은 다른 국가들에 비하면 어느 정도의 수준인지 의견을 말씀해 주셨으면 합니다.

엄상일_ 한국 IT 업계의 구체적인 상황을 알아보지는 않았기 때문에 정확하게 말씀드리기는 어렵겠네요. 다만 구글이나 아마존에서 도입한 수학적인 연구들은 논문을 외부에 공개하고 있으므로 참조해 사용하리라 생각합니다.

예전에 삼성전자 연구소에서 그래프 이론에 대한 강연 요청이 와서, 이번 강연에서 말씀드렸던 짝짓기 같은 이 이론의 흥미로운 내용을 말씀드린 적이 있어요. 강연 후에 왜 저를 강연자로 부르셨는지 물었더니 필요한 알고리즘을 구현하기 위해 그래프 이론을 다룬 논문들을 참고하는 중인데 어려운 점이 있어서, 전공자의 강연이 도움이 될 것 같아 초청했다고 하더군요. 이런 경험에 비춰 보면 한국 기업들은 아직까지는 기존의 연구 결과를 잘 활용하려고 노력하는 중이리라 생각해 봅니다.

김상연_ 지금 말씀을 들어 보니, 전산학만큼이나 수학을 전공한 학생들도 IT 기업에서 선호할 것 같다는 생각이 드는데요. 예를 들어 미국 같은 경우에 IT 기업에서 수학과를 졸업한 학생들을 직원으로 채용하는 비율이라거나, 실제 산업계에서 수학과 출신들의 비중처럼 수학과 IT의 관계 변화를 드러내는 사례에 대해 간단히 말씀해 주실 수 있을까요?

엄상일_ 이것도 쉽지는 않은 질문인데요. 이미 마이크로소프트, 구글을 비롯한 미국의 IT 대기업들은 수학자들을 직접 연구소에 채용해 적극적으로 활용하고 있습니다. 구글의 온라인 광고 프로세스를 구축하는 데도 구글 내부의 수학자들이 참여했고요. 수학 전공자들을 적극적으로 채용한 IT 기업들의 경쟁력은, 기존에 다루지 않았던 규모의 데이터를 어떻게 더 효율적으로 다루고, 어떤 식으로 새로운 가치를 창출하며, 수익을 극대화하느냐에 달려 있습니다.

기존에 풀거나 겪지 못한 복잡한 문제를 해결하는 데 있어서 수학적인 훈련을 충실히 수행한 인재들은, 문제의 핵심을 효율적으로 정확히 파악해 해결할 수 있으므로 기업들이 선호하는 것이겠죠.

암호로 감출 수 없는 위험 요소

김상연_ 앞으로도 수학과 IT 산업 사이의 결합은 더욱 심화된다고 볼 수 있겠군요. 다시 한상근 교수님께 질문을 드리겠습니다. 최근 들어 암호와 관련해 개인 정보 유출 같은 사고가 나날이 증가하고 있는데요. 그 대책으로 암호를 만들 때 특수 문자나 알파벳을 넣거나, 혹은 기억나지 않으면 휴대 전화로 인증하라는 등의 요구 사항이 계속 늘어납니다. 그런데 이런 수단이 정보 유출을 근본적으로 막아 주는지, 좀 더 사용자들이 편리하게끔 암호를 정해도 정보를 지켜지는 기술적인 방어벽을 세울 수는 없는지 말씀을 들어 봤으면 합니다.

한상근_ 먼저 핵심부터 말씀드리면 그런 방법은 없습니다. 간단한 비밀번호를 변형해서, 복잡한 비밀번호로 만들어 내는 프로그램은 현실적으로 큰 의미가 없습니다. 지금은 1000조~1경 개 정도까지는 어떻게든 확인해 보는 것이 가능해졌기 때문입니다. 사용자가 직접 입력하는 비밀번호를 씨앗이라는 뜻에서 시드(seed)라고 부르는데요. 시드의 개수가 적으면, 즉 1000조 개 이하이면, 모두 시도해 봄으로써 해독할 수 있습니다. 입력된 시드를 복잡하게 계산해서 숨겨 두어도 소용이 없는 셈이죠. 일단은 시드의 개수가 쉽게 계산해 낼 수 없을 만큼 커야 합니다.

　물론 암호는 최종적인 방어 수단이지만, 사례들을 잘 보면 암호 자체가 해독되어서 그 속의 정보가 유출되는 경우는 생각만큼 많지 않습니다. 대부분은 암호를 관리하는 기업이나 사람들의 부주의, 관리 실패로 사고가 발생하죠. 강의에서 섀넌의 암호학 논문에 대해서 말씀드렸는데, 아마추어도 이 내용만 충실히 따르면 NSA 정도만 해독 가능한 암호들을 제작할 수 있어요. 부실한 네트워크 관리나, 사용자의 부주의처럼 암호 외부의 다양한 변수들이 보안에 균열을 일으키는 거죠.

　좀 더 간단한 예를 들어 볼까요. 어떤 남자가 사귀고 싶은 여자와 자주 통화를 하는데, 내용은 전부 암호화됐다고 가정해 보죠. 그래도 관찰만 해서 두 사람의 관계를 짐작하기가 어렵진 않아요. 여자가 전화를 받자마자 끊는 행동이 반복된다면 남자가 스토킹을 한다거나, 남자와 여자 사이에서 규칙적으로 통화가 오가고, 혹은 여자가 먼저 전화를 거는 경우가 증가하면 잘 이어질 거라는 식의 추측은 충분히 가능합니다.

작은 실마리들이라도 하나하나 모아서 분석하면 유의미한 결론을 찾을 수 있죠. 이런 접근을 트래픽 분석이라고 합니다. 결국 암호의 보안성 못지않게 암호 자체와 그 속의 정보를 관리하는 사람의 노력은 언제나 중요합니다.

김상연_ 이건 실례되는 질문일지도 모르겠는데요. 혹시 한 교수님께서는 가까운 분의 이메일이나 패스워드를 풀어 보려 하신 적이 있으신가요?

한상근_ 질문과는 약간 다른 얘기입니다만 예전 엄 교수님이 KAIST 학생일 무렵에는, 학생들의 KAIST 전산망 아이디가 전부 공개되어서, 누구든지 볼 수 있었습니다. 그래서 그 데이터를 이용해 프로그램을 만들면 30퍼센트 정도는 패스워드까지 찾아냈다고 해요.

엄상일_ 제가 KAIST 1학년 때였는데, 그때만 해도 인터넷에서 암호화를 많이 사용하지 않던 시절이었죠. 하루는 기숙사에서 인터넷으로 서버에 접속 중이었는데, 제 친구가 "암호를 그렇게 쉬운 걸로 만들면 어떡해?"라고 메시지를 보냈어요. 이게 무슨 소리인가 했더니, 자기가 KAIST 학생들은 어떤 암호를 쓰는지 조사해서 보고서를 준비 중이라고 말하더군요. 네트워크에서 암호화되지 않고 오가는 통신을 전부 감청했던 거예요. 그 중에서 제가 처음으로 걸렸다면서 그 친구가 "이름을 암호로 쓰면 안 된다."라고 말했죠. 그때 "아, 이런 일도 가능하구나."하고 놀랐었는데, 이 친구는 성공한 벤처 사업가가 됐어요.

김상연_ 역시 사람의 미래는 알 수가 없군요. 이창옥 교수님께서는 다양한 대중 매체에 굉장히 관심이 많으신 것처럼 보였는데, 강의에 활용하기 위해서 따로 조사를 하시는 것인지, 아니면 수학과 별개로 영화나 애니메이션을 평소에도 즐기시는지 말씀해 주셨으면 합니다.

이창옥_ 평소에 강의에서 활용하기는 좀 어렵습니다. 아무래도 정해진 교재에 따라 진행되고, 제가 강의하는 내용은 수학이니까 대중 매체를 적극적으로 도입하기에는 한계가 있죠. 제가 전공한 분야에서 대중 매체와의 결합이 중요한 관심사로 부상하다 보니, 좀 더 특별하게 관심을 갖고 찾아보면서, 따로 정리해 둡니다. 이번 강의처럼 좀 가볍게 제 전공에 대해서 말씀드려야 할 때 이야기를 좀 더 쉽게 전달할 수 있고, 현대 사회에서 수학의 중요성에 대해서 사람들을 설득할 때도 유용하니까요.

김상연_ 엄상일 교수님께 질문을 드리고 싶은데요. 이번에도 조금 까다로울지 모르겠습니다. 엄 교수님의 마지막 강의에서 '잘 다니기'에 대해 말씀해 주셨는데요. 그때 들려주신 물류 창고에서 제품들이 들고나는 경로나, 버스 혹은 청소차의 이동은 방향이 일정한 경우가 많습니다. 반면에 실제로 도로에서 주행할 때는 중간에 사고나 공사가 벌어질 수 있고, 그런 일은 거의 없겠지만 싱크홀이 생긴다거나, 예측하기 어려운 경우가 대단히 많습니다.

아시는 분들이 많겠지만 최근에는 자율 주행 시스템, 무인 자동차 같은 신기술이 나오면서 복잡한 도로 사정을 분석해 최적 경로를 찾는 기술이 더욱 중요해질 것 같습니다. 따라서 최적화 경로의 계산에 대한 요구도 더 다양해질 텐데요. '잘 다니기' 이론을 비롯한 앞으로의 최적화 이론에 대해 좀 말씀해 주셨으면 합니다.

엄상일_ 이번에도 어려운 질문을 주셨는데요. 수학의 발전은 어떤 사회에서 나타나는 문제를 추상화시켜서 간단한 수준부터 풀어 보고 그 문제에 대한 접근법을 알게 되면, 복잡한 상황을 해결할 수 있는 직관을 얻거나, 복잡한 문제를 해결함으로써 더 어려운 단계로 나아가는 과정을 따른다고 봅니다.

질문해 주신 자율 주행과 관련한 최적화 이론의 발전 가능성을 예측할 때는, 컴퓨터 속도가 꾸준히 빨라지고 있다는 점도 고려해야 합니다. 컴퓨터의 처리 속도가 비약적으로 상승하면서 우리가 접근할 수 있는 문제의 범위도 자연스럽게 확장 중입니다. 최적화는 수학의 역사에서 보면 시작된 지 얼마 되지 않은 분야예요. 수치 해석이나 최적화 이론처럼 컴퓨터와 활발하게 연계되는 수학은 최근의 IT와 함께 주요한 발전을 이뤄 왔습니다. 그런 까닭에 정수론처럼 역사가 깊은 분야에 비하면 앞으로 발전할 가능성이 크고, 개발해야 할 측면도 많다고 말씀드릴 수 있겠습니다.

에니그마의 작동 원리

김상연_ 한상근 교수님께 여쭤 보겠습니다. 최근에 수학자 앨런 튜링이 주인공인 영화 「이미테이션 게임(The Imitation Game)」을 봤는데, 제2차 세계 대전 시기에 튜링이 독일군의 암호 제작 기계인 에니그마의 암호를 해독하는 과정을 다룬 작품이었습니다. 그런데 영화만 봐서는 에니그마 암호가 대체 무엇인지 이해하기가 좀 어렵더라고요. "풀기 어렵다고 하니까 그런가 보다."라고 생각하면서 보기는 했는데요. 에니그마 암호가 왜 풀기 어려운 것이었고, 어째서 튜링이 제작한 봄베(The Bombe)를 이용해야만 효율적으로 해독할 수 있었는지 설명해 주셨으면 합니다.

한상근_ 에니그마의 작동 방식은 일종의 타자기 같은 기계에 우리가 하고 싶은 말을 입력하면 암호로 변환되어 기계 반대쪽에서 출력되는 것입니다. 암호 변환 원리는 (가짜) 난수표를 사용하는 것입니다. 예를 들어 31415라는 숫자를 정해 두고서 무한히 반복합니다. "31415 31415 31415……"처럼 말이죠. 이제 원문의 첫 번째 알파벳 철자는 3칸 뒤의 철자로, 2번째 철자는 1칸 뒤의 철자로 옮기고 3번째 철자는 4칸 뒤로 옮기며, 6번째 철자는 다시 3칸 뒤의 철자로 옮기는 것입니다. 사실상 여러 방식의 암호를 혼합한 것이죠. 이것이 21세기 전까지 가장 해독이 어려운 암호 방식이었습니다.

그런데 전쟁 도중에는 난수의 개수를 31415처럼 5개나 314159265359처럼 12개가 아니라 몇 백억 개가 되도록 만들었죠. 그래서 이 숫자가 다시 반복되려면 문서의 길이가 몇 백억 글자여야 하는데 그렇게 긴 문서는 사실상 없으니까요. 일반적인 난수표를 사용하는 암호와 별 차이가 없도록 만든 것입니다.

수백억 자리의 난수를 만드는 방법은 이렇습니다. 매일 아침 에니그마 기계에 사용할 부속품을 베를린의 사령부에서 지시합니다. 단순히 3~4개 정도의 부속을 지정해요. 그렇게 간단한 시드로 시작해서 복잡한 수백억 자리의 숫자를 생성해 내는 기계가 에니그마죠. 제2차 세계 대전이 일어나기 전에 한 폴란드 수학자가 이 기계에 대한 정보를 갖고 영국에 망명합니다. 폴란드는 나치 독일에 점령당했죠. 이 정보를 이용해서, 튜링이 통계학과 확률 이론을 적용한 봄베라는 해독 기계를 완성했습니다.

씨앗이 간단해도, 예를 들어서 5개의 알파벳 자판을 누른다고 해도 알파벳 글자 수가 26개이므로 난수의 개수는 $26 \times 26 \times 26 \times 26 \times 26$ 해서 26을 5개 곱한 것과 같죠. 물론 모든 경우를 전부 뒤져서 찾아낼 수는 있어요. 하지만 그렇게 결과를 찾아냈을 때는 이미 독일 공군이 런던에 날아와서 폭격을 실컷 퍼붓고 집에 돌아가서 쉬는 중이겠죠. 그래서 튜링과 영국 정부는 거의 실시간으로 독일군의 암호문 내용을 읽어 내는 방법을 찾아내려고 했던 겁니다. 그처럼 커다란 기계를 만든 이유죠.

의료 영상의 과제

김상연_ 아, 그래서 봄베가 그렇게 거대했군요. 이창옥 교수님께 질문을 드릴게요. 다양한 종류의 그래픽에 대해서 말씀해 주셨는데, 현재 수학적으로 구현하기가 어려운, 앞으로 도전해야 할 그래픽은 무엇인지 소개해 주셨으면 합니다.

이창옥_ 그 질문이라면 요즘 진행 중인 연구에 대해 말씀드리면 적절할 듯합니다. 병원에서 CT 촬영을 해 보신 분들도 계실 텐데, 그와 관련된 것입니다. CT는 기본적으로 엑스레이입니다. 환자를 가운데 두고 회전하며 촬영하고서, 라돈 변환을 이용해 그 이미지들을 결합하는 것인데요.

수학적으로는 이 촬영 기계가 이동하며 모든 각도를 연속으로 촬영해야 하는데, 실제로는 그렇지 못하기 때문에 촬영 후에 사진들을 보정, 종합하는 과정이 필요합니다. 그 외에도 몇 가지 문제가 있는데, 우선 촬영 횟수가 너무 많으면 피험자의 방사선 피폭량이 증가하게 되므로 최대한 줄일 필요가 있습니다. 다음으로 요즘에는 사람들 체내에 금속이 삽입된 경우가 많습니다. 특히 치아 같은 경우에 금니나 임플란트 같은 것이 많고, 관절에도 수술 후에 금속을 삽입한 분들이 적지 않아요. 이런 피험자들을 CT 촬영해서 라돈 변환으로 전체 이미지를 복구하면, 금속 때문에 사진 전체가 부정확해집니다. 이런 경우에 어떻게 하면 금속이 없는 상태처럼 이미지를 보정할 수 있을지가 요즘 의료 영상 분야에서 대단히 중요한 문제입니다.

그리고 강의에서도 말씀드렸지만, 요즘 의료 영상에서는 3차원 영상도 활발하게 제작하고 있어요. 양악 수술하는 환자의 턱 구조 같은 것을 그렇게 만드는데, 이 경우에는 수술 과정을 미리 연습해 보는 수술 계획 단계에서 3차원 영상이 매우 중요합니다. 수술 중에 일어날 수 있는 사고를 최대한 방지하게 위해서입니다.

정확한 영상 구현이 중요하지만, 체내의 금속들 탓에 정확성이 저하되는 경우가 많아서 이런 부분을 강제로 제거하고 활용하는 실정입니다. 촬영 횟수를 줄여서 방사능 피폭량을 낮추고, 금속들이 훼손한 영상을 잘 복구하는 것이 최근에 집중적으로 연구되는 그래픽 분야의 문제입니다.

데이터 분석과 데이트

김상연_ 제가 기대하던 질문을 드릴 차례인데요. 엄상일 교수님께 말씀드리겠습니다. 예전에 TV에서 인기 있었던 「짝」이라는 프로그램을 알고 계실 텐데요. 그래프 이론의 관점에서 봤을 때, 이런 경우에 최대한 많은 커플을 만들려면 어떤 방법을 택해야 하는지, 우리가 사는 현실 세계에서 짝이 잘 맺어지려면 어떻게 하는 것이 수학적으로 타당한지 말씀해 주셨으면 합니다. 어째 안색이 좀 창백해지신 것 같은데요. (웃음)

엄상일_ 일단 제가 그걸 잘 알았다면 대학교 다닐 때 좀 다르게 살았을 거란 생각이 드네요. (웃음) 2년 전쯤에 제가 재미있는 사례를 읽었습니다. 하버드 대학교 수학 전공 졸업생이 만든 '오케이 큐피드'(OkCupid)라는 소셜 데이팅 사이트인데요. 남자와 여자들이 본인의 프로필과 관심사 같은 정보를 등록하면 시스템에서 자동으로 그들에게 잘 어울리는 근거리 거주자를 소개해 주고, 메시지를 주고받다가 커플이 되기도 하는 사이트입니다.

캘리포니아 대학교 로스앤젤레스의 수학과 대학원생이 이 사이트를 주제로 연구를 했어요. 어떤 질문에 어떻게 대답해야 많은 여성과 연결될지 알아보려고, 2만 명의 여성들이 사이트에서 물어보는 질문에 남자들이 어떤 대답을 했는지 일일이 자료를 수집했다고 합니다. 흔히 말하는 빅 데이터 분석을 한 셈이죠.

패턴을 분석해서 많은 여성이 속한 그룹을 몇 개 찾아내, 마음에 드는 그룹에 최적화된 자기소개를 만들었더니 수많은 여성으로부터 관심 쪽지를 받았다고 해요. 그중 수십 명과 데이트를 해서 실제로 마음에 드는 상대를 만났다는 내용이었습니다. 이 정도의 노력을 했다면 어떻게 해도 커플이 이뤄졌을 것 같아요.

수학 연구의 질적 성장

김상연_ 이번에는 이창옥 교수님께 하나 여쭤보겠습니다. 해외 언론 보도를 보면 외국의 수학 연구 수준이 상당히 높다는 생각이 들 때가 자주 있습니다. 그렇다면 한국의 현재 수준은 세계적으로 볼 때 어느 정도의 위치인지 궁금하기도 했거든요. 대략적으로 말씀해 주실 수 있을까요?

이창옥_ 요즘 대학교나 학과들을 평가하는 중요한 기준으로 꼽히는 것이 이른바 SCI입니다. ISI라는 회사가, 논문에 참고 문헌을 달 때 어떤 논문, 학술지를 많이 인용했는지 정리한 색인인데요. 현재 한국에서는 SCI에 오른 학술지에 논문을 몇 편이나 냈는지가 말하자면 학문적 수준을 평가하는 기준이죠.

　제가 1980년에 대학교에 입학했습니다. 그때 가르쳐 주신 대학교 교수님들이 굉장히 훌륭한 분들이셨는데, 오늘날의 학문적 실적으로만 따지면 그분들도 퍽 곤란하셨을 것 같습니다. 그 당시에는 대한민국 전체에서 SCI 논문이 1년에 4편 정도 등재됐습니다. 35년이 지난 지금은 수학과 교수 1명이 1년에 4편 정도의 논문을 SCI 등재 학술지에 발표하고 있습니다. 공과 대학 같은 경우에는 이보다 더 많고요.

　SCI 논문 수만을 기준으로 본다면 한국의 수학 연구 수준은 세계 11위입니다. 논문의 양으로 따지면 이 정도인데, 논문의 영향력까지 따져 보면 아직은 그에 미치지 못하는 듯합니다. 단순히 논문을 많이 쓰는 것뿐만 아니라, 다른 사람들의 논문에 얼마나 인용이 되는지도 중요한 기준이기 때문입니다. 요즘에는 H 인덱스라는 것이 주목받고 있는데요. 그 내용은 대략 이렇습니다. 1번 인용된 논문이 1편 있느냐, 2번 이상 인용된 논문이 2편 있느냐, 3번 이상 인용된 논문이 3편 있느냐는 식으로 물어보는 방식이죠. 10번 인용된 논문을 10편 냈다면 H인덱스가 10입니다. 이제는 학자별로 인덱스 수치를 모두 확인할 수 있습니다.

그러므로 어느 교수가 집필한 특정한 논문 1편이 여러 번 인용되더라도 이 인덱스 수치가 높을 수 없습니다. 수치는 그냥 1이거든요. SCI 논문을 아무리 여러 편 써도 다른 학자들에게 인용이 안 되면 높은 평가를 받기 어렵죠. 그러므로 H 인덱스가 무척 중요한 기준이라고 생각합니다. 많은 논문이 발표되고 또 여러 곳에서 인용된다는 것은, 쉽게 말하면 폭과 깊이가 함께 확장된다는 뜻입니다. 지금 한국 수학계뿐만 아니라 학문 전반이 이러한 방향을 따라 진전되고 있습니다. 그러므로 한국 수학계의 성장 가능성은 매우 크다고 봅니다.

이 시대의 수학을 묻다

김상연_ 지금까지 교수님들을 모시고 현대 수학의 다양한 면모에 대해서 흥미로운 말씀을 많이 들으셨는데요. 궁금한 점이 많이 생기셨을 것 같습니다. 어떤 질문이든 해 주시면 감사하겠습니다.

참석자_ 지난 강의에서 4색 문제에 대해 말씀해 주셨는데, 1차원상의 지도라면 2가지 색깔만으로도 표현이 가능한데, 3차원에서는 최소한 몇 가지 색깔이 필요한지 궁금합니다.

엄상일_ 좋은 질문을 해 주셨습니다. 사실 3차원상에서는 필요한 채색 수가 몇 개 이하라고 말할 수 없습니다. 예를 들어 3차원상에서는 100만 개의 물체들이 모두 서로 만나게 할 수 있거든요. 그렇다면 이것들을 구분하기 위해 100만 개의 색깔이 필요하겠죠. 모든 그래프를 그릴 수 있기 때문에 굳이 3차원으로 가져가지 않아도 동일한 질문이 됩니다. 그래서 2차원 평면 위의 지도처럼 흥미롭지 않죠.

참석자_ 교수님들께서는 지금까지 중, 고등학교 수준의 수학 수업에서 활용할 수 있는 내용들을 풍부하게 소개해 주셨습니다. 현재 수학이라는 학문 자체의 전반적인 발전 상황은 어떠한지에 대해 간략히 말씀을 해 주시면 감사하겠습니다.

한상근_ 수학 자체의 발전을 말하기에 앞서, 수학이 무엇인가를 생각해 볼 필요가 있습니다. 수학이 발전하는 과정에서 등장하는 고유의 문제들, 예를 들면 페르마의 정리 같은 것은 어떻게 응용할지 고민하지 않아도 충분히 흥미롭습니다. 게다가 페르마의 정리가 풀리지 않는 것이 수학계를 위해서는 더 바람직합니다. 이 문제를 해결하기 위해 여러 수학자들이 시도하고 논의하는 과정에서 또 다른 이론들이 파생되기 때문입니다. 풀리는 순간, 더 이상 이 정리를 가지고 고생할 수학자는 없겠죠. 그런 까닭에 황금알을 낳는 거위의 배를 가른 경우와도 비슷하다는 생각이 듭니다. 물론 지금도 수학계에 이런 문제들은 많고, 또 새롭게 등장하는 중입니다. 수학은 미해결된 문제를 찾고, 또 그것을 해결하려 노력하며 토론하는 과정에서 발전하고 있죠.

　해결 수단의 변화도 새로운 수학을 형성하는 요건입니다. 특히 컴퓨터와 IT의 발전과 함께, 그 전에는 해결할 수 없다고 생각했던 문제들에 대한 새로운 접근법뿐만 아니라, 예전에는 생각하지 못했던 새로운 문제들이 다양하게 등장하게 됐어요. 그러므로 수학을 응용해 IT 산업의 발전을 견인할 뿐만 아니라, 이 산업들이 다시 수학의 발전을 촉진하기도 합니다. 이렇게 발전한 수학은 다시 산업 현장의 문제를 해결하는 데 응용됩니다. 이제 수학과 IT 산업은 함께 굴러가는 1쌍의 바퀴와 같은 관계라고 생각합니다.

참석자_ 계산 수학을 적용해서 만들 수 있는 여러 가지 그래픽을 보여 주셨는데요. 물을 따르는 모습이나, 용이 뿜어내는 화염이 특히 인상적이었습니다. 요즘 핵 발전소의 여러 문제나, 핵융합 발전의 가능성에 대한 논의가 활발한데, 계산 수학을 적용해서 핵융합 과정을 시각적으로 구현할 수는 없을까요?

이창옥_ 어떤 형상을 그래픽으로 구현한다는 것은, 사실 여부와 상관없이 그저 눈으로 볼 수 있게만 만드는 경우와, 그 형상을 정확히 현실과 동일하게 만드는 경우로 나누어 생각할 수 있습니다. 질문에서 언급하신 영화 「해리 포터」에서 용이 불길을 뿜어내는 장면을 생각하면, 용이 실제로 불을 내뿜는 모습을 정확히 재현했는지는 중요하지 않습니다. 관객들 눈에 그럴듯하게 보이면 충분한 것이죠. 그런데 핵융합 과정을 계산 수학을 적용해 그래픽으로 구현할 때는 높은 수준의 정확성, 사실성이 요구됩니다. 이런 경우에 가장 필요한 것은 이 핵융합 현상을 정확히 기술한 방정식입니다. 방정식이 있다는 사실은, 다시 말하면 이 현상을 분석하는 수학의 수준이 발달했음을 뜻합니다. 하지만 아직 핵융합, 플라스마를 정확히 기술한 방정식을 얻지 못한 상태입니다. 블라소프 방정식(Vlasov equation) 같은 것이 있지만, 핵융합 반응의 일부만을 표현할 뿐입니다. 나머지 부분, 즉 핵융합 과정에서 플라스마들이 어떻게 형성되고 반응하는지에 대해서는 방정식으로 완전히 표현하지 못한 상태입니다.

그러므로 우리가 물리학적 현상을 정확히 이해하고 제어하기 위해서는 이것을 직접 연구하는 물리학뿐만 아니라, 방정식으로 환원해 낼 수 있는 수학의 발전 역시 동반되어야 할 것입니다.

참석자_ 엄상일 교수님께서 초등학생들을 대상으로도 수학 강연을 하셨다고 들었는데, 어린 학생들은 계산, 산술 문제와 수학의 차이점을 잘 모르는 경우가 많은 것으로 압니다. 그런 학생들에게 어떤 방식으로 말씀을 해 주셨는지 알려 주셨으면 합니다.

엄상일_ 초등학생을 대상으로 한 강연은 2번 해 보았습니다. 각각 짝짓기와 무한을 주제로 진행했습니다. 초등학생들은 아직 무한에 대한 개념이 없죠. 물론 일반인들도 그런 경우가 많지만요. 게오르크 칸토어(Georg Cantor)가 생각했던 무한을 어떻게 이해할지, 무한의 경우에 어떻게 1대 1 대응을 할 수 있을지, 이런 내용으로 저희 딸이 다니는 초등학교에서 강연을 했어요.

대전에 살다 보면 연구 단지에 박사들이 많아서 학부모들이 돌아가면서 과학에 대한 특강을 하는 경우가 많아요. 항공 우주 연구원 계신 분들은 로켓 모형이라든가 신기한 선물을 나눠 주시기도 하는데, 수학자들은 어린 학생들의 흥미를 끌 수 있는 수단이 별로 없죠. 그래서 그날 준비한 내용이 "뽀로로 무한 명이 탄 버스가 왔는데, 호텔의 방이 꽉 차 있다면 어떻게 들어갈까?"라거나 "뽀로로 무한 명이 탄 버스가 무한 대가 왔는

데, 방의 수가 무한한 호텔이 있다면 어떻게 들어갈까?"라는 식의 내용이
었는데 이 문제를 푼 학생도 있어서 대단하다고 생각했어요.

김상연_ 이제 시간이 거의 다 되어서 제가 마지막 질문을 하나 하고 싶은
데요. 바로 암호에 대한 것입니다. 요즘에 인터넷으로 하는 전자 상거래
등에서 사용하는 암호인 RSA는 굉장히 큰 규모의 소수를 서로 곱해서
암호로 사용하는 방식이라고 들었습니다. 이런 수는 소인수 분해가 어렵
기 때문에 보안에 유용한 암호 방식이라고 하더군요. 그런데 그 정도로
해독하기 어렵다는 말이 잘 이해가 되지 않습니다. 컴퓨터로 계산하면 어
떻게든 풀릴 것 같거든요. RSA 방식의 암호가 왜 그렇게 풀기 어려운 걸
까요?

한상근_ 일단 해독하기 어려운 암호인 것은 확실합니다. 현재 일반적인 컴
퓨터의 계산 능력으로는 200자리 숫자, 즉 10^{200} 정도부터는 소인수 분해
를 해내지 못합니다. 공인 인증서의 RSA 암호에는 10^{600} 정도의 숫자를
사용해요. 그런 까닭에 이 암호를 소인수 분해하는 것이 거의 불가능하
다고 보는 것이죠. 새로운 수학 이론이 발견되기 전까지는 공인 인증서를
비롯해 RSA 방식을 사용한 암호들을 일반적인 컴퓨터의 소인수 분해로
해독할 수는 없다고 봐야 합니다.

　이 계산을 수행하기 어려운 이유는, 개념적으로 설명할 수밖에 없을
것 같아요. RSA 방식은 소수 2개를 곱하는 것인데, 이것은 두 숫자 중 하
나를 숨겼다고 보시면 됩니다.

　예를 들어 A라는 숫자가 있으면, 그것보다 큰 B라는 숫자를 하나 골라
요. A라는 숫자를 감출 때에 A에 B를 곱해서, C라는 숫자로 만들어 둡

니다. 이제 C를 가진 사람이 A를 찾으려면 C를 소인수 분해해서 $C = A \times B$라는 등식에 따라 A를 읽어 내야죠. 이 방법 외에 다른 길이 있을까요? 제가 추측하기에는 아마 없을 것 같습니다.

질문하신 RAS 암호를 해독하는 방식은 이러한 소인수 분해보다 아주 미세하게 쉽다는 사실이 수학적으로 알려져 있습니다만, 이 두 방식에 본질적인 차이는 없다는 사실도 함께 말씀드립니다.

엄상일_ 말씀하신 내용과 관련해서 한상근 교수님께 질문이 하나 있습니다. RSA 암호는 소수 2개를 곱하는 방식인데, 소수의 개수가 적으면 무작위성이 낮아지는 문제가 생길 것 같습니다. 소수의 자리 수가 아무리 크다고 해도 그 개수가 10개 밖에 되지 않는다면 결국 찾을 수 있을 텐데요.

제 생각에는 RSA 방식의 공인 인증서 100만 개를 모아서 그것들의 최대 공약수를 구하다 보면 해독할 수 있을 것 같거든요. 이렇게 통계적으로 접근할 때 발생하는 보안상의 취약점은 없는지 궁금합니다.

한상근_ 3~4년 전에 아르연 클라스 런스트라(Arjen Klaas Lenstra), 제임스 휴즈(James Hughes) 등 해외의 수학자들이 말씀하신 것과 똑같은 생각을 했습니다. 그래서 전 세계 RSA 암호에 사용하는 합성수들을 모두 모아서 최소 공약수를 찾아 봤어요. 그랬더니 예상하신 것처럼 겹치는 소수가 제법 많이 나왔어요. 2012년 2월 14일《뉴욕 타임스》에서 RSA 공개 열쇠 암호의 최대 공약수를 계산해 보는 공격으로 7100만 개 사이트를 검토했더니 그중 3.8퍼센트에 해당하는 2만 7000개가 해독되었다는 요지로 이 논문을 소개했습니다. 그래서 큰 자릿수의 소수를 만들어 주는 프로그램 제작 회사들에 문제를 알려 주었습니다. 금세 문제점을 보완한 회사가 있는가 하면, 별 거 아니라며 끝내 버티고 방치한 회사도 있었죠. 문제의 의미를 아예 이해하지 못해서 점검조차 안 한 곳도 있었다고 합니다. 그래서 이들은 프로그램 회사들마다 어떻게 대응했는지까지 모두 공개했습니다. 보완 여부와 그에 소요된 시간 같은 정보들을 말이죠.

제가 논문을 보고 석사 과정 학생에게 이런 주제로 연구해 보라고 권했더니, 한국을 대상으로 하기는 좀 부담이 됐는지 대만의 RSA 암호를 조사했어요. 그랬더니 역시 대만에서도 중복되는 소수를 굉장히 많이 찾아냈습니다. 대만의 IT 산업 수준에 문제가 있다기보다 정부에서 의도적으로 소수의 개수를 제한했을 가능성도 있다는 생각이 듭니다. 만약 이 학생이 한국의 RSA 암호를 조사했다면 꽤나 큰 반응을 얻었을 겁니다.

김상연_ 어디서도 들을 수 없었던 흥미진진한 수학 이야기를 듣다 보니 어느새 마칠 시간이 되었습니다. 10회에 걸쳐서 우리 사회를 끊임없이 바꿔나가는 수학의 새로운 면모를 충분히 보고, 즐기셨으리라 생각합니다. 이것으로 『KAIST 명강 3』을 마무리하는 '수학 정담'을 마치겠습니다. 앞으로 IT와 더욱 긴밀히 결합하게 될, 우리 사회의 다양한 문제들을 해결해 나가는 데 이 시간이 도움이 되길 바랍니다. 감사합니다.

참고 문헌

1부_____세상을 바꾸는 계산

1강 근사한 알고리즘의 세계

D. J. Acheson, *Elementary Fluid Dynamics* (Oxford University Press, 1990).

D. Braess, *Finite Elements: Theory, Fast Solvers, and Applications in Solid Mechanics* (Cambridge University Press, 2007).

J. Leader, *Numerical Analysis and Scientific Computation* (Addison-Wesley, 2014).

E. C. Zachmanoglou and D. W. Thoe, *Introduction to Partial Differential Equations with Applications* (Dover, 1987).

2강 수학이 예측하는 우리 사회의 미래

D. J. Acheson, *Elementary Fluid Dynamics* (Oxford University Press, 1990).

D. Braess, *Finite Elements: Theory, Fast Solvers, and Applications in Solid Mechanics* (Cambridge University Press, 2007).

G. H. Golub and C. F. Van Loan, *Matrix Computations* (The Johns Hopkins University Press, 2012).

B. Smith and P. Bjorstad, *Domain Decomposition: Parallel Multilevel Methods for Elliptic Partial Differential Equations* (Cambridge University Press, 2004).

J. Strikwerda, *Finite Difference Schemes and Partial Differential Equations* (SIAM, 2004).

E. C. Zachmanoglou and D. W. Thoe, *Introduction to Partial Differential Equations with Applications* (Dover, 1987).

3부 계산 수학의 빛나는 순간들

J. A. Sethian, *Level Set Methods and Fast Marching Methods* (Cambridge University Press, 1999).

B. K.P. Horn and B. G. Schunck, "Determining Optical Flow," *Artificial Intelligence* Volume 17 (1981), pp. 185~203.

J. Leader, *Numerical Analysis and Scientific Computation* (Addison-Wesley, 2014).

2부___수학은 비밀을 지킬 수 있을까

1강 암호가 숨겨 놓은 의미

Bruce Schneier, *Secrets&Lies: Digital Security in a Networked World* (John Wiley&Sons, 2000). (번역서: 브루스 슈나이어, 채윤기 옮김, 『디지털 보안의 비밀과 거짓말』(나노미디어, 2001))

Bruce Schneier, *Cryptography Engineering: Design Principles and Practical Applications* (John Wiley&Sons, 2010). (번역서: 브루스 슈나이어 외, 구형준 외 옮김, 『실용 암호학』(에이콘출판, 2011))

2강 수학이 현실과 만나는 방식

David Kahn, *The Codebreakers: The Comprehensive History of Secret Communication from Ancient Times to the Internet* (Scribner, 1996). (번역서: 데이비드 칸, 김동현 외 옮김, 『코드브레이커』(이지북, 2005))

Uludag, U., & Jain, A. K. "Attacks on biometric systems: A case study in fingerprints," In E. J. Delp III, & P. W. Wong (Eds.), *Proceedings of SPIE: The International Society for Optical Engineering* Vol. 5306 (2004) pp. 622~633, DOI: 10.1117/12.530907.

Emanuela Marasco, Arun Ross, "A Survey on Anti-Spoofing Schemes for Fingerprint Recognition Systems," *ACM Computing Surveys(CSUR)* Vol. 47 Issue. 2 Article No. 28 (January 2015), DOI: 10.1145/2617756.

Roger Lowenstein, *When Genius Failed: The Rise and Fall of Long-Term Capital Management* (Random House, 2000). (번역서: 로저 로웬스타인, 이승욱 옮김, 『천재들의 머니게임』(한국경제신문, 2010))

Don Coppersmith, "The Data Encryption Standard(DES) and its strength against attacks," *IBM Journal of Research and Development* Vol. 38 Issue 3 (May 1994), pp. 243~250, DOI:10.1147/rd.383.0243.

Claude Shannon, "A Mathematical Theory of Communication," *Bell System Technical Journal* Vol. 27 (1948), pp. 379~423, 623~656.

https://www.math.cornell.edu/~mec/2003-2004/cryptography/subs/frequencies.html

3강 세계를 뒤흔드는 수학

최영진, 이기동, 변영우 그림, 『만화로 보는 주역』 상, 하(두산동아, 1994).

Lily Chen et al, "Report on Post-Quantum Cryptography," *NISTIR* 8105 DRAFT (2016).

Richard George, "NSA and the Snowden Issues," *Notices of the AMS* Volume 61 Number 7 (2014), pp. 772~774.

Gil Kalai, "The Quantum Computer Puzzle," *Notices of the AMS* Volume 63 Number 5, (2016), pp. 508~516.

3부___최적 경로로 찾아내는 새로운 세계

1강 모든 사람을 만족시키는 조합

A. Abdulkadiroğlu, P. A. Pathak, and A. E. Roth, "The New York City high school match," *American Economic Review* (2005), pp. 364-367.

D. Gale and L. S. Shapley, "College Admissions and the Stability of Marriage," *Amer. Math. Monthly* 69(1) (1962), pp. 9~15.

A. Hamilton, "Calculating Change: The Kidney Connection: Math Makes a Match," *TIME* (Sept. 4, 2005).

R. M. Karp, U. V. Vazirani, and V. V. Vazirani, "An optimal algorithm for on-line bipartite matching," In: *Proceedings of the twenty-second annual ACM symposium on Theory of computing*, (STOC '90), Harriet Ortiz (Ed.), (1990), ACM, New York, NY, USA, pp.352~358.

D. Mackenize, "Matchmaking for Kidneys," *SIAM News*, 2008. https://www.siam.org/news/news.php?id=1474

M. C. McCauley, " 'Genius' pair rewrite rules of organ transplants, among other interests," The Baltimore Sun, Nov. 14, 2012. http://www.baltimoresun.com/entertainment/sun-magazine/bs-sm-segev-gentry-20121107-story.html

A. Mehta, A. Saberi, U. Vazirani, V. Vazirani, "Adwords and generalized online matching," *Journal of the ACM(JACM)* 54(5), (2007).

L. Shapley, and H. Scarf, "On cores and indivisibility," *Journal of mathematical economics* 1(1), (1974), 23-37.

"뉴욕시 고등학교 입학전형 안내서", 뉴욕시 Department of Education, http://schools. nyc.gov/NR/rdonlyres/94790121-32BE-408E-9FEA-963BBD8C7B41/0/ HSNIntro_Korean.pdf

2강 컴퓨터와 함께 진화하는 수학

K. Appel and W. Haken, "Every planar map is four colorable," Part I: Discharging, *Illinois J. Math* 21(3) (1977), pp. 429~490.

K. Appel and W. Haken, "Every planar map is four colorable," *Contemporary Mathematics* volume 98 (1989), American Mathematical Society, Providence, RI.

A. Soifer, *The mathematical coloring book* (Springer, New York, 2009).

A. B. Kempe, "On the Geographical Problem of the Four Colours," *American Journal of Mathematics* 2(3) (1879), pp. 193~200.

N. Robertson, D. Sanders, P. Seymour, and R. Thomas, "The four-colour theorem," J. Combin, *Theory Ser. B* 70(1) (1997), pp. 2~44.

G. Gonthier, "Formal Proof—The Four-Color Theorem," *Notices of the American Mathematical Society* 55(11) (2008), pp. 1382~1393.

M. Grötschel, L. Lovász, and A. Schrijver, "The ellipsoid method and its consequences in combinatorial optimization," *Combinatorica* 1(2) (1981), pp. 169~197.

M. C. Golumbic, "Algorithmic graph theory and perfect graphs," *Annals of Discrete Mathematics* volume 57 Elsevier Science B.V., Amsterdam, second edition, (2004), With a foreword by Claude Berge.

X. Zhu, "Circular chromatic number: a survey," *Discrete Math* 229(1-3) (2001), pp. 371~410.

M. J. P. Peeters, *On coloring j-unit sphere graphsm* Research memorandum, Tilburg University, Department of Economics; Vol. FEW 512, (1991).

W. K. Hale, "Frequency assignment: Theory and applications," *Proceedings of the IEEE* vol. 68, no. 12 (1980), pp. 1497~1514.

D. Marx, "Graph colouring problems and their applications in scheduling," *Periodica Polytechnica Ser. El. Eng.* vol. 48, no. 1 (2004), pp. 11~26.

3강 세상 모든 것의 최적 경로

D. L. Applegate, R. E. Bixby, V. Chvátal, and W. J. Cook, *The traveling salesman problem* Princeton Series in Applied Mathematics, (Princeton University Press, Princeton, NJ, 2006).

D. M. Baron, A. J. Ramirez, V. Bulitko, C. R. Madan, A. Greiner, P. L. Hurd, M. L. Spetch, "Practice makes proficient: pigeons(Columba livia) learn efficient routes on full-circuit navigational traveling salesperson problems," *Anim Cogn* vol. 18 (2015), pp. 53~64.

J. Edmonds and E. L. Johnson. "Matching, Euler tours and the Chinese postman," *Math. Programming* 5 (1973), pp. 88~124.

D. J. Fenn, S. D. Howison, M. McDonald, S. Williams, N. F. Johnson, "The Mirage of Triangular Arbitrage in the Spot Foreign Exchange Market," *International Journal of Theoretical and Applied Finance* 12(8) (2009), pp. 1105~1123.

T. L. Gertzen and M. Grötschel, Flinders Petrie, "the travelling salesman problem, and the beginning of mathematical modeling in archaeology," *Doc. Math.* Extra volume: Optimization stories (2012), pp. 199~210.

B. M. Gibson, E. A. Wasserman, A. C. Kamil, "Pigeons and people select efficient routes when solving a one-way "traveling salesperson" task," *J. Experimental Psychology: Animal Behavior Processes* 33(3) (2007), pp. 244~261.

M. Grötschel and Y.-x. Yuan. Euler, Mei-Ko Kwan, "Königsberg, and a Chinese postman," *Doc. Math.* Extra volume: Optimization stories (2012), pp. 43~50.

M. Held, R. M. Karp, "A dynamic programming approach to sequencing problems," *Journal for the Society for Industrial and Applied Mathematics* (1962), 1:10.

M. Padberg, G. Rinaldi, "A Branch-and-Cut Algorithm for the Resolution of Large-Scale Symmetric Traveling Salesman Problems," *SIAM Rev.* 33(1) (1991), pp. 66-100.

정답_____현대 수학은 어떻게 사회를 바꾸고 있는가

Arjen Lenstra, James Hughes, *Ron was wrong Whit is right* (eprint, 2012).

K. Poulsen, "How a math genius hacked okcupid to find true love," Jan. 21, 2014. http://www.wired.com/2014/01/how-to-hack-okcupid/

더 읽을거리

1부_____세상을 바꾸는 계산

알고리즘에 대한 입문서

알고리즘에 대하여 일반인을 대상으로 한 책들이 많이 출간되어 있는데 이 중에서 다음의 책들이 본 강연자가 소개하는 내용과 많이 연관된다.

- 임백준, 『행복한 프로그래밍: 컴퓨터 프로그래밍 미학 오디세이』(한빛미디어, 2011).
- 임백준, 『누워서 읽는 알고리즘』(한빛미디어, 2016).
- 루크 도멜, 노승영 옮김, 『만물의 공식: 우리의 관계, 미래, 사랑까지 수량화하는 알고리즘의 세계』(반니, 2014).
- B. 잭 코플랜드, 이재범 옮김, 『앨런 튜링: 컴퓨터와 정보 시대의 개척자』(지식함지, 2014).
- 이정일, 『그래서 그들은 디지털 리더가 되었다: IT 패러다임을 바꾼 디지털 리더 27인의 이야기』(길벗, 2012).
- 찰스 J. 머리, 이재범 옮김, 『슈퍼컴퓨터를 사랑한 슈퍼맨: 시모어 크레이 이야기』(지식함지, 2015).

계산 수학과 모의실험에 대한 입문서

미래 예측과 인간의 삶을 윤택하게 하는 데 있어서 계산 수학과 모의실험의 역할에 대한 대중적인 책을 찾기는 쉽지 않다. 최근에 출간된 다음 책을 보면 본 강의의 내용을 이해하는데 도움이 될 것이다.

- 이언 스튜어트, 김지선 옮김, 『세계를 바꾼 17가지 방정식』(사이언스북스, 2016).

지구의 기후 변화를 예측하는 영상

2009년 8월 NASA에서 구름의 발생 및 이동에 대해 실시한 모의실험의 영상이다. 기압, 기온, 습도, 이슬점, 풍향, 풍속 등 여러 기후 요소를 모두 포함시켜서 관측 지역들을 7킬로미터 단위로 분할해서 구름의 발생과 이동 경로를 예측해 낸 굉장히 세밀한 기후 예측 영상이다.

• https://www.youtube.com/watch?v=ZoxP6JIir5A

2부____수학은 비밀을 지킬 수 있을까

암호의 기본적인 개념

1,000쪽이 넘는 두꺼운 책으로 1970년 초반까지 암호의 역사를 다루고 있다. 이집트의 암호, 해독되면서 역사를 바꾼 왕의 중요 문서, 전쟁에 사용된 실제 암호들을 거쳐 외계인의 신호를 찾는 이야기까지 암호를 둘러싼 광대한 내용을 담았다.

• 데이비드 칸, 김동현, 전태언 옮김, 『코드 브레이커』(이지북, 2005).

정보 보호는 암호만 가지고 지킬 수 없고, 또 어떤 특정한 기술만으로 완전히 지킬 수 없는, 현실을 다루는 종합 학문이라는 반성을 담은 책이다.

• 브루스 슈나이어, 채윤기 옮김, 『디지털 보안의 비밀과 거짓말』(나노미디어, 2001).

우리가 주변에서 흔히 접할 수 있는 암호와 개인 정보 보호 수단에 대한 내용들을 아래의 웹사이트에서 간단히 확인할 수 있다.

• 본인 서명 사실 확인 등에 관한 법률(서명 확인법) http://law.go.kr/lsInfoP.do?lsiSeq=122645#0000
• 주민 등록법 http://www.law.go.kr/%EB%B2%95%EB%A0%B9/%EC%A3%BC%EB%AF%BC%EB%93%B1%EB%A1%9D%EB%B2%95(10733)
• 패스워드 해독하기(Password Cracking) https://en.wikipedia.org/wiki/Password_cracking
• QR 코드의 역사 http://www.qrcode.com/ko/history/
• 가짜 지문 만드는 방법 http://www.wikihow.com/Fake-Fingerprints

현실 세계를 움직이는 암호

암호가 오래전부터 국가들이 저마다의 중요한 정보를 은폐하기 위한 가장 중요한 정치적, 경제적 수단이라는 사실을 아래의 웹사이트들에서 볼 수 있다.

- 일본이 아직도 가장 해독이 어려운 암호로써 미련을 가지고 있는 FEAL 암호 http://info. isl.ntt.co.jp/crypt/eng/archive/index.html#feal
- 일본의 FEAL 암호가 취약하다는 사실을 밝힌 돈 코퍼스미스의 논문 http://simson. net/ref/1994/coppersmith94.pdf
- RSA 공개 열쇠 암호의 보안 취약성에 대한《뉴욕 타임스》의 2012년 2월 14일 기사 http:// www.nytimes.com/2012/02/15/technology/researchers-find-flaw-in-an-online-encryption-method.html?_r=0
- 미국 NSA 암호 박물관(National Cryptologic Museum)의 전시물 https://www.nsa. gov/about/cryptologic_heritage/museum/virtual_tour/museum_tour_text.shtml

대중적 관심을 모은 암호

아래의 두 웹사이트는 미국의 정보기관인 CIA와 FBI가 관련된 암호의 사례이다. 세계적으로 유명하며 중요한 이들 기관과 관련된 까닭에 이 암호들은 많은 사람들의 관심을 끌어모았다.

- CIA 본부 뒷마당의 크립토스를 해독하려는 사람들이 모여서 의견을 주고받는 사이트 http://www.elonka.com/kryptos/
- 1999년에 살인 사건의 수사를 위해 암호 해독을 도와달라는 FBI의 공개 요청 https:// www.fbi.gov/news/stories/2011/march/cryptanalysis_032911

수학과 경제의 관계

노벨 경제학상을 받은 피셔 블랙과 마이런 숄즈가 가치가 등락하는 주식이나 채권에 본질적인 가치가 존재한다는 자신들의 블랙-숄즈 모델에 따라 운영했으나, 시장 환경이 급변하면서 파국을 맞게 된 롱텀 캐피털 매니지먼트(LTCM) 사태를 다룬 책이다.

- 로저 로웬스타인 지음, 이승욱 옮김, 『천재들의 머니게임』(한국경제신문, 2010).

미국의 국가 안보국에서 일했던 수학자인 제임스 사이먼스는 금융 회사인 르네상스 테크놀러지를 설립했다. 그는 주식 시장을 일종의 난류라고 파악해서 아주 단시간 동안만 볼 수 있는 주식 시장의 패턴을 파악해 냄으로써 큰 수익을 올렸다. 이 패턴을 분석할 때, 수학에 기반한 암호 해독 기술이 큰 영향을 미쳤다. 현재 이 회사의 자금 운용 규모는 65억 달러에 달한다. 자세한 정보는 아래의 홈페이지에서 확인할 수 있다.

- https://www.rentec.com/Home.action?index=true

3부___최적 경로로 찾아내는 새로운 세계

그래프 이론 분야의 교과서
수학의 여러 분과 중에서는 비교적 새로운 분야에 속하는 그래프 이론에 대한 개괄적인 내용을 소개하는 책들이다.

- J. A. Bondy and U. S. R. Murty, *Graph theory with applications*, (American Elsevier Publishing Co., Inc., New York, 1976).
- J. A. Bondy and U. S. R. Murty, *Graph theory, volume 244 of Graduate Texts in Mathematics*, (Springer, New York, 2008).
- R. Diestel, *Graph theory, volume 173 of Graduate Texts in Mathematics*, (Springer, Heidelberg, fourth edition, 2010).

안정적으로 짝을 짓는 방법
- "Information for the Public: Stable matching: Theory, evidence, and practical design". The Royal Swedish Academy of Sciences, 2012. http://www.nobelprize.org/nobel_prizes/economic-sciences/laureates/2012/popular-economicsciences2012.pdf

4색 문제에 대한 책
- A. Soifer, *The mathematical coloring book*, (Springer, New York, 2009).
- R. Wilson, *Four Colors Suffice*, Princeton Science Library, (Princeton University Press, Princeton, NJ, 2013).

최적 경로 탐색을 다룬 책
최근 수학 외의 다양한 분야에서 주목받고 있는 최적 경로 탐색에 대해 포괄적으로 소개하는 책이다.

- D. L. Applegate, R. E. Bixby, V. Chvátal, and W. J. Cook, *The traveling salesman problem*, Princeton Series in Applied Mathematics, (Princeton University Press, Princeton, NJ, 2006).
- W. J. Cook, *In pursuit of the traveling salesman*, (Princeton University Press, Princeton, NJ, 2012).

사진 및 그림 저작권

12~13쪽	ⓒ 손문상 / ㈜사이언스북스
17쪽	ⓒ①④ Sandstein
18쪽 위	ⓒ①④ Harke
18쪽 아래	ⓒ① Erik Pitti
19쪽 왼쪽	⊘
19쪽 오른쪽	ⓒ① Ruben de Rijcke
20쪽	⊘
21쪽	ⓒ①④ Rama
23쪽	⊘
30쪽	ⓒ 이창옥
32~33쪽	ⓒ 이창옥
47쪽	ⓒ① Juanedc
51쪽	⊘
57쪽	ⓒ① Rob Bulmahn
58쪽	⊘
70쪽	ⓒ Juan Jose Alonso
74쪽	ⓒ Stephen Price
76쪽	⊘
77쪽	ⓒ Philip Duffy
81쪽	ⓒ National Land Image Information(Color Aerial Photographs), Ministry of Land, Infrastructure, Transport and Tourism
83쪽	ⓒ Y. Takahashi, M. Sakubara and K. Kashiyama("CIVA-Stabilized Finite Element Method for Tsunami Simulations" *Journal of Japan Society of Civil Engineers*, Ser. A2(Applied Mechanics), Vol.70, PP.I_349~I_356, 2014.)
86쪽	ⓒ①④ Duch.seb
87쪽	⊘
89쪽	ⓒ①④ North Charleston / (주)사이언스북스
90쪽	ⓒ①④ Yasuhiko Obara
91쪽 왼쪽	ⓒ①④ Don-vip

348

93쪽	Courtesy of Prof. Alfio Quateroni, CMCS-EPFL, Lausanne, Switzerland
96쪽	©손문상 / ㈜사이언스북스
100쪽	©이창옥
104쪽	©이창옥
109쪽	Ⓔ
111쪽	©이창옥
118쪽	©①◎Maksim
121쪽	©①Army Medicine
126~127쪽	©손문상 / (주)사이언스북스
136~137쪽	©손문상 / (주)사이언스북스
148쪽	Ⓔ
162쪽	Ⓔ
166쪽	©손문상 / (주)사이언스북스
176쪽	Ⓔ
182쪽	Ⓔ
183쪽	Ⓔ
184쪽	©①Kevin Dooley
186쪽	©①◎Foglia8519
190쪽	Ⓔ
194쪽	©손문상 / (주)사이언스북스
197쪽	Ⓔ
208쪽	Ⓔ
216~217쪽	©손문상 / (주)사이언스북스
224~225쪽	©손문상 / (주)사이언스북스
232쪽	Ⓔ
256쪽	©손문상 / (주)사이언스북스
259쪽 왼쪽	Ⓔ
259쪽 오른쪽	©①Wellcome Images
281쪽 왼쪽	Ⓔ
292쪽	Ⓔ
300~301쪽	©엄상일

카이스트 명강 03

세상 모든 비밀을 푸는 수학

재난 예측에서 온라인 광고까지 미래 수학의 신세계

1판 1쇄 펴냄 2016년 7월 29일
1판 7쇄 펴냄 2024년 5월 31일

지은이 이창옥, 한상근, 엄상일
펴낸이 박상준
펴낸곳 (주)사이언스북스

출판등록 1997. 3. 24.(제16-1444호)
(06027) 서울특별시 강남구 도산대로1길 62
대표전화 515-2000, 팩시밀리 515-2007
편집부 517-4263, 팩시밀리 514-2329
www.sciencebooks.co.kr

ⓒ 이창옥, 한상근, 엄상일, 2016. Printed in Seoul, Korea.
ISBN 978-89-8371-884-6 04400
        978-89-8371-881-5 (세트)